环境工程与可持续发展

祝洪芬　周建军　左敬友　主编

吉林科学技术出版社

图书在版编目（CIP）数据

环境工程与可持续发展 / 祝洪芬，周建军，左敬友
主编．-- 长春：吉林科学技术出版社，2023.8
ISBN 978-7-5744-0903-3

Ⅰ．①环… Ⅱ．①祝… ②周… ③左… Ⅲ．①环境工
程－可持续性发展－研究 Ⅳ．① X5

中国国家版本馆 CIP 数据核字（2023）第 183084 号

环境工程与可持续发展

主　　编　祝洪芬　周建军　左敬友
出 版 人　宛　霞
责任编辑　李万良
封面设计　树人教育
制　　版　树人教育
幅面尺寸　185mm×260mm
开　　本　16
字　　数　310 千字
印　　张　14.25
印　　数　1-1500 册
版　　次　2023年8月第1版
印　　次　2024年2月第1次印刷

出　　版　吉林科学技术出版社
发　　行　吉林科学技术出版社
地　　址　长春市福祉大路5788号
邮　　编　130118
发行部电话/传真　0431-81629529 81629530 81629531
　　　　　　　　　　81629532 81629533 81629534
储运部电话　0431-86059116
编辑部电话　0431-81629518
印　　刷　三河市嵩川印刷有限公司

书　　号　ISBN 978-7-5744-0903-3
定　　价　90.00元

版权所有　翻印必究　举报电话：0431-81629508

编委会

主　编

祝洪芬　山西省长治生态环境监测中心

周建军　东营市生态环境监控中心

左敬友　山东省德州生态环境监测中心

副主编

陈丽芳　奥加诺（苏州）水处理有限公司

冯思明　本溪市生态环境服务中心

黄海丽　常山县农田建设中心

刘刚周　鹤壁市生态环境局浚县分局

李　璐　驻马店市生态环境局汝南综合行政执法大队

庞　岩　北京中铁建建筑科技有限公司

杨克敏　水发集团有限公司

张梦新　新疆天业（集团）有限公司

（以上副主编排序以姓氏首字母为序）

前　言

现代建筑的飞速发展，使得人们只不再满足于居住空间，而对建筑的人居环境提出了更高的要求。建筑不再仅仅是一个容身之所，还是一个现代科技造就的良好的人居环境的概念，它要求建筑在满足人类最基本的居住要求之外，还要满足节能、环保、生态环境友好和可持续发展的要求。

随着当前我国经济的发展，环境污染问题严重威胁到人类的生存与发展，当今国际社会普遍关注到保护生态环境这一问题上。在建筑领域，如何使建筑满足可持续发展的要求，是人们当前关注的重点。尊重生活，维持生命，让生活同生命和谐，实现建筑环境与自然环境、人文环境的和谐发展，已经成为当前建筑环境工程保护的目标。本文首先概述了建筑环境工程保护与可持续发展的内涵，分析了当前我国建筑环境保护的现状，重点分析了如何实现建筑的可持续发展目标。

综上所述，随着建筑工程的飞速发展，人们对与建筑居住环境提出了更高的要求，为此，建筑环境工程保护与可持续发展成为人们的关注点。我国是一个能源与资源短缺的国家，较少的资源消耗是建筑可持续发展的前提，治理好建筑环境污染是建筑可持续发展的保证，因此，只有通过各行各业人员的共同努力，才能真正实现我国建筑环境工程的可持续发展。

目　录

第一章　环境概论

环境污染和环境保护是当今社会极为关切的重要问题之一，为了提高全民环境保护的意识，我们必须重视并加强环境科学知识教育。本章从环境的基本特点，环境污染对人类及生态环境带来的影响及危害方面的内容，使人们能够进一步了解当前我国环境污染所面临的问题，提高自觉保护环境的责任感。

第一节　绪论

一、和谐社会新伦理

环境问题归根结底是伦理问题。伦理是指以善恶评价的方式，依靠社会舆论，人们的内心信念和传统习惯，去调整人与人、人与社会之间关系的原则和规范的总和。传统的伦理学只涉及人与人、人与社会之间的伦理关系，讲权利和义务也仅限于人和人（包括人群与社会）之间。生态伦理是关于人与自然关系的伦理学，在西方也称为环境伦理。环境伦理以环境道德为研究对象，是对人类所有涉及环境的活动（社会生产和生活等）的道德态度和行为规范的研究。环境伦理将人与自然和谐共生的关系内化于人自身的价值观念体系之中，把维护自然生态平衡视为人自身价值的重要体现，把善待自然、珍惜生命、保护环境当作自身的责任。

工业化所带来的环境问题已经成为人类生存和发展的巨大威胁。环境问题已从发达国家影响至人口较多的发展中国家，而且仍在向全球蔓延。在过去的几十年，中国经济快速发展，但环境保护与经济发展的成就恰成反比。为了国家经济建设和表面化的生活享受，我们付出了巨大的环境代价。企业一味追求经济效益，个人低估了自己的行为对社会造成的不利影响以及对他人利益的损害，或者明知道损害他人利益，但由于所侵犯的是不确定的对象，也就安然为之，致使我们现在面临严峻的环境污染和生态破坏问题。目前我们已经逐渐失去了清新的空气、清洁的水源、安全的食品……从世界范围来看，气候变化、生态破坏、能源危机等已成为困扰全球的重大问题。由于无知或漠不关心，我们已经给人类赖以生存的地球环境造成了无法挽回的破坏，保护和改善地球环境也已成为非常迫切的任务。因此，任何一个国家要维持经济发展的持续增长，必须兼顾自然环境的维护。当今世界，环境保护已成为一个国家经济发达、社会文明的标志。

20 世纪科学上最伟大的成就是人类登上月球。当宇航员离开地球时，第一个念头便是思念自己的家园，回首眺望地球，它是那么晶莹可爱的一个小球，是人类共同的家；当阿波罗 11 号太空船的登月小艇在月球表面的宁静海登陆时，宇航员发现这个星球并没有生命，一片死寂，了无生机，这更显出充满生机的地球的可贵。正如宇航员史蒂文森所说：“我们在地球上像乘着脆弱的太空船一起航行，靠着我们所储存的但也非常容易损坏的空气和泥土，我们力求稳妥，太空之旅才能安全。我认为唯有谨慎从事、勤奋工作和爱护我们生存的地球，才可免于毁灭。”

工业文明的主流价值观是人类中心主义，把人视为自然的主人，对自然肆意征服、掠夺和控制，人与自然的关系出现了空前危机，地球承载力逐渐接近极限，人类社会的可持续发展在呼唤新的文明。当前，我国已经不再一味追求经济增长，而是开始积极倡导生态文明建设。构建生态文明首先需要发展生态伦理及环境道德。中国的传统文化中蕴含着丰富的自然中心主义理念。佛家的众生平等，老子《道德经》中的“天人合一，顺乎自然”等都体现了尊崇万物生灵的生态伦理思想。要构建人与自然和谐的社会，我们应当树立新的环境道德。作为中华民族的一员，我们要传承中华古老文明中的私人伦理—私德，做有良知、守本分的中国人；我们还要遵守现代的大众伦理——公德，己所不欲，勿施于人，勿以善小而不为；当前，我们更应当树立和谐社会新的环境伦理——环境道德，敬畏自然，遵道贵德，倡导适度消费的绿色生活方式，与自然万物和谐共存。

二、环境

（一）环境的含义

环境（Environment）是一个应用广泛的名词，它的含义和内容既极其丰富，又随具体状况而不同。从哲学上来说，环境的定义是一个相对于主体而言的客体，它与其主体相互依存，其内容随主体的不同而不同。对环境科学而言，“环境”的含义应是“以人类社会为主体的外部世界的总体”。《中华人民共和国环境保护法》明确指出：“本法所称环境，是指影响人类生存和发展的各种天然的和经过人工改造的自然因素的总体，包括大气、水、海洋、土地、矿藏、森林、草原、湿地、野生生物、自然遗迹、人文遗迹、自然保护区、风景名胜区，城市和乡村等。"因此，保护环境就是保护以上提到的各个要素。

天地玄黄，宇宙洪荒。自然界是独立于人类之外的，在人类出现以前，它已经历了漫长的发展过程。地球作为太阳系的一个成员，首先经历了漫长的无生命阶段，在地球内能和太阳能的共同作用下，经过一系列物质能量的迁移转化，形成了原始的地球环境，为生物的产生和发展创造了必要条件。随着生物的出现，地球环境进入了生物与其环境辩证发展的新阶段；生物的发展为人类的发展提供了条件，而人类的发展使地球环境进入了一个更新的阶段，即人类与其环境辩证发展的阶段。随着科学技术的进步，人类赖以生存的环境概念也在不断深化。

（二）环境要素

1. 环境要素的概念

构成环境整体的各个独立的、性质不同而又服从整体演化规律的基本物质组成称为环境要素（Environmental element），亦称环境基质。环境要素主要包括水、大气、生物、土壤、岩石和阳光等。

2. 环境要素的特点

环境要素具有一些非常重要的特性，它们是认识环境、评价环境、改善环境的基本依据。

（1）最小限制律。这个观点最早于1840年由德国化学家J.Liebig提出，意思是整个环境的质量取决于环境要素中处于最差状态的那一要素，而不是环境要素的平均状态。在评价环境质量和改善环境质量时，应按由差到优的顺序逐一进行，如此可以有效地提高整个环境的质量。

（2）等值性。对整体环境质量而言，任何环境要素，当它们处于最差状态时都具有等值性，即各个环境要素在规模上、数量上可能有很大的不同，但当它们处于最差状态时，其对环境质量的制约作用并无本质差别。

（3）整体效应。环境的整体性大于环境诸要素的个体之和。一个环境的性质要比组成它的环境要素之和更丰富、更复杂、更高级。环境的整体性并不只是环境要素简单的加入，而是有了质的飞跃。例如，从地球发展史看，每一个要素的出现不仅给环境整体带来了巨大影响，而且能派生出新的性质和功能。越复杂的东西，整体效应也越显著。

（4）统一性和制约性。环境诸要素之间存在着相互联系、相互作用、相互依存义相互制约的关系。例如，大约在6500万年前，地球上生活着庞大的恐龙家族，它们称霸世界约有 1 亿年之久，但在其后的 50~200 年间突然全部灭绝，这必定与当时环境（或某个环境要素）的剧烈变化有密切关系。地球上的任何生物，在长期的竞争中能生存下来，都是取得了与环境和其他物种相互依存的协调关系。

（三）环境结构

1. 环境结构的定义

环境要素的配置关系称为环境结构（Environmental structure），它表示环境要素怎样结合成了一个整体。环境结构通常分为自然环境结构和社会环境结构。

（1）自然环境结构。从全球自然环境结构来看，可分为大气、陆地和海洋三大部分。聚集在地球周围的大气层约占地球总质量的百万分之一，约为 5×10^{15} t。陆地是地球表面未被海水浸没的部分，总面积约 $14\,900 \times 10^4\,km^2$，约占地球表面积的 29.2%，海洋的面积有 $36\,100 \times 10^4\,km^2$，占地球表面积的 70.8% 左右。

（2）社会环境结构。社会环境结构可分为城市、工矿区、村落、道路、农田、牧场、林场、旅游胜地及其他人工环境。

2. 环境结构的特点

从全球环境而言，环境结构的配置及其相互关系具有圈层性、地带性、节律性、等级性、稳定性及变异性等特点。

（1）圈层性。在地球垂直方向上，整个地球环境的结构具有同心圆状的圈层性。地球表面是土壤，岩石圈、水圈、大气圈和生物圈的交汇之处，是无机界和有机界交互作用最集中的区域，为人类的生存和发展提供了最适宜的环境。另外球形的地表使各处的重力作用几乎相等，使所获得的能量及向外释放的能量处于同一数量级，这对于植物的引种和传播，动物的活动和迁移，环境整体的稳定和发展，均产生积极的影响。

（2）地带性。在水平方向上，由于球面的地表各处位置、曲率和方向不同，地表各处得到的太阳辐射能量密度不同，因而产生与纬度相平行的地带性结构格局。

（3）节律性。在时间上，任何环境结构都具有谐波状的节律性。日月盈昃，寒来暑往。地球的形状和运动是其固有性质，在随着时间变化的过程中，都具有明显的周期节律性。太阳辐射能、空气温度、水分蒸发、土壤呼吸强度、生物活动的变化等都受这种节律性的控

（4）等级性。在有机界的组成中，依照食物摄取关系，生物群落具有阶梯状的等级性。如地球表面的绿色植物利用环境中的光、热、水、气、矿物元素等无机成分，通过复杂的光合作用过程形成碳水化合物，这种有机物质的生产者被高一级的消费者草食动物所取食，而草食动物又被更高一级的消费者肉食动物所取食。动植物死亡后，

又被数量众多的各类微生物分解为无机成分，形成一条严格有序的食物链结构。这种在非同一水平上进行的物质能量统一传递过程，使环境结构表现出等级性的特点。

（5）稳定性和变异性。环境结构具有相对的稳定性、永久的变异性和有限的调节能力。从环境结构本身来看，虽然它具有自发的趋稳性，但是总是处于变化之中。在人类出现以前，只要环境中某一个要素发生变化，整个环境结构就会相应发生变化，并在一定限度内自行调节，在新的条件下达到平衡。人类出现后，尤其是现代生产活动日益发展、人口急剧增长导致的环境结构变动，无论在速度上还是强度上都是空前的。

（四）环境系统

环境系统（Environmental system）就是一定时空中的环境要素通过物质交换、能量流动、信息交流等多种方式，互相联系、相互作用形成的具有一定结构和功能的整体，是地球表面各环境要素或环境结构及其相互关系的总和。环境系统的内在本质在于各种环境要素之间的相互关系和相互作用过程。

由环境要素组成环境的结构单元，环境的结构单元又组成环境整体或环境系统。如全部水体总称为水圈；由大气组成大气层，全部大气层总称为大气圈；由岩石构成岩体，外层岩石风化形成土壤，由土壤构成农田、草地和森林等，全部岩石和土壤构成的固体壳层总称为岩石圈（或土壤岩石圈）；由生物体组成生物群落，全部生物群落称为生物圈；随着人类的发展，人类通过劳动和创造超越了一般生物规律的制约，形成了一个新的智能圈或技术圈。

环境系统的范围可以是全球性的，也可以是局部性的，其具体范围视所研究和需要解决的环境问题而定。全球系统是由许多亚系统交织而成的，如大气海洋系统、土壤-植物系统等。环境系统是一个动态的、平衡的和相对稳定的开放体系。环境系统有其发生、发展和形成的历史。它一直处于演变过程中，特别是在人类活动的作用下，环境系统的组成和结构不断地发生变化。环境系统是一个平衡体系，各种环境要素彼此相互依赖，其中任何一个环境要素发生变化都会影响整个系统的平衡，推动其发展，建立新的平衡。环境系统在长期的演化过程中逐渐建立起自我调节机制，维持它的相对稳定性。但环境系统的稳定性和调节能力存在极限，人类社会、经济的发展必须考虑这一极限。环境系统是一个开放系统，阳光提供辐射能为其他要素所吸收，系统中各种物质之间在太阳能和地壳内放射能的作用下进行着永恒的能量流动和物质交换。因此，污染物一旦释放到环境中，便会发生一系列的迁移和转化，追踪和治理污染物的难度可想而知。

从系统的角度，以系统的观点，正确、全面地认识环境，掌握环境系统的运动变化规律，是人类选择适当的社会发展行为，防止减少直至解决环境问题的基础。

三、环境的分类

环境是一个非常复杂的体系，按照系统论的观点，人类环境是由若干个规模大小不同、复杂程度有别、等级高低有序、彼此交错重叠，彼此互相转化变换的子系统组成的，是一个具有程序性和层次结构的网络。根据不同原则，人类环境有不同的分类方法，一般按照环境的要素、环境的主体，人类对环境的利用或环境的功能进行分类。

以人类对自然的利用和改造的角度来划分的环境类型为例，由近及远、由小到大可分为聚落环境、地理环境、地质环境和星际环境。

（一）聚落环境

聚落是人类聚居的场所、活动的中心。聚落环境是人类聚居场所的环境，根据其性质、功能和规模可分为院落环境、村落环境和城市环境等。

1.院落环境

院落环境是由一些功能不同的建筑物和与其联系在一起的场院组成的基本环境单元。如我国西南地区的竹楼、内蒙古草原的蒙古包、北方居民的农家院、北京的四合院以及各大院校的校园等。由于经济发展的不平衡，不同院落环境及其各功能单元的现代化程度相差甚远，并具有明显的时代和地区特征。

院落环境的污染主要由居民的"三废"造成。在我国的农村以及城市的某些大院，院落环境拥挤杂乱，因而在今后院落环境的规划中，要充分考虑内部结构的合理性并与外部环境协调，考虑太阳能的利用，提倡院落环境园林化。

2.村落环境

村落主要是农业人口聚居的地方。村落环境污染主要来源于农业污染和生活污染。必须加强农药和化肥的管理，尽量多用有机肥，少用化肥并提高施肥的技术和效果，尽量以综合性生物防治代替农药，使用速效、易降解的农药，从而减少化肥和农药污染。

目前，随着中国城市化的发展和乡镇企业的兴起，农村的生活"三废"产生量越来越大。许多地区的河道已成为生活污水和工业废水的"下水道"，塑料制品以及其他生活、生产垃圾随意丢弃，在城乡结合的部分地区环境污染尤为严重。对于农村的污染治理，应充分考虑利用各种自然能源，推广沼气应用，减少大气污染；应加强小城镇的污水管网及垃圾回收处理场等基础设施的建设，采取措施防止企业"三废"污染当地环境。此外，应关注村落的人文环境保护，对村落进行合理规划布局，创建整洁、优美的村落环境。

3. 城市环境

城市是非农业人口聚居的场所。城市环境是人类利用和改造自然而创造出来的高度人工化的生存环境。城市为居民的物质文明和精神文明生活创造了优越的条件，但也因人口密集、工厂林立、交通繁忙等使环境遭到严重污染和破坏。

（1）城市化对大气环境的影响。城市化改变了地面的组成和性质。城市化将自然状态的森林、草地或土壤替代为人工硬化地面和由钢筋混凝土、砖瓦、玻璃、金属等材料组建的各式建筑物，改变了地面粗糙度和对太阳光的反射与辐射特性，从而改变了大气的物理性状；城市中的工厂、车辆排放大量气体和颗粒污染物，这些污染物会改变城市大气的物质组成。城市消耗大量的能源，并向城市大气释放大量热能，从而导致城市热岛的形成。市区被污染的暖气流上升，郊区较新鲜的冷空气则从低层吹向市区，构成局部环流。这种局部环流不利于城市大气污染物向更大范围扩散，因此在城市上空形成污染幕罩。

（2）城市化对水环境的影响。城市化对水量和水质都造成很大影响。城市人口众多，工业和生活用水量大，往往使水资源紧缺甚至枯竭。在开发我国西部的过程中，必须考虑包括水资源在内的环境承载力问题。地下水过度开采还会导致某些区域地面下沉。城市中由于增加了不透水面积和排水工程，导致渗流减少，地下水得不到足够的补给，破坏了自然的水循环；暴雨时不仅洪峰的流量增大，而且频率也增加。生活污水和工业污水的大量排放致使城市水体质量恶化，有毒工业废水的排放对饮水安全造成威胁。

（3）城市化对土壤及生物环境的影响。城市化产生大量的垃圾，这些垃圾在堆放、填埋处理等过程中要占用大量的土地，并对周边地区的土壤造成污染。工业固废、危险废物的填埋更是潜在的土壤安全威胁。城市化不可避免地占用大量土地，破坏自然植被，致使原始生态系统崩溃，严重破坏了生物环境。因此，如何建设生态城市，是我国当前的重要课题。

（4）城市化的其他环境影响。城市化还将导致噪声、振动、微波、电磁辐射、杂散光等物理性污染。此外，随着城市规模的盲目扩大，必然导致交通拥堵住房紧张等一系列问题，最终影响人们的正常工作和生活。

因此，在城市建设过程中，首先要确定其功能和规模，然后制定合理的城市规划，以建设功能完备、方便、宜居的城市环境。中国的城市化曾被誉为是"深刻影响21世纪人类社会进程的最关键事件之一"，但我国城市化的进程中环境污染高于世界水平，环境风险不断提升。要解决我国城市化带来的环境危机，科学合理的城市环境发展规划尤为重要。

（二）地理环境

地理环境是由与人类生产、生活密切相关的，直接影响人类生活的水、土、气、生物等环境因素组成的，具有一定结构的多级自然系统。

一定的生存环境和相应的生物群落组成一定的地理环境结构单元。任何一个地理环境结构单元内部都进行着复杂的物质能量交换，同时系统也与外界进行着物质和能量交换。物质与能量的输入和输出又把相邻的环境结构单元联系起来，形成环境链（或景观）。具有相同类型环境链的地域称为环境地带，例如干旱草原地带、润湿森林地带等。对于地理环境，一定要研究其结构性规律，因地制宜地进行全面规划、合理布局、综合利用。目前，国务院有关部门、设区的市级以上地方人民政府及其有关部门，应当在规划编制过程中组织进行环境影响评价，以提高诸如土地利用以及区域、流域、海域的建设和开发利用等规划的科学性，这对于城市间的协同发展，从源头预防环境污染和生态破坏，促进经济、社会和环境的全面协调可持续发展，具有重要意义。

（三）地质环境

地质环境主要指地表下面的坚硬地壳层。地质环境为人类提供大量的生产资料——丰富的矿产资源。矿产资源是在地壳形成后经过长期的地质演化过程形成的固态矿物组合体。目前已发现的矿物有 3300 多种，已经被利用的有 150 多种，主要包括金属矿物类、非金属矿物类和能源矿物类。

矿产资源消耗是一个国家富裕水平的指标，当前世界各国对矿产资源的消耗存在巨大的差别。由于矿产资源是难以再生的，因此人类必须节约有限的资源。此外，应防止矿产资源开发过程中产生生态破坏、地下水污染、地质灾害等环境问题。

（四）星际环境

星际环境又称宇宙环境，是指地球大气圈以外的宇宙空间。目前人类对星际环境的认识还处在初级阶段。宇宙射线或星际物质，月球，太阳和地球之间位置的变动等，对人类生存和发展都有重要影响。在广阔的宇宙环境中，太阳与地球的关系最为密切，地球上所有生命所需的能量主要来自太阳辐射。太阳能是无所不在，取之不尽、用之不竭的清洁能源。

人类对太阳能的开发利用主要是发电，建立太阳能电站是主要发展趋势，如在大沙漠和海上建立大规模太阳能电站，甚至建造太空电站，用微波将电力输送到地面。太阳能光电池可用于交通工具、建筑物等设施上。太阳能也可用于水污染治理，由聚光器提供的极高光子通量对水进行光催化消毒，使有毒物质分解成二氧化碳、水和易于中和的酸，以此技术处理被污染的水源。太阳能发电系统主要由光伏电池阵列、蓄电池、逆变器、负载等几部分组成，而电池部件的生产及报废均会产生污染，因此怎样更加清洁有效地利用太阳能是迫切需要解决的问题。此外，人类制造的太空垃圾（Space junk）对星际空间环境也是一种污染。据统计，目前约有 3 000 吨太空垃圾在绕地球飞奔，而其数量正以每年 2%~5% 的速度增加。

四、环境问题及环境保护

（一）环境问题与环境污染

环境问题（Environmental problem）有广义和狭义两种理解。狭义的环境问题指环境的结构和状态在人类社会、经济活动的作用下所发生的不利于人类生存和发展的变化；广义的环境问题指任何不利于人类生存和发展的环境结构和状态变化，其产生的原因既包括人为方面的，也包括自然方面的。当前的环境科学和环境保护工作通常关注狭义的环境问题。环境问题由来已久，随着生产力和人类文明的发展，环境问题已由小范围、低程度的危害发展到大范围，不可忽视的危害。

环境问题分为环境污染和生态破坏两大类。前者包括大气污染、水污染、土壤污染等，也包括由上述污染所衍生的环境效应，如温室效应、臭氧层破坏、酸雨等；后者主要指各种生物和非生物的资源遭到人为破坏及由此所衍生的生态效应，如森林消失、物种灭绝、草场退化、耕地减少及水土流失等。上述两大类问题常常交织在一起，相互影响，相互作用，使问题进一步加剧。

环境污染（Envirnmental pollution）指有害物质或因子进入环境，并在环境中扩散、迁移、转化，使环境系统的结构和功能发生变化，对人类或其他生物的正常生存和发展产生不利影响的现象，常简称污染。进入环境后使环境的组成和性质发生直接或间接有害于人类的变化的物质，称为环境污染物。由污染源直接排入环境中，其理化性质未发生变化的污染物，称为一次污染物，又称原发性污染物；进入环境中的某些一次污染物，在物理、化学和生物作用下生成的新污染物，称为二次污染物。例如，二氧化硫在大气中氧化生成硫酸盐气溶胶、土壤中某些农药通过微生物作用或光解作用生成的降解产物等都是二次污染物，水体中无机汞通过微生物作用转化为毒性更大的二次污染物甲基汞。

受污染的环境在物理、化学和生物的作用下污染物浓度或总量降低的过程，通常称为环境自净（Environmental self purification）。环境自净是消除污染物的一个重要途径。但环境的自净能力有一定的限度。如果说农业生产主要是生活资料的生产，它在生产和消费中产生的"三废"是可以纳入物质的生物循环而迅速净化、重复利用的,那么工业生产则是深埋在地下的矿产资源被开采出来进行生产和消费,其过程中排放的"三废"都是对人和生物有害的,这些废物由于数量巨大和性质特殊而无法通过环境自净消除,从而在环境中累积,给人类生存的环境造成严重的污染和破坏。

1. 环境问题的第一次高潮

环境污染作为人类面临的环境问题的一个重要方面,与人类的生产与生活活动密切相关。在相当长的时期内,因其范围小、程度轻、危害不明显,未能引起人们的足够重视。由于工业的迅速发展,重大的污染事件不断出现,在 20 世纪 50-60 年代发生了著名的"八大公害"事件,形成了环境问题的第一次高潮。这些公害事件导致成千上万的人生病,许多人在事件中死亡,环境污染逐渐受到人们的关注。

20 世纪初期发生的世界 8 件重大公害事件中,事件发生在日本的占半数,足可见日本当时环境问题的严重性。日本在第二次世界大战后经济复苏,工业飞速发展,在这个时期发展重工业、化学工业,进入世界经济大国行列成为全体日本国民的目标,正是这种急功近利的态度,加上当时没有相应的环境保护和公害治理措施,致使工业污染和各种公害病随之泛滥成灾。日本的工业发展虽然使其经济获利不菲,但难以挽回的生态环境的破坏和贻害无穷的公害病使日本政府和企业日后为此付出了极其昂贵的治理、治疗和赔偿的代价。

2. 环境问题的第二次高潮

伴随工业化而来的是城市化、交通运输和农业的现代化、经济的全球化,由此带来了一系列新的环境问题。影响范围大且危害严重的环境问题有三类:一是全球性的环境污染,如全球变暖、超音速飞机排气引起高空大气污染、世界范围的酸雨、水体的富营养化等问题;二是大面积的生态破坏,如生物多样性锐减、从南极的企鹅到北极苔原地带的驯鹿都受到了农药的侵害;三是突发性的严重污染事件,如 20 世纪 80 年代出现的第二次环境问题高潮。

比较两次环境问题高潮,它们有以下不同:

(1)事件发生的范围不同。第一次环境问题高潮主要局限在工业发达国家,而第二次环境问题高潮扩展到发展中国家,如 1984 年发生在印度中央邦首府博帕尔市北郊的农药泄漏事件。

(2)危害后果不同。第二次环境问题高潮的经济损失更为巨大,生态破坏更为严重,且影响范围更大。以 1986 年发生于乌克兰的切尔诺贝利核电站泄漏事件为例,为清理切尔诺贝利事故核污染,苏联政府先后动员了 80 万人,他们是切尔诺贝利核事故的直接受害者。事故后第一个月内,清理人员中就有 28 人因受到超强辐射照射而死亡,

145人得白血病。白俄罗斯在评估损失时指出，切尔诺贝利事故造成的损失是白俄罗斯政府32年的总预算，相当于2350亿美元。核辐射使受灾区生态系统遭到严重破坏，在大部分受污染的地区还发现了动植物遗传基因的改变和森林生态系统遭到破坏等现象。

（3）事故的预防和治理难度不同。由于第二次高潮的污染源分布广、来源复杂且具有突发性，因此很难预防。埃克森·瓦尔迪兹号超级油轮下水才3天，且配有各种先进的现代导航设备，船长也很熟悉阿拉斯加水域，但在1989年3月24日晚9时，起航后3小时油轮突然触礁，$4.2 \times 10^4 \mathrm{m}^3$ 原油漏出。事故发生后3天内3万只海鸟、海豹和其他哺乳动物及无数条鱼惨死，并污染破坏了成千上万只候鸟一年两次来觅食的这片土地。该事故的清理工作异常艰难，进展速度缓慢。

目前，全球性的环境污染和生态破坏已威胁到人类的生存，阻碍了经济的持续发展。工业文明所具有的征服性和扩张性如同打开了"潘多拉魔盒"，现代科学技术的发展几乎成了"生物的定时炸弹"。如果不建设新的生态文明，科学技术的发展方向不采取必要的调整，环境灾难依然难以避免。保护人类赖以生存的地球环境，是人类的共同职责。

（二）环境保护

环境保护（Environmental conservation）就是采取法律的、行政的、经济的、科学技术的措施，合理地利用自然资源，防治环境污染和破坏，从而维持生态平衡，保障人类社会的发展。

"八大公害"事件的痛苦经历使人们认识到环境污染已经发展到非常严重的程度，一些环保先行者开始相互奔走呼吁，民众上街游行，强烈要求保护环境。1962年美国生物学家R·卡逊写了《寂静的春天》一书，书中描述了农业生产中杀虫剂污染带来的严重后果，用事实阐明了人类与大气、海洋及动植物间的密切关系，提出了人类环境中的生态破坏问题。《寂静的春天》之所以被称为一座丰碑，在于其对征服自然的非理性观念的挑战。之后，国际组织也积极采取行动，召开环境保护会议，制定条约和法规，要求各国政府执行。

1.联合国环境会议

1972年6月5日，联合国第一次人类环境会议（UNCHE，the United Nations Confer-ence on the Human Environment）在瑞典首都斯德哥尔摩举行，来自113个国家的1300多名代表出席了会议。会议通过了《联合国人类环境会议宣言》（简称《人类环境宣言》），亦称《斯德哥尔摩宣言》。该宣言提出一项建议，经联合国第27次大会讨论，规定每年的6月5日为"世界环境日"，以便唤起世人的环境保护意识。这次会议使人们清醒地认识到：只有一个地球，如果人类继续增殖人口，掠夺式地开发自然资源，肆意污染和破坏环境，人类赖以生存的地球必将出现资源匮乏、污染泛滥、生态破坏的严重灾难。

1982年5月10-18日，联合国环境规划署在肯尼亚首都内罗毕召开了特别会议。这次会议是为纪念1972年联合国人类环境会议10周年而召开的，参加会议的有105个国家和149个国际组织的代表共3000多人，会后发表了著名的《内罗毕宣言》。《内罗毕宣言》在肯定斯德哥尔摩会议以来的环境保护工作的基础上，分析了全球环境现状，指出人类无节制的活动还在促使环境日益恶化，并指出进行环境管理和评价的必要性，另外在贫富状态对环境产生的压力、战争对环境造成的影响、跨国界的国际行动以及发达国家对发展中国家应尽的义务等方面也提出了新看法。可以说内罗毕会议在人类环境保护的发展上起到了一个承前启后的作用。

1992年6月3-4日，联合国环境与发展大会（UNCED）在巴西里约热内卢举行。这是一次规模大、级别高、影响深远的国际环保盛会，具有里程碑意义。有183个国家参加，其中有102个国家元首或政府首脑出席并发表演讲，这在联合国历史上是罕见的。会议通过了《里约环境与发展宣言》《21世纪议程》等文件。此次会议从筹备到会议期间，都充满了尖锐复杂的矛盾和斗争，主要表现在发达国家与发展中国家的权益方面、环境污染的责任和资金问题，环保技术的转让问题等。2012年6月20-22日，世界各国领导人再次聚集在里约热内卢举行"里约+20"峰会。联合国希望在2015年以后，将此前的《21世纪议程》和"千年发展目标"等逐步整合到可持续发展目标中，但这一目标实现起来依然困难重重。

2. 环境保护国际组织及国际公约

1972年联合国第一次人类环境会议后10年间，环境保护事业取得了很大进展，成立了联合国环境规划署（United Nations Environment Programme，UNEP），总部设在肯尼亚首都内罗毕，是联合国环境规划理事会的常设机构。人与生物圈计划（Man and Bio-sphere，MAB）于1970年由联合国教科文组织设立，其主要任务是对生物圈及其不同区域的结构和功能进行系统研究，并预测人类活动对生物圈及其资源的影响。除政府间组织外，世界各国有许多有影响力的非政府性环保组织（Environmental Non-governmentalOrganization，ENGO）。例如世界自然基金会,旧称世界野生动物基金(World Wildlife Fund，WWF），目前是全球最大的独立性非政府环境保护机构，1961年9月11日成立于瑞士小镇莫尔各斯，创始人为英国著名生物学家朱立安·赫胥黎。自1981年与中国合作保护大熊猫以来，WWF始终积极参与中国的环保事业。拯救中国虎国际基金会是一个以保护华南虎为主要目标的民间组织，2000年由一位美籍华裔女士全莉在英国创办，迄今为止该基金会仍是国外唯——个完全针对中国的老虎以及其他濒危猫科动物的慈善福利机构。阿拉善生态协会（SEE）成立于 2004 年 6 月 5 日，是由中国近百名知名企业家出资成立的环境保护组织。SEE 是会员制的非政府组织（NGO），同时也是具备公益性质的环保机构。

自 1982 年内罗毕会议结束后，国际环境法得到了极大的发展，有 40 多个国际公约、协定都是在此次会议后签订的，极大地促进了环境保护的全球一体化发展，如《保护臭氧层维也纳公约》（1985 年）、《关于破坏臭氧层物质的蒙特利尔议定书》（1987 年）、《国际热带木材协定》（1989 年）等。这一时期国际环境法规制定的趋向是：除重视动植物保护的生态平衡问题外，更加强调了环境污染的防治问题，特别是臭氧层保护、海洋污染防治、越境大气污染治理、危险废物越境转移及人类健康等全球性生态、环境问题。1992 年联合国环境与发展大会后的公约使全球的环境保护有了更大的进展，如《里约环境与发展宣言》《21 世纪议程》《关于森林问题的原则声明》《气候变化框架公约》《生物多样性公约》京都议定书，以及《关于破坏臭氧层物质的蒙特利尔议定书》的《基加利修正案》等。这一时期强调环境与经济发展的关系，体现可持续发展思想。但是，发达国家和发展中国家之间的矛盾始终突出；不少环境保护的国际公约都只是停留在框架阶段，没有具体的可操作性措施；即使有具体实施措施，但由于环保形势的迅速发展，国际公约依旧没有发挥出应有的作用。

3. 国内外环境保护的发展历程

国外环境保护的发展历程大致可分为 3 个阶段：

（1）20 世纪 60 年代中期以前，西方国家走的是先污染、后治理的路，是被动治理的阶段。由于公害事件不断出现，震惊了世界，许多国家不得不采取治理措施，但最终问题并没有解决。

（2）综合治理阶段（20 世纪 60 年代至 70 年代初）。这一时期各工业发达国家陆续成立全国性的环保机构，制定法律，由被动单项治理逐渐转向综合治理，使环境质量有所改善。例如，以"公害"闻名于世的日本，现在多数城市的大气污染物浓度已达到环境空气质量标准；水质也有明显改善，基本见不到发黑、恶臭的水体。

（3）经济发展与环境保护相协调，进入区域综合防治阶段，变"终端控制"为"总量控制"。在管理上实行"污染预防"（Pollution prevention），在生产中采用清洁工艺或者将污染控制到最小量（Waste mini migration in the process industries）。

中国环境保护工作经历了艰难曲折的历程，其大致分为 4 个阶段：

（1）1949-1972 年，这一时期国家对环境保护还没有明确的政策和目标，是孕育阶段。新中国成立初期，政府对环境污染还缺乏正确认识，大部分企业"三废"任意排放。

（2）1973-1992 年，我国环保工作开创与发展阶段。1973 年 8 月，在北京召开了第一次全国环境保护工作会议，通过了《关于保护环境和改善环境的若干规定》。1979 年 9 月，第五届全国人民代表大会常务委员会第 11 次会议通过了《中华人民共和国环境保护法（试行）》，并于 1989 年 12 月 26 日由第七届全国人民代表大会通过，成为正式的法律条例。

（3）2013 年至今，建设生态文明的新时期。2012 年 11 月，首次强调建设美丽中国，并把生态文明建设放在了突出的地位。2014 年出台了被誉为史上最严的《中华人民共和国环境保护法》，规定了"环境保护坚持保护优先、预防为主、综合治理、公众参与、损害担责的原则"。

五、可持续发展战略

（一）环境与发展的辩证关系

从人类 - 环境系统的角度分析，环境与发展的关系就是人类的经济活动和社会行为与环境的关系，主要包括经济与环境、人口与环境、科技与环境等的辩证关系。

1. 经济与环境的辩证关系

人类与环境的关系主要是通过生产和消费活动表现出来的。人类从环境中以资源的形式获得物质、能量和信息，通过生产过程转化为经济产品，然后再通过商品的消费活动以"三废"的形式排进环境。如果经济再生产过程可以尽可能少地消耗资源和能源，在商品的消费过程中也注意节约，那么这两个主要环节的废物产生量则可以减少。如果所产生的废物能很好地回收和利用，则不但可以减少废物对环境的污染，而且可以节约有限的资源。因此，回收与利用的过程至关重要。

由以上分析可见：经济与环境是既相互依赖又相互制约的辩证关系，环境是经济发展的物质基础和制约因素，经济是环境的主导。

2. 人口与环境的辩证关系

一方面，环境是人口发展的物质基础和制约因素。人口激增对环境的影响主要表现在对资源、能源的压力上，以及使环境污染更加严重。发展中国家生态环境的破坏程度远比发达国家大，主要原因就是人口的压力。环境污染物的排放量与人口数量、人均经济活动量以及单位经济活动量的污染物排放量均成正比关系。

另一方面，适度的人口又是开发环境的动力，保持适度的人口有利于合理利用资源、保护生态环境。因此，有计划地控制人口增长，提高人口素质，有助于保护环境。

3. 科学技术与环境的辩证关系

科学技术作为改造和利用自然的手段，为人类社会创造繁荣的经济、丰富的文化和良好的生存环境，同时也造成许多环境问题，甚至给环境带来不可逆转的损害。因此，环境问题最终指向的是科学的社会责任问题、技术进步的限制问题。我们应利用科学技术来保护环境，为人类的可持续发展多做贡献。环境科学是研究"人类环境"系统的发生、发展和调控的科学。在自然环境的客观属性和人类的主观要求之间，在自然环境的客观发展过程和人类有目的的活动过程之间，不可避免地存在着矛盾。环境科学的基本任务就是揭露这一矛盾的实质，研究环境与人类之间的辩证关系，掌握它的发展规律，调控人类与环境之间的物质和能量的交换过程，寻求解决矛盾的方法和途径。环境工程的基本任务就是利用工程技术方法，规划并设计出高效的"人类环境"系统，并随时把它调控到最优化的运行状态。

（二）可持续发展战略

在 1982 年 5 月 10-18 日内罗毕召开的人类环境会议发现，斯德哥尔摩行动计划未收到实效。1987 年联合国环境与发展委员会把经过长达 4 年的研究论证得出的报告《我们共同的未来》提交给联合国大会，正式提出了可持续发展的模式。对可持续发展（Sustain-able development）的定义是："既满足当代人的需要又不危及后代人满足其需要的发展。"这个定义鲜明地表达了两个观点：一是人类要发展，尤其是穷人要发展；二是发展要有限度，不能影响后代人的发展。它是一个涉及经济、社会、文化、技术及自然环境的综合概念，主要包括自然资源与生态环境的可持续发展、经济的可持续发展和社会的可持续发展这三个方面。

1992 年 6 月，曲格平在联合国环境与发展大会上接受国际环境奖时总结到："在 1972 年的会议上，发达国家高喊环境问题的严重性，而发展中国家大多未予响应。20 年后的里约会议上，发展中国家也意识到解决环境问题的紧迫性。在第一次人类环境会议上，虽然未能将环境问题与经济发展联系起来，但唤起了世人的环境意识觉醒。环境与发展大会不仅找到了环境问题的根源，而且明确了责任，开辟了资金渠道，即工业发达国家每年拿出国民生产总值的 0.7% 帮助发展中国家治理环境……联合国环境与发展大会之后，世界各国普遍接受了"可持续发展战略"的理念。

1. 可持续发展的基本原则

（1）强调公平性原则。其中包括本代人的公平、代际间的公平以及公平分配有限资源。可持续发展要满足所有人的基本需求，给他们机会以实现他们要求过美好生活的愿望。当今世界贫富悬殊、两极分化的状况完全不符合可持续发展的原则。因此，要给世界各国以公平的发展权、公平的资源使用权，要尽可能消除贫困。人类赖以生存的自然资源是有限的，当代人不能因为自己的发展与需求而损害后代人赖以生存的条件——自然资源与环境。

（2）强调持续性原则。其核心是人类的经济和社会发展不能超越资源和环境的承载能力。环境承载力（Environmental carrying capacity）是某一环境状态和结构在不发生对人类生存和发展有害变化的前提下，所能承受的人类社会作用在规模、强度和速度上的限值，是环境的基本属性——环境具有有限的自我调节能力的度量。人类发展必须以不损害支持地球生命的大气、水、土壤和生物等自然条件为前提，人类在经济发展进程中必须具备适应资源与环境的承载能力。换言之，我们应根据持续性原则调整自己的生活方式，确定自身的消耗标准，不能盲目地、过度地生产和消费。

（3）强调共同性原则。可持续发展作为全球发展的总目标，必须是全球人民的共同行动，这是由地球整体性和相互依存性决定的。人类要共同促进自身之间、自身与自然之间的协调，这是人类共同的道义和责任。

2. 可持续发展具备的基本思想

（1）鼓励经济增长，提倡传统的经济增长模式逐步向可持续发展模式过渡。可持续发展强调经济增长的必要性，只有通过经济增长才能提高当代人的福利水平，增加国家实力和社会财富。但可持续发展不仅要重视经济增长的数量，更要追求经济增长的质量。必须审视使用能源和原料的方式，改变传统的以"高投入、高消耗、高污染"为特征的生产模式和消费模式，实施清洁生产和文明消费。

（2）可持续发展要以保护自然为基础，与资源和环境承载能力相协调。要求在严格控制人口增长、提高人口素质和保护环境、资源永续利用的条件下进行经济建设，否则环境退化和资源破坏的成本是巨大的，甚至会抵消经济增长的成果。

（3）可持续发展应以改善和提高人们的生活质量为目的，与社会进步相适应。其中发展的本质包括：改善生活质量，提高人类健康水平，创造一个保障人们平等、自由、受教育和免受暴力的社会环境。显然，人类共同追求的目标是以人为本的自然经济—社会复合系统的持续、稳定和健康的发展。

3. 实现可持续发展的途径

在 1992 年联合国环境与发展大会上 120 个国家签署通过的《21 世纪议程》，全面描述了从当时到 21 世纪向可持续发展转变的行动蓝图，这是一个包括经济、社会和技术各项变革的长期动态过程，它要求世界各国根据自身的自然、经济、社会和文化的条件和特点，探求可持续发展的道路。其主要途径可归纳为：

（1）将环境保护纳入综合决策，转变经济增长模式。传统的经济模式的核心是单纯追求经济产出（GDP）的增长，其中一种极端的表现是在一些发展中国家实施"赶超战略"，用压低农产品、矿物原料和能源价格，补贴重工业和化学工业的方式，不计代价地发展高消耗、高污染的工业体系，造成资源大量浪费和环境严重污染；另一种极端表现是以美国为代表的大批量生产、大批量消费模式，"用过即扔"，这这创造了人均资源消耗和废物产生量的新纪录。

（2）变革社会观念，发展适度消费的新大众消费模式。在惊人的消费增长中，发达国家正在消耗着世界上与其人口不成比例的自然资源和物质产品，其中北美洲模式的人均消费是印度或中国的 20 倍。转变消费模式，首先需要发达国家改变现有的消费水平，从消费品特征来说，应强调持久耐用、可回收和易于处理。

（3）开发环境友好的技术，实现清洁生产。清洁生产（Cleaner production）指采用清洁的能源、原材料、生产工艺和技术，制造清洁产品的生产过程。其实质是把污染预防的综合环境策略持续应用于生产过程、产品设计和服务中，从污染产生的源头开始减少生产和服务对人类和环境的风险。清洁生产的技术目标是减少乃至消除生产过程中和产品服务中的有害环境影响。从生产过程而言，要求节约原材料和减少能耗，尽可能不用有毒原材料并在废物离开生产过程以前就减少它们的数量和毒性；从产品和服务而言，则要求从获取和投入原材料到最终处置报废产品的整个过程中都尽可能将对环境的影响减至最低，减少产品和服务的物质材料、能源密度，提高可再生资源的利用率，提高产品的耐用性和寿命，提高服务质量。世界各国应把发展这类技术作为争取国家战略优势的重要途径以及提高在世界市场上的竞争力的重要手段。

（4）发展和完善环境保护法律和政策，提高全社会的环境意识，建立可持续发展的新文明。发展和完善环境保护法律法规是环境管理的重要基础，完善环境影响评价制度与技术方法并加强环境监督和执法是有效进行环境管理的保证。

生态文明将成为人类新文明。生态文明是应对生态危机而兴起的，它的主要任务首先是解决环境污染、生态破坏和资源短缺对人类生存的威胁。

（三）中国的可持续发展战略

联合国环境与发展大会后，中国政府重视自己承担的国际义务，我国于 1992 年 8 月批准转发的《中国环境与发展十大对策》，是我国制定的第一份环境与发展方面的纲领性文件。为实施联合国环境与发展大会提出的《21 世纪议程》，国务院环境保护委员会在 1992 年 7 月召开的第 23 次会议上决定，由国家计划委员会和国家科学技术委员会组织国务院各部门、机构和社会团体编制《中国 21 世纪议程—中国 21 世纪人口、环境与发展白皮书》。1993 年 4 月完成第一稿。1994 年 3 月 25 日，国务院第 16 次常务委员会议讨论通过了《中国 21 世纪议程》，共包括四部分。第一部分：可持续发展总体战略，主要包括实施可持续发展的有关立法与实施、费用与资金机制、教育与可持续发展能力建设、团体与公众参与等。第二部分：经济可持续发展，包括可持续发展经济政策、农业与农村可持续发展。第三部分：社会可持续发展，包括消除贫困、教育、卫生与健康、居住区可持续发展等。第四部分：资源与环境的合理利用和保护，包括建立基于市场机制与宏观调控相结合的自然资源管理体系，推行环境影响评价制度、生物多样性保护、固体废物无害化管理等。在跨世纪环保目标中，提出要抓紧抓好"33211"工程，即抓好三河、三湖、两区、一市、一海湾的治理工程。其中，三河是淮河、辽河、海河；三湖是太湖、巢湖、滇池；两区指酸雨控制区、二氧化硫控制区；一市指北京市；一海湾指碧海工程（渤海湾）。

目前，尽管发达国家的环境质量有所改善，但广大发展中国家的环境问题日渐突出，而且面临严重的资金不足、技术手段缺乏、能力建设薄弱等问题。国际金融危机、气候变化、粮食和能源危机、自然灾害等挑战，进一步加重了发展中国家实现可持续发展的负担。因此，消除贫困和发展绿色经济成为2012年里约环境发展大会的主要议题。我国在经济高速发展的过程中，可持续发展战略并没有得到问题执行，区域经济、社会发展很不均衡，生态恶化、环境污染趋势未能得到根本有效扭转。可持续发展领域执行力不足的状况将长期存在。因此，怎样真正实现可持续发展，仍然需要我国去积极探索。我国提出将生态文明建设融入经济建设、政治建设、文化建设与社会建设之中，这项"五位一体"的发展战略对我国今后的可持续发展有着重要的指导意义。

第二节　生态环境

生态环境（Eco-environment）是指生物有机体周围的生存空间和生态条件的总和。生态环境由许多生态因子综合而成，对生物有机体起着综合作用。

近年来，由于人类对自然资源不合理的开发利用，以及环境污染的日益严重，生态环境发生了一系列变化，不同程度地改变了某些生态系统的结构和功能，造成生态破坏的环境问题。生态环境的保护已成为全球关注的问题，由此推动了生态学的发展。生态学的基本原理被当作解决环境问题的重要理论基础，也被看成是社会经济持续发展的理论基础。

一、生态学基本原理

（一）生态学的定义

我国早在2000多年前的春秋战国到西汉时代就已出现了许多生态学思想的萌芽。

道家提供了最深刻并且是最完美的生态智慧，如"道法自然"就体现出对自然规律的尊重。《列子·说符》中有："天地万物，与我并生，类也。类无贵贱，徒以小大智力而相制，迭相食，非相为而生之孟子中记载有数罟（gu，捕鱼的网）不入诗池，鱼鳖不可胜食"。意思是鱼池中不用细网打鱼，则水产吃不完。俗语"大鱼吃小鱼，小鱼吃虾，虾吃泥巴"等都包含着生态学的思想。

早期的生态学（Ecology）概念由德国动物学家海克尔（E.Heckel）于1866年提出，他把研究有机体与周围环境相互关系的科学命名为生态学。现代的生态学是研究生物与环境之间相互关系及其作用机理的科学。随着时代的发展，生态学的研究层次，研究手段和研究范围都有较大的提高和扩展。

（二）生态系统

1. 基本概念

生态系统（Ecological system 或 Ecosystem）是指在自然界的一定空间内，生物与环境共同构成的统一整体，即生命系统和环境系统的有机结合体。生物与环境之间互相影响，不断演变，并在一定时期内处于相对稳定的动态平衡。生态系统是自然界的基本结构单元。生态系统的范围可大可小，小到一滴天然水，大到整个生物圈，都可以当作一个生态系统。环境系统和生态系统两个概念的区别是：前者着眼于地球环境整体，而后者侧重于生物彼此间及生物与环境间的相互关系。环境系统自地球形成就存在，生态系统是生物出现以后的环境系统。

生物圈是指地球上生物及其生命活动产物所集中的范围，从海平面以下约12 km的深度到海平面以上约23 km的高度，包括平流层的下层、整个对流层、沉积岩圈和整个水圈。在这些圈层界面上生活的生物构成了生物圈，是生物活动的最大环境。生物圈构成了一个复杂而巨大的生态系统，并参与岩石圈、大气圈和水圈的变化与发展。生物圈中生物与环境的相互作用形成了一个由生物控制的动态系统，这个系统保证了地球环境的相对稳定。

生境(Habitat)是在一定时间内具体的生物个体和群体生存空间的生态条件的总和，又叫生态环境（Ecological environment）。

生态因子（Ecological factors）是指环境中对生物生长、发育、生殖、行为和分布有直接关系和间接影响的环境因素。一般分为五类：气候因子、土壤因子、地理因子、生物因子、人为因子。每类还可分为一些亚类，如气候因子可分为温度、湿度、光照等。

2. 生态系统的组成与结构

生态系统的组成成分是指系统内所包括的若干类相互联系的各种要素。生态系统主要由两大部分、四个基本成分组成。两大部分就是生命成分和非生命成分。四个基本成分就是非生物环境（Abiotic environment）、生产者（Producers）、消费者（Consumers）和分解者（Decomposers）。

构成生态系统的各个组成部分，各种生物的种类、数量和空间配置，在一定时期内的结构相对稳定。生态系统的结构包括物种结构、营养结构和形态结构。

（1）物种结构。一般来说，生态系统中的物种结构主要以群落中的优势种类，在生态功能上的主要种类或类群作为研究对象。不同类型生态系统的物种结构差异很大，如水域生态系统的生产者主要是需借助显微镜才能分辨的浮游藻类或部分可见水生植物，而森林生态系统的生产者却是一些高达几米或几十米的乔木和各种灌木。

（2）营养结构。生态系统各组成部分之间通过营养联系构成了生态系统的营养结构。食物链（Food chain）是指生态系统中植物制造的初级能源，通过生物进行一系列传递，形成一种捕食与被捕食的食物营养纽带的连锁关系。食物链是简单描述生物间食物关系的概念，实际上很多动物的食物不是单一的，因此食物链之间又交错相连，构成复杂的食物网（Food web）。食物网指生态系统中生物之间错综复杂的网状食物关系。一般说，具有复杂食物网的生态系统，一种生物的消失不至于引起整个生态系统的失调，但食物网简单的系统，其在生态系统功能上起关键作用的物种一旦消失或受到严重破坏，就可能引起这个系统的剧烈波动。例如，如果构成苔原生态系统食物链基础的地衣因大气中的二氧化碳含量超标而受到破坏，就会导致生产力的毁灭性破坏，从而使整个系统遭到毁灭。

（3）形态结构。生态系统的生物种类、种群数量，种群的空间配置和时间变化构成了生态系统的形态结构。例如，一个森林生态系统，其中植物、动物和微生物的种类和数量基本上是稳定的，它们在空间分布上具有明显的分层现象。在地上部分自上而下有乔木层，灌木层、草本植物层和苔藓地衣层，在地下部分有浅根系、深根系及其根系微生物。在森林中栖息的各种动物也有其各自相对的空间分布位置，如许多鸟类在树上营巢，许多兽类在地面筑窝，许多鼠类在地下掘洞。在水平分布上，林缘、林内植物和动物的分布也明显不同。同时，同一个生态系统，在不同的时期和不同的季节存在着有规律的时间变化。如长白山森林生态系统，冬季被白雪覆盖，银装素裹，洁白肃穆；春季冰雪融化，绿草如茵；夏季鲜花遍野，五彩缤纷；秋季果实累累，气象万千。不仅在不同季节有着不同的季相变化，就是在昼夜之间，其形态也会有明显的差异。

二、生态环境保护

（一）环境生态学

环境生态学（Environmental ecology）是生态学的应用学科之一，是研究人为干扰下生态系统内在变化机理、规律和对人类的反作用，寻求受损生态系统的恢复、重建和保护对策的科学，即运用生态学理论，阐明人与环境间的关系及解决环境问题的生态途径。环境生态学的研究内容主要包括：人为干扰下生态系统内在变化机理与规律，干扰效应在系统内不同组分间的使用方式；各种生态效应以及对人类的影响，污染物在各类生态系统中的行为变化规律和危害方式；生态系统受损程度的判断，各类生态系统的功能与保护措施的研究，以及解决环境问题的生态对策等。

（二）生态工程

Mitsch（1996）将生态工程（Ecological engineer 或 ecoengineering）定义为："为了将人类社会与自然环境有机结合而设计可持续的生态系统，最终目的是造福自然与人类。"马世骏（1984）将生态工程定义为："应用生态系统中的物种共生与物质循环再生原理、结构与功能协调原则，结合系统分析的最优化方法，设计促进分层多级利用物质的生产工艺系统。生态工程的目的就是在促进自然界良性循环的前提下，充分发挥资源的生产能力，防治环境污染，达到经济效益与生态效益的同步发展。生态工程可以是纵向的层次结构，也可以发展为纵向工艺横向联系而合成的网状工程系统。"生态工程处理的对象是社会经济—自然复合生态系统（Social-economic natural compound ecosystem）。

1. 城市生态环境调控

我国城市化进程的加快，一方面对社会经济、交通、生产以及文化的发展起到了重要的推动作用，另一方面由于城市人口的持续增长和高度集中、消费水平的不断提高，城市基础的代谢功能正在对自然界的生态平衡产生重大的影响和冲击，并对人类的居住环境和生活质量产生不利影响。城市生态环境调控的任务就是要根据自然生态系统高效、和谐原理去调控城市生态环境的物质、能量流动，使之达到平衡、协调，并力求解决近代城市中存在的环境问题。

城市生态系统是城市空间范围内的居民与自然环境系统、人工建造的社会环境系统相互作用而形成的统一整体。城市生态系统要比自然生态系统复杂得多，营养结构呈倒置的金字塔型。在城市这个社会—经济—自然复合系统中，自然系统是基础，说明了自然对人类社会和经济生产的根本支撑作用，经济系统是社会与自然联系的中介，社会系统则对系统起导向作用，社会体制、经济发展状况等都直接或间接地对生态系统产生深远影响。因此，要求政策的决策者们在经济生态原则的指导下拟定具体的生态目标，使系统的复合效益最高、风险最小且存活概率最高。

城市生态规划可分为综合规划和单项规划两种。对城市的单项问题如人口问题、交通问题、资源分配问题、环境问题、生活质量问题以及土地利用等问题进行的生态规划属于单项生态规划；对一个工厂、一个部门、一个社区乃至一个城市的规划属于综合性规划，它涉及社会、经济、自然等多方面因素。例如生态城市的建设：生态城市这一新的城市概念和发展模式是在联合国教科文组织发起的"人与生物圈计划"研究过程中提出的，并受到全球的广泛关注，其内涵也在不断得到发展。生态城市是一种理想的城市模式，它旨在建设一种"人与自然和谐"的理想环境，生态良性循环的人类聚居地。生态城市的和谐性包含两重意义：第一是反映在人与自然的关系上，自然与人共生，人回归自然、贴近自然，自然融于城市；第二是更重要的一点是反映在人与人的关系上，生态城市在营造满足人类自身进化需求的环境时，充满人情味，文化气息浓郁，拥有强有力的互帮互助的群体，富有生机与活力。这种和谐性是生态城市的核心内容。整体性生态城市不是只追求环境优美或自身的繁荣，而是兼顾社会、经济和环境三者的整体效益；不仅重视经济发展与生态环境协调，更注重人类生活质量的提高，是在整体协调的新秩序下寻求发展。

2. 发展生态农业

生态农业（Eco-agriculture）是指遵循生态经济学和生态规律发展农业的模式。生态农场把农田、林地、鱼塘、畜牧场、加工厂和污水处理系统巧妙地连接成一个有机整体。用农作物和枝叶喂养牲畜，是对营养物质的第一次利用；用牲畜粪便和肉类加工厂的废水生产沼气，是对营养物质的第二次利用；沼液经过氧化池处理用于养鱼、灌溉，沼渣生产的肥料用于肥田，生产的饲料用于喂养牲畜，是对营养物质的第三次利用。在这个农业生态系统中，农作物和林木通过光合作用把太阳能转化为化学能，储存在有机物中，这些化学能又通过沼气发电转化为电能，在加工厂中用电开动机械，电能转化为机械能，用电照明，电能又转化为光能，实现了能量的传递和转化。

第三节　环境污染与人体健康

一、环境污染物对人体的作用

生命源自于自然环境，以蛋白质的方式生存着，人体通过新陈代谢和周围环境进行物质交换。物质的基本单位是化学元素，人体各种化学元素的平均含量与地壳中各种化学元素的含量相适应。人体各系统和器官之间是密切联系着的统一体，人体的生理功能在某种程度上对环境的变化是适应的，如解毒和代谢功能往往能使人体与环境达到统一状态。但这些功能有一定的限度，环境中的污染物必然会通过各种途径侵入人体，当超过了人体所能忍受的限度时就出现生中毒症状。

在正常的环境中，人体与环境之间的物质保持动态平衡，使人类得以正常地生长发育，从事生产劳动。相反，受受污染的环境使人们工作效率下降、患病率上升，甚至导致其中毒死亡。这里应该指出的是许多被认为是污染物的化学物质，如一氧化碳、二氧化硫、硝酸根及某些金属离子等，是自然存在于环境中的，当它们以低含量存在时，许多生物能自行解毒。可以合理地假定在演化过程中生物产生了抵抗低含量重金属、酸根离子的机制，只有在人类活动造成这些物质含量过高时才会引起危害。此外，人类新合成的一些化学试剂如卤代烃农药、多氯联苯等物质是自然界原先没有的，这些物质对于生物来说还没有形成抵抗机制，即使形成抵抗机制，但由于外来化学物质的数量、种类如此之多，也会使自然消解作用超载。

（一）环境污染物及毒物

环境污染物（Environmental pollutant）是指进入环境后使环境的组成和性质发生直接或间接有害于人类的物质，主要来源于工业"三废"，农业生产使用的农药，生活污染物如处理不当的粪便垃圾及污水等，核能工业、医用以及工农业用水的放射源等排放的一定量的放射性污染物。毒物（Toxicant 或 poison）指能对有机体产生有害作用的化学物质。毒物的概念是相对的、有条件的。任何一种物质在一定的剂量和接触条件下对有机体都可能产生毒副作用。因此，毒物通常是指较小剂量就能引起功能性或器质性损害的化学物品。

（二）毒物经历人体的途径

毒物主要经呼吸道和消化道侵入人体，也可经皮肤或其他途径侵入人体，如神经毒气、四氯化碳可通过皮肤侵入人体。空气中的气态毒物或悬浮颗粒物可经过呼吸道进入人体。肺部毛细血管丰富，人肺泡总面积可达 90 ㎡，毒物在肺部吸收的速度极快。环境毒物能否随空气进入肺泡与其颗粒粒径大小有关。能到达肺泡的颗粒物，其粒径一般不超过 3 μm，而粒径大于 10 μm 的颗粒物则大部分被黏附在呼吸道、气管和支气管黏膜上。水溶性较好的毒物，如氯气、二氧化硫，为上呼吸道黏膜所溶解而刺激上呼吸道，极少进入肺泡；而水溶性较差的气态毒物，如二氧化氮，绝大部分能到达肺泡。水和土壤中的有毒物质主要通过饮用水和食物经消化道被人体吸收。整个消化道都有吸收作用，但小肠的吸收作用最为重要。

毒物经上述途径被吸收后，由血液运送到人体各组织，不同的毒物在人体各组织的分布情况不同。有机体可对毒物进行蓄积、代谢，此外还有一系列复杂的适应和耐受机制。如铅蓄积在骨骼内，DDT 蓄积在脂肪组织内。除很少一部分水溶性强、相对分子质量极小的毒物可以以原形被排出人体外，绝大部分毒物都要经过某些酶的代谢，从而改变其毒性。肝脏、肾脏、胃肠等器官都有生物转化功能，其中肝脏最为重要。某些毒物经转化后毒性减轻，但也有惰性物质转化为活性物质而增加毒性的，如农药 1605（对硫磷）在体内氧化成 1600（对氧磷），毒性增大。

毒物的排泄途径主要是肾脏、消化道和呼吸道，少量随汗液、乳汁、唾液等各种分泌液排出，也有通过皮肤的新陈代谢过程到达毛发而离开机体的。其也能够通过胎盘进入胎儿血液的毒物会影响胎儿的发育，甚至导致先天性中毒及畸胎。

（三）人体对环境毒物的反应

人类环境的任何变化都会不同程度地影响人体的正常生理功能，但人体具有调节自己生理功能来适应不断变化的环境的能力。如果环境的异常变化不超过一定的限度，人体是可以适应的；如果环境的异常变化超出了人体正常生理调节的限度，则可能引起人体某些功能和结构的异常变化，甚至造成病理性的变化。

疾病是机体在致病因素作用下功能及形态发生病理变化的一个过程。疾病的发生一般可分为潜伏期、前驱期、临床症状明显期和转归期。急性症状的前两期会很短，但慢性疾病的前两期相当长，应尽早发现临床前期的变化。

二、环境污染对人体健康的危害

环境污染对人体健康的危害是一个十分复杂的问题。有的污染物在短期内通过空气、水、食物链等多种介质侵入人体，或几种污染物联合侵入人体，达到一定浓度时会造成急性危害；有些污染物以小剂量持续不断地侵入人体，经过相当长的时间才会显露出对人体的慢性危害。目前社会普遍关注的是远期危害，主要包括以下作用：

1. 致癌作用。资料分析表明，由化学物质引起的人类癌症占 90%，由病毒等生物因素引起的约占 5%，由放射线等物理因素引起的约占 5%。国际癌症研究中心（IARC）证明，在 247 种确定致癌的化学物质中，有些是药物如氯霉素、非那西丁和苯妥英等，另外一些包括联苯胺、苯、双氯甲醚、芥子气、镍、氯乙烯、铬、氧化镉、砷化物、石棉、烟煤等。

2. 致突变作用。其能引起生物体细胞的遗传信息和遗传物质发生突然改变的作用称为致突变作用。某些环境污染物、食品添加剂、农药、医药中含有致突变物质。

3. 致畸作用。例如风疹病毒可引起胎儿畸形，甲基汞能引起水俣病，PCBS 能引起皮肤色素沉着的"油症儿"等。此外，农药如敌枯双、螟蛉畏、有机磷杀菌丹、五氯酚钠等经动物试验证明有致畸作用，放射性物质可引起白内障、小头症等畸形。保加利亚一个靠近南斯拉夫边境的小镇因受北约在科索沃战争中投掷的贫铀弹的污染，一年多内出生的 80 多名婴儿中一半以上有残疾或先天性白血病等。

第四节　环境监测

一、概述

（一）环境监测的内容

环境监测是指对影响人类和生物生存发展的环境质量状况进行监视性测定的活动。

"监测"一词可理解为监视、测定、监控等。影响环境质量的因素很多，有各种化学物质造成的环境污染，也有物理因素如噪声、光、热及振动等造成的环境污染。描述这些化学及物理因素的定量数据称为代表值或指标。环境监测是对这些指标进行测定，并以科学的手段对其做出评价。因此，环境监测是为了特定目的，按照预先设计好的时间和空间，用可以比较的环境信息和资料收集的方法，对一种或多种环境要素或指标进行间断或连续的观察和测定，分析其变化以及对环境的影响。环境监测是在环境分析的基础上发展起来的，是环境质量管理的基础，也是制定环境保护法规的重要依据。环境监测对环境科学研究和保护环境都是十分重要的。

环境监测包含的内容主要有以下三个方面：

1. 物理指标的测定，其中包括噪声、振动、电磁波、放射性水平等的监测。例如，声压级是代表环境噪声的一个指标，它的单位是分贝，通过一定的仪器和方法可以对该指标进行监测，从而明确周围的环境中是否有噪声污染。

2. 化学指标的测定，包括对各种化学物质在空气、水体、土壤和生物体内水平的监测。通过对代表空气质量的指标如二氧化硫、氮氧化物和一氧化碳等物质在大气环境中浓度的测定，可以了解这些对人体有害的化学物质在我们所呼吸的空气中的含量。

3. 生态监测（Ecological monitoring），即运用物理、化学或生物等方法对生态系统或生态系统中的生物因子、非生物因子状况及其变化趋势进行的测定、观察。它的任务是利用各种技术方法测定和分析生态系统各层次对自然或人为作用的反映或反馈效应，并通过综合表征来判断和评价这些干扰对生态系统产生的影响、危害及其变化规律，为环境质量评估、调控和环境管理提供科学依据。其中具体包括环境污染的生态监测生态破坏的生态监测以及生物多样性监测。

生态监测应根据监测因子的生态学特点和干扰活动的特点确定监测位置和频次，有代表性地布点。生态监测方法与技术要求须符合国家现行的有关生态监测规范和监测标准分析方法。对于生态系统生产力的调查，必要时需现场采样、实验室测定。当涉及区域范围较大或主导生态因子的空间等级尺度较大，通过人力踏勘较为困难或难以完成评价时，可采用遥感调查法。

（二）环境监测的目的及作用

1. 环境监测的目的

环境监测是为控制污染、保护环境服务的。环境监测的目的是准确、及时、全面地反映环境质量现状及发展趋势，为环境管理、污染源控制、环境规划等提供科学依据。具体可归纳为：

（1）检验和判断环境质量是否合乎国家规定的环境质量标准。

（2）判断污染源造成的污染影响。确定污染物在空间的分布模型，污染最严重的区域，以及防治的对策，并评价防治措施的效果，为实现监督管理提供依据。

（3）研究污染物扩散模式。一方面用于新污染源的环境影响评价，为决策部门提供依据；另一方面为环境污染的预测预报提供资料数据。

（4）为制定环境质量标准提供依据。积累环境本底的长期监测数据，结合流行病调查资料，为保护人类健康、合理使用自然资源，以及制定环境法规、标准、规划等服务。

2. 环境监测的作用

环境监测是环境科学研究的开端，是保护人类所生存的环境必不可少的环节。在环境保护各项工作中，要依靠环境监测来掌握污染状况、评价环境质量、检验治理效果、制定各项环保措施。可以说，环境监测在一定程度上制约或者促进环境科学研究的发展。因此，正如环境科学一样，环境监测不仅对于人类生存和社会文明具有重要意义，而且能有效地控制污染，减少物质和能量的流失，同时也会给社会带来一定的经济效益。

二、环境空气质量监测

（一）环境空气质量监测的内容

城市大气污染物主要分7类，监测时根据需要和可能进行选择。发达国家主要城市根据我国的《大气环境质量标准》规定，现阶段大气污染监测的基本分析指标有二氧化硫（SO_2）、二氧化氮（NO_2），一氧化碳（CO）、臭氧（O_3）、颗粒物（粒径小于等于 $10\mu m$）和细颗粒物（粒径小于等于 $2.5\mu m$）6种，此外还对风向、风速、温度、湿度等气象参数进行测定。

（二）环境空气质量监测网点的布设

1. 布点原则

（1）代表性：具有较好的代表性，能客观反映一定空间范围内的环境空气质量水平和变化规律，客观评价城市、区域环境空气状况以及污染源对环境空气质量的影响，满足为公众提供环境空气状况健康指引的需求。

（2）可比性：同类型监测点设置条件尽可能一致，使各个监测点获取的数据具有可比性。

（3）整体性：环境空气质量评价城市点应考虑城市自然地理、气象等综合环境因素，以及工业布局、人口分布等社会经济特点，在布局上应反映城市主要功能区和主要大气污染源的空气质量现状及变化趋势，从整体出发合理布局，监测点之间相互协调。

（4）前瞻性：应结合城乡建设规划考虑监测点的布局，使确定的监测点能兼顾未来城乡空间格局变化趋势。

（5）稳定性：监测点位置一经确定，原则上不在变更，以保证监测资料的连续性和可比性。

2. 布点方法

（1）功能区布点法。按功能区划分的布点法多用于区域性常规监测。先将监测区域划分为工业区、商业区、居民区、工业和居住混合区、交通稠密区、清洁区等，再根据污染情况和人力、物力条件，在各功能区设置一定数量的采样点。各功能区的采样点数不要求平均分布，一般在污染较集中的工业区和人口较密集的居住区多设采样点。

（2）网格布点法。这种布点法是将监测区域的地面划分为若干均匀网状方格，采样点设在两条直线的交点处或方格中心。网格大小视污染源强度、人口分布及人力、物力条件等确定。若主导风向明显，下风向设点应多一些，一般占采样点总数的60%。对于有多个污染源且污染源分布较均匀的地区，常采用这种布点方法。它能较好地反映污染物的空间分布，如将网格划分得足够小，将监测结果绘制成污染物浓度空间分布图，对指导城市环境规划和管理具有重要意义。

第二章 环境工程

环境工程是城市建设和保障人类居住环境安全的重要途径，随着经济社会的不断发展，环境污染和资源危机威胁着我们生存的环境，因此，做好环境工程对于社会和经济的长久的发展都是起着推动作用，本章将对环境工程进行分析。

第一节 水污染控制工程

一、废水性质与污染指标

水是人类生活和生产活动不可缺少的物质资源。水资源在使用过程中由于丧失了使用价值而被废弃外排，并使受纳水体受到影响，这种水就称为废水。

废水类型与特征

根据来源不同，废水可分为工业废水和生活污水两大类，其中工业废水又可分为生产废水和冷却废水。

1. 工业废水

工业废水是在工业生产过程中所产生的废水，其中生产废水水质往往因生产工艺过程、产品种类和原材料等的不同而变化，是污染和危害最大的废水；冷却废水是用于间接冷却过程的冷却循环系统的废水，该类废水水质污染较轻。

工业废水的特点主要表现在水量、水质变化大，组成复杂，污染严重。工业废水常含有大量有毒有害污染物，如重金属、强酸、强碱、有机化学毒物、生物难降解有机物、油类污染物、放射性毒物、高浓度营养性污染物、热污染等。不同工业的生产废水，其水质差异很大，如有的工业废水中化学需氧量质量浓度每升仅为几百毫克，而有的会高达几十万毫克；有的工业废水的氮、磷含量不能满足生物处理的营养要求，而有的则氮、磷质量浓度每升高达几千毫克。一般而言，工业废水需经局部处理后达到要求后才能排入城市污水处理系统。

2. 生活污水

生活污水是在人们日常生活中所产生的废水，主要来自于家庭、商业、机关、学校、医院、城镇及工厂等的生活设施排水，如厕所废水、厨房洗涤水、洗衣排水、沐浴排水及其他排水等。生活污水的特征是水质成分比较稳定、较规律，其主要成分为纤维素、淀粉、糖类、脂肪和蛋白质等有机物质，以及氮、磷营养物质等。来自医疗单位的污水是一类特殊的生活污水，含多种病原体，主要危害是引起肠道传染病。影响生活污水水质的主要因素有生活水平、生活习惯、卫生设备及气候条件等。

城市污水是排入城镇排水系统污水的总称，是生活污水和工业废水等的混合废水。城市污水中各类污水所占的比例，因城市的排水体制不同而不同；城市污水的水质指标、污染物组成、形态及含量也因城市不同而不同。

废水污染指标是指水样中除去水分子外所含杂质的种类和数量，是评价废水污染程度的具体尺度，同时也是进行废水处理工程设计、反映废水处理效果、开展水污染控制的基本依据。为了确切表示某种废水的性质，可以选择一些具有代表性污染特征的水质指标进行衡量。一种水质指标可能包括几种污染物，而一种污染物也可以属于几种水质指标。

废水中的污染物种类主要有：固体污染物、有机污染物、营养性污染物、酸碱污染物、有毒污染物、油类污染物、生物污染物、感官性污染物、热污染和放射性污染等，可以通过分析检测方法对污染物做出定性、定量的评价。废水污染指标一般可分为物理性、化学性和生物性污染指标。

1. 温度

废水温度过高而引起的危害叫作热污染，热污染的主要危害有：

（1）较高水温使水体饱和溶解氧浓度降低，相应的亏氧量随之减少，而较高水温又加速耗氧反应，可以导致水体缺氧和水质恶化。

（2）较高水温会加速水体细菌、藻类生长繁殖，从而加快水体富营养化进程。如果取该水体作为给水水源，将增加消毒水处理的费用。

（3）较高水温导致水体中的化学反应加快，使水体的物化性质（如离子浓度、电导率、腐蚀性）发生变化，可能对管道和容器造成腐蚀。

（4）水温升高会加速细菌生长繁殖，因而需要增加混凝剂和氯的投加量，从而使水中的有机氯化物量增加。

2. 色度

色度能引起人们感官上的极度不适，是一种感官性污染指标。纯净的天然水是清澈透明无色的，但是含有金属化合物或者有机化合物等有色污染物的废水则呈现各种颜色。将有色废水用蒸馏水稀释后与蒸馏水在比色管中对比，一直稀释到两个水样没有色差，此时废水的稀释倍数就是色度。废水排放对色度也有着严格的要求。

废水中能引起异色、浑浊、泡沫、恶臭等现象的物质，虽无严重危害，但属于感官性污染物。各类水质标准中，对色度、臭味、浊度、漂浮物等指标都做了相应的规定。

3. 臭和味

臭和味同色度一样也是感官性指标。天然水是无色无味的，当水体受到污染后会产生异样的气味。水的异臭来源于还原性硫和氮的化合物、挥发性有机物和氯气等污染物。盐分也会给水带来异味，如氯化钠带咸味、硫酸镁带苦味等。废水排放对臭味也做了相应的规定。

生物性污染指标主要是指废水中的致病性微生物，主要有细菌总数、大肠菌群和病毒。未被污染的天然水中细菌含量很低，当城市污水、垃圾淋浴水、医院污水等排入天然水后将传播各种病原微生物。例如，生活污水中可能含有能引起肝炎、伤寒、霍乱、痢疾、脑炎的病毒和细菌以及蛔虫卵、钩虫卵等。生物性污染物污染的特点是数量大、分布广、存活时间长、繁殖速度快，对其必须予以高度重视。

1. 细菌总数

水中细菌总数反映了水体受细菌污染的程度，可作为评价水质清洁程度和水净化效果的指标，一般细菌越多表示病原菌存在的可能性越大。水质标准中的卫生学指标有细菌总数和总大肠菌群数两项，后者反映水体受粪便污染的状况。

2. 大肠菌群

大肠菌群被视为最基本的粪便污染指示菌群，大肠菌群的值可表明水被炎便污染的程度，间接表明有肠道病菌（伤寒、痢疾、霍乱等）存在的可能性。

3. 病毒

由于肝炎、小儿麻痹症等多种病毒性疾病均可通过水体传染，水体中的病毒已引起人们的高度重视。这些病毒也存在于人的肠道中，通过病人粪便污染水体。

二、水质标准

水质标准是描述水质状况的一系列标准，表示各类水中污染物的最高容许浓度或限量阈值的具体限制和要求。我国水质标准从水资源保护和水体污染控制两方面考虑，分别制定了水环境质量标准和污水排放标准，前者以保证水体质量和水的使用目的，后者为控制污水处理后达到所排放的要求，这些标准是水污染控制的基本管理措施和重要依据之一。

1. 天然水体水质标准

天然水体是人类的重要资源，为了保护天然水体的质量，不因污水的排入而导致其恶化甚至破坏，在水环境管理中按水体功能要求分类进行水环境质量控制项目和限值的规定。我国目前天然水体环境质量标准主要有《地表水环境质量标准》（GB 3838-2002）、《海水水质标准》（GB 3097-1997）、《地下水质量标准》（GB/T 14848-1993），这些标准都是强制性国家标准，是污水排入水体时执行排放等级的重要依据。

《地表水环境质量标准》是最重要的水体环境质量标准。《地表水环境质量标准》（GB 3838-2002）自 1983 年首次发布以来，分别于 1988 年、1999 年和 2002 年经过了三次修订。依据地表水水域环境功能和保护目标，《地表水环境质量标准》按功能高低依次将水体划分为五类：Ⅰ类主要适用于源头水、国家自然保护区；Ⅱ类主要适用于集中式生活饮用水地表水源地一级保护区、珍稀水生生物栖息地、鱼虾类产卵场、幼鱼的索饵场等；Ⅲ类主要适用于集中式生活饮用水地表水源地二级保护区、鱼虾类越冬场、洄流通道、水产养殖区等渔业水域及游泳区；Ⅳ类主要适用于一般工业用水区及人体非直接接触的娱乐用水区；Ⅴ类主要适用于农业用水区及一般景观要求水域。按照地表水环境功能分类和保护目标，规定了水环境质量应控制的项目和限值。该标准提出的控制项目共计 109 项，包括地表水环境质量标准基本项目（24 项）、集中式生活饮用水地表水源地补充项目（5 项）和集中式生活饮用水地表水源地特定项目（80 项）。

2. 用水水质标准

为了保证水的使用目的或用水水质要求，我国发布了《工业锅炉水质标准》（GB 1576-2008）、《农田灌溉水质标准》（GB 5084-2005）、《渔业水质标准》（GB 11607—1989）等工、农、林、牧、渔业水质标准。由于工业种类繁多，其用水水质要求随不同工艺、不同产品而不尽相同，因此工业用水水质标准体系较复杂，但总的要求是水质必须保证产品的质量，并保障生产正常运行。工业用水主要有生产技术用水、锅炉用水和冷却水，除锅炉用水外，各种工业用水标准往往由同行业制定。当处理后废水作为某种用途（即再利用）时，应满足相应的用水水质标准。

3. 污水排放标准

污染物排放浓度控制标准是对所排放污水中污染物质规定最高允许排放浓度或限量阈值，按其适用范围可分为污水综合排放标准和行业排放标准，除国家发布的污水综合排放标准与水污染物行业排放标准外，各地根据水体污染程度、水体纳污能力、污染物削减的可能性与可行性等，从保护环境和经济持续发展出发，可制定比国家标准更为严格的地方排放标准。

（1）污水综合排放标准

按照污水排放去向，国家规定了水污染物最高允许排放浓度，我国现行的污水综合排放标准主要有《污水综合排放标准》（GB 8798-1996）、《污水排放城市下水道水质标准》（CJ343-2010）及《污水海洋处置工程污染控制标准》（GB 18486-2001）等。其中，污水综合排放标准适用范围广，不仅适用于排污单位水污染物的排放管理，也可用于建设项目的环境影响评价、建设项目环境保护设施设计、竣工验收及其投产后的排放管理。该标准将排放的污染物按其性质及控制方式分为两类：第一类污染物主要为重金属和有毒有害物质，以及能在环境和动植物体内蓄积、对人体健康产生长远不良影响的污染物，如汞、镉、铬、铅、砷、苯等，此类污染物必须在车间进行处理，在车间或车间处理设施排放口处取样测定；第二类污染物是其余一般污染物，其长远影响小于第一类，如硫化物、氰化物、磷酸盐等，规定的取样地点为排污单位的排出口，其最高允许排放浓度按地面水功能要求和污水排放去向，分别执行一、二、三级标准。

（2）水污染物行业排放标准

根据行业排放废水的特点和治理技术发展水平，国家对部分行业制定了水污染物行业排放标准，如《城镇污水处理厂污染物排放标准》（GB 18918-2002）、《制革及毛皮加工工业水污染物排放标准》（GB 30486-2013）、《电镀污染物排放标准》（GB 21900-2008）、《纺织染整工业水污染物排放标准》（GB 4287-2012）、《制浆造纸工业水污染物排放标准》（GB 3544-2008）、《船舶工业污染物排放标准》（GB 4268-1984）、《海洋石油开发工业含油污水排放标准》（GB 4914-1985）、《肉类加工工业水污染物排放标准》（GB 13457-1992）、《合成氨工业水污染物排放标准》（GB 13458-2013）、《钢铁工业水污染物排放标准》（GB 13456-2012）及《磷肥工业水污染物排放标准》（GB 15580-2011）等，目前已发布的或征求意见的行业排放标准有近100项。

"总量控制"是相对于"浓度控制"而言的。浓度控制是指以控制污染源排放口排出污染物的浓度为核心的环境管理方法体系。我国现有的污水排放标准基本上都是浓度标准，这类标准的优点是指标明确，对每个污染指标都执行一个标准，管理方便。但由于未考虑排放量的大小、接受水体的环境容量大小等，因此即使满足排放标准，但如果排放总量大大超过接纳水体的环境容量，也会对水体质量造成严重影响，使水体不能达到质量标准。另外企业也可以通过稀释来达到排放要求，但会造成水资源浪费和水环境污染加剧。

针对这一状况，我国十分重视污染物排放的总量控制。总量控制是根据水体使用功能要求及自净能力，对污染源排放的污染物总量实行控制的管理方法，基本出发点是保证水体使用功能的水质限制要求。水环境容量可采用水质量模型法等方法计算，根据环境容量确定区域或流域排放总量削减计划，再向区域或流域内各排污单位分配各自的污染物排放总量额度。总量控制可以避免浓度标准的缺点，可以保证接纳水体的环境质量，但需要做很多基础工作，如拟定排入水体各主要污染源及各排污单位的污染物允许排污总量，弄清污染物在水体中的扩散、迁移和转化规律，以及水体对污染物的自净规律等，同时对管理技术要求也较高，需要与排污许可证制度相结合进行总量控制。

三、废水处理方法概述

1. 废水源头减排方法

（1）改革生产工艺，大力推进清洁生产工作。为减少废水及其污染物的排放，环境工作者应当首先深入到工业生产工艺中去，与工艺技术人员合作，力求革新生产工艺，尽量不用水或少用水，使用清洁的原料、采用先进的生产设备和方法，以减少废水的排放量和废水的污染物浓度，减轻处理构筑物的负担和节省处理费用。

（2）重复利用废水。工业用水重复使用，如第 2 道工序用过的水，还可以作为前一道工序的用水重复使用，对此，可以计算"工业用水重复使用率"：将废水或污水经二级处理和深度处理后回用于生产系统或生活杂用被称为污水回用，对此，可以计算"污水回用率"，不同的回用用途（农业、工业、建筑、地下水回灌、景观、娱乐、河流生态维持等方面）对污水处理有不同的要求。

（3）回收有用物质。有的生产废水中不仅含一些污染环境的有毒物质，而且含有部分有价值的、可回收利用的物质。

2. 废水处理基本方法

废水处理方法根据不同原则可做如下分类：一是按对污染物实施的作用分类；二是按处理原理或理论基础分类；三是按处理程度分类。

（1）按对污染物实施的作用分类

1）分离法

废水中的污染物有各种存在形式，大致有离子态、分子态、胶体和悬浮物。存在形式的多样性和污染物特性的差异性，决定了分离方法的多样性。

2）转化法

转化法可分为化学转化和生化转化两类。

（2）按处理原理或理论基础分类

针对不同污染物质的特征，研究了各种不同的废水处理方法，这些处理方法可按其作用原理分为物理处理法、化学处理法、物理化学处理法和生物处理法四大类。

1）物理处理法

物理处理法是指通过物理作用，分离、回收废水中不溶解的呈悬浮状态污染物质的处理方法。常用的物理处理方法有：重力分离法（如沉砂、沉淀、隔油等处理单元）、离心分离法（如离心分离机和旋流分离器等设备）、筛滤截留法（如格栅、筛网、砂滤、微滤或超滤等设施）。此外，蒸发法浓缩废水中的溶解性不挥发物质也是一种物理处理法。

2）化学处理法

化学处理法是指通过化学反应去除废水中无机的或有机的（难以生物降解的）溶解或胶体状态的污染物质或将其转化为无害物质的废水处理法。在化学处理法中，常用的处理单元有混凝、中和、氧化还原和化学沉淀等。

3）物理化学处理法

物理化学处理法是指利用物理和化学的综合作用去除废水中污染物，或是包括物理过程和化学过程的单元方法，如浮选、吸附、离子交换、萃取、电解、电渗析和反渗透等。

4）生物处理法

生物处理法是指通过微生物的代谢作用，使废水中呈溶解、胶体态的可生物降解的有机污染物质转化为稳定、无害的废水处理方法。根据起作用的微生物不同，生物处理法可分为好氧生物处理法和厌氧生物处理法。好氧生物处理法中又包括活性污泥法、生物膜法、生物氧化塘、土地处理系统等方法。

在废水处理过程中，有些物理法或化学法与物理化学法难以截然分开，即在物理方法中包含了化学作用，在化学方法中又包含了物理过程，因此，在本书编写过程中，按所应用的理论基础把各种单元方法划分为物理化学法和生物法两大类。凡是以物理的或化学的或兼用两者的（物理化学的）原理为理论基础的处理方法，都纳入物理化学处理法；凡是以微生物的生命活动为理论基础的处理方法，都纳入生物处理法。

四、混凝

各种废水都是以水为分散介质的分散体系。根据分散相粒度不同，废水可分为三类：分散相粒度为 0.1~1 nm 的称为真溶液；分散相粒度为 1~100 nm 的称为胶体溶液；

分散相粒度大于 100nm 的称为悬浮液。其中粒度在 100um 以上的悬浮液可采用沉淀、上浮或筛滤处理，而粒度在 1nm~100um 的部分悬浮颗粒和胶体，出现具有能在水中长期保持分散悬浮状态的"稳定性"，即使静置数十小时以上，也不会自然沉降或上浮情况。混凝就是在混凝剂的离解和水解产物作用下，使水中的胶体和细微悬浮物脱稳并聚集为具有可分离性絮凝体的过程，其中包括凝聚和絮凝两个过程，统称为混凝。

1. 混凝机理

化学混凝的机理至今仍未完全清楚。因为它涉及的因素很多，如水中杂质的成分和浓度、水温、pH、碱度，以及混凝剂的性质和混凝条件等。但归结起来，可以认为主要是以下 3 个方面的作用。

（1）压缩双电层作用

胶体微粒具有双电层结构。其中，胶核表面由于吸附或电离带上的一层同号电荷离子，称为电位离子层。由于电位离子的静电引力吸引大量电荷相反的离子在其周围形成反离子层。反离子层结构中紧靠电位离子的部分被紧紧吸引着，随胶核一起运动，构成了胶体粒子的固定吸附层。其他反离子由于距电位离子较远、受到的引力较小，不能随胶核一起运动，并趋于向溶液主体扩散，构成了扩散层。吸附层与扩散层的交界面称为滑动面。滑动面以内的部分称为胶粒。由于胶粒内反离子电荷数少于表面电荷数，故胶粒总是带电的。

胶粒在水中受到同类胶粒的静电斥力、范德华引力以及水分子热运动的撞击作用。由于胶粒的 ζ 电位都比较高，因而斥力也较大，扩散层较厚，并将极性水分子吸引到它的周围形成一层水化膜，阻止颗粒相互接触。布朗运动的动能不足以将两胶粒推进到范德华引力发挥作用的距离。因此之间胶体微粒不能相互聚结，而是长期保持稳定的分散状态。

但是静电斥力和水化膜厚度都是伴随胶粒带电产生的，ζ 电位越高，胶粒越稳定：如果胶粒的电位消除或减弱，静电斥力和水化膜也会随之消失或减弱，胶粒就会失去稳定性。

压缩双电层是指在胶体分散系中投加能产生高价反离子的活性电解质，通过增大溶液中的反离子与扩散层内原有反离子之间的静电斥力，把原有反离子不同程度地挤压到吸附层中，从而使电位降低、扩散层减薄的过程。一方面，由于 ζ 电位降低，胶粒间的相互排斥力减小；另一方面，由于扩散层减薄，胶粒相互碰撞时的距离也减少，因此相互间的吸引力相应变大，从而其合力由斥力为主变成以引力为主，胶粒得以迅速凝聚起来。

港湾处泥沙沉积现象可用该机理较好地解释。因淡水进入海水时，海水中盐类浓度较大，使淡水中胶粒的稳定性降低，易于凝聚，所以在港湾处泥沙易沉积。

实际废水处理中，常常投加能产生高价反离子的活性电解质（如三价铁盐和铝盐混凝剂），来达到降低 ζ 电位和压缩双电层的目的。理论上应是在等电状态下混凝效果最好，但实践表明效果最好时的 ζ 电位常大于 0，这说明除压缩双电层作用以外，还有其他作用存在。

（2）吸附架桥作用

吸附架桥作用主要是指链状高分子聚合物在静电引力、范德华力和氢键力等作用下，通过活性部位与胶粒和细微悬浮物等发生吸附桥联的过程。

三价铝盐或铁盐及其他高分子混凝剂溶于水后，经水解、缩聚反应，往往形成具有线形结构的高分子聚合物，它们在范德华引力、静电引力以及氢键和配位键等化合力的作用下，可被胶粒强力吸附。吸附力的大小和类型主要取决于聚合物和胶粒表面的结构特点和化学性质。因这类高分子物质线形长度较大，当它的一端吸附某一胶粒后，另一端又吸附另一胶粒，在相距较远的两胶粒间进行吸附架桥，使颗粒逐渐变大，形成粗大絮凝体。在吸附桥联过程中，胶粒并不一定要脱稳，也无须直接接触。这个机理可解释非离子型或带同号电荷的离子型高分子絮凝剂得到较好絮凝效果的现象，也能解释当废水浊度很低时有些混凝剂效果不好的现象。因为废水中胶粒少，当聚合物伸展部分一端吸附一个胶粒后，另一端因黏不着第二个胶粒，只能与原先的胶粒相连，就不能起到架桥作用，从而达不到絮凝的效果。

在废水处理中，对高分子絮凝剂投加量及搅拌时间和强度都应严格控制，当投加量过大时，一开始微粒就被若干高分子链包围，而无空白部位去吸附其他的高分子链，结果造成胶粒表面饱和产生再稳现象。已经架桥絮凝的胶粒，如受到剧烈的长时间的搅拌，架桥聚合物可能从另一胶粒表面脱开，又重新卷回原所在胶粒表面，造成再稳定状态。

五、吸附与离子交换

1.吸附的基本理论

在相界面上，受表面自由能的作用，物质的浓度自动发生累积或聚集的现象称为吸附。吸附作用可发生在气液、气固、固液相之间。在水处理中，主要利用比表面积大的多孔性固体物质表面的吸附作用去除水中的微量污染物，包括脱色、除臭味、脱除重金属、各种溶解性有机物、放射性元素等。其中具有吸附能力的固体物质称为吸附剂，水中被吸附的（污染）物质则称为吸附质。

（1）吸附类型

溶质从水中移向固体颗粒表面发生吸附，是水、溶质和固体颗粒三者相互作用的结果。引起吸附的主要原因在于吸附质对水的疏水性和吸附质对固体颗粒的高度亲和力，包括静电引力、范德华引力或化学键力等。根据吸附作用力的不同，吸附可分为物理吸附、化学吸附和离子交换吸附 3 种类型。

1）物理吸附：指溶质与吸附剂之间由于分子间力（即范德华力）而产生的吸附。其特点是没有选择性，可以是单分子层或多分子层吸附，吸附质并不固定在吸附剂表面的特定位置上，而能在界面范围内自由移动，因而其吸附的牢固程度远不如化学吸附，容易发生解吸。物理吸附主要发生在低温条件下，过程放热较小，一般在 42 kJ/mol 以内，影响物理吸附的主要因素是吸附剂的比表面积和细孔分布。

2）化学吸附：指溶质与吸附剂之间发生化学反应，形成牢固的吸附化学键和表面络合物，吸附质分子不能在表面自由移动。吸附时放热量较大，与化学反应的反应热相近，为 84~420 kJ/mol 或更少。化学吸附具有选择性，即一种吸附剂只能对某种或特定几种吸附质有吸附作用，一般为单分子吸附层，通常需要一定的活化能，在低温时，吸附速度较小。这种吸附与吸附剂的表面化学性质和吸附质的化学性质有密切的关系。

3）离子交换吸附：指溶质的离子由于静电引力作用聚集在吸附剂表面的带电点上，并置换出原先固定在这些带电点上的其他同性离子。其实质是离子交换树脂上的可交换离子与溶液中的其他同性离子的交换反应，通常是可逆性化学吸附（RA+B=+RB+A）。影响交换吸附势的重要因素是离子电荷数和水合半径的大小。

物理吸附后再生容易，且能回收吸附质。化学吸附因结合牢固，再生较困难，必须在高温下才能脱附，脱附下来的可能是原吸附质，也可能是新的物质，利用化学吸附处理毒性很强的污染物更安全。离子交换吸附再生是交换的逆过程，利用高浓度的可交换离子（A）可将被吸附的离子（B）置换出来，恢复树脂的交换能力。

在实际的吸附过程中，上述几类吸附往往同时存在，难以明确区分。例如，某些物质分子在物理吸附后，其化学键被拉长，甚至拉长到改变这个分子的化学性质。物理吸附和化学吸附在一定条件下也是可以互相转化的。同一物质可能在较低温度下进行物理吸附，而在较高温度下所经历的往往又是化学吸附。水处理中大多吸附现象往往是上述 3 种吸附作用的综合结果。

（2）影响吸附的因素

影响吸附的因素是多方面的，主要包括吸附剂性质、吸附质性质、吸附过程的操作条件 3 个方面。

1）吸附剂性质

吸附剂性质包括吸附剂种类、比表面积、颗粒大小、孔结构及表面化学性质等。吸附剂的粒径越小或是微孔越发达，其比表面积越大，则吸附能力越强。但是对于大分子吸附质，比表面积过大，效果反而不好，因为微孔提供的表面积不起作用。不同的原料和制作工艺，使吸附剂表面性质不同，表面活性官能团（如 -COOH 和 -OH 等）的存在使吸附剂具有类似化学吸附或离子交换的能力。

2）吸附质的性质

吸附质的性质包括溶解度、分子极性、分子大小、饱和度、浓度、表面自由能等。通常吸附质溶解度越低越易被吸附，极性吸附质易被极性吸附剂所吸附，能使吸附剂表面自由能降低越多的越易被吸附，反之亦然。对同一系化合物中，吸附量随分子量增大而增大，这称为 Traube 规则。吸附量随吸附质浓度提高也会增加，但浓度提高到一定程度后，吸附速度减慢直至停止。

应当指出，实际体系的吸附质往往不是单一的，它们之间可以互相促进、干扰或互不相干。

3）操作条件

操作条件包括水的温度、pH、共存物质、接触时间、脱附再生等。

一般吸附过程以物理吸附为主，故而物理吸附是放热过程，低温有利于吸附，升温有利于脱附。溶液的 pH 影响溶质的存在状态（分子、离子、络合物），也影响吸附剂表面的电荷特性和化学特性，进而影响吸附效果。吸附剂的再生次数越多，效果会越差。

在吸附操作中，应保证吸附剂与吸附质有足够的接触时间。流速过大，吸附未达平衡，饱和吸附量小；流速过小，虽能提高一些处理效果，但设备的生产能力减小。一般接触时间为 0.5~1.0 h。

2.活性炭吸附剂与离子交换树脂

从广义而言，一切固体表面都有吸附作用，但实际上，只有多孔物质或磨得很细的物质，由于具有很大的表面积和表面吸附能，才能作为吸附剂使用。水处理中常用的吸附剂有活性炭、树脂、磺化煤、活化煤、沸石、活性白土、硅藻土、腐殖质、焦炭、木炭、木屑等。以下着重介绍在水处理中应用较广的活性炭和离子交换树脂。

（1）活性炭吸附剂

活性炭是一种非极性吸附剂,外观为暗黑色,具有特别发达的微孔和巨大的比表面,因而具有良好的吸附性能。并且其化学性质稳定,可以耐强酸、强碱,能经受水浸、高温、高压作用,不易破碎,使用工艺简单,操作方便。因而在废水处理中得到普遍应用。

活性炭有粒状（GAC）、粉状（PAC）和纤维状（ACF）3 种。目前工业上大量采用的是粒状活性炭。

粒状活性炭是将木炭、果壳、煤、石油、纸浆废液、废合成树脂及其他有机残物等含碳原料经炭化、活化后制成的。在制造的过程中，形成形状大小不一的孔隙，孔径一般为 1~10000 nm。活性炭的比表面积可达 500~1 700 ㎡/g，其中小孔（半径<2 nm）的贡献占 95% 以上，过渡孔（半径为 2~100 nm）占比在 5% 以下，大孔（为 100~10000nm）对比表面积的贡献非常小。吸附作用主要发生在细孔的表面上。

纤维活性炭（ACF）是一种新型高效吸附材料。它是有机碳纤维（如纤维素纤维、PAN 纤维、酚醛纤维和沥青纤维等）经过一定的程序炭化并活化而成，其具有发达的微孔结构，孔径一般在 1.5~3 nm，直接开口于纤维表面。超过 50% 的碳原子位于内外表面，表面还含有许多杂环结构或其他表面官能团的微结构，构筑成独特的吸附结构，形成丰富的纳米空间，被认为是"超微粒子、表面不规则的构造以及极狭小空间的组合"。因而具有极大的比表面积和表面能，具有比 GAC 更快地吸附脱附速度和更大的吸附容量。且由于它可以方便地加工为毡、布、纸等不同的形状，并具有耐酸碱耐腐蚀特性，使得其一问世就得到人们广泛的关注和深入的研究。目前已在环境保护、催化、医药、军工等领域得到广泛应用。

（2）吸附树脂

树脂是一种新型有机吸附剂，它是一种人工合成的有机高分子聚合物，是具有立体网状结构的多孔海绵状物，外观呈球形。它可在 150℃下使用，不溶于酸、碱及一般溶剂，比表面积可达 800 m/g。其吸附能力接近活性炭，具有选择性好、孔隙均匀、再生简单、稳定性高、应用范围广等优点，但价格昂贵、不耐高温。其适宜处理微溶于水、极易溶于甲醇、丙酮等有机溶剂、分子量略大和带极性的有机物（如酚、油、染料等）。

（3）离子交换树脂

离子交换树脂是带有活性基团的树脂，由不溶性的树脂母体与活性基团两部分组成。树脂母体由有机物和交联剂聚合而成，其中交联剂的作用是使母体形成主体的网状结构。交联剂与单体的质量百分比称为交联度，是决定树脂结构及性能的一个重要参数。活性基团由固定离子和活动离子组成，活动离子（即可交换离子·）能与溶液中的同性离子进行等当量交换反应。离子交换树脂根据活性基团的性质，分为强酸性和弱酸性阳离子交换树脂、强碱性和弱碱性阴离子交换树脂。

第二节　大气污染控制工程

一、大气污染及其控制系统概述

（一）大气污染与大气污染物

1. 大气污染与大气污染物的概念

（1）大气污染

大气，也称空气，是指地球周围所有空气的总和，大气像外衣一样维持地球表面温度不剧烈升降，也为地球生物提供必需的氧气、二氧化碳和水分等。同时，人们也通过生产和生活活动影响着周围大气，人与大气环境之间连续不断地进行着物质和能量的交换，大气环境对人类的生存和健康至关重要。人类活动和自然过程排放某些物质到大气中，积累到一定的浓度，因此而危害人体的舒适和健康，就产生了大气污染。大气环境通过稀释、沉降、地面吸附、植物吸收、光化学反应等途径，进行着自净行为，逐步达到一个物质和能量的平衡状态。但是自然的自净能力是有限度的，当自然过程和人类行为释放到大气中的物质和能量超过一定量时，大气自净的结果将使大气的物质和能量在新的状态达到平衡，这个新的平衡状态很可能不利于人类的生存和健康，因此，人类在进行生产和生活活动的同时，必须保护大气环境，做到人与大气的和谐相处。

（2）大气污染物

大气污染物，是指人类活动或自然过程排入大气的并对人或环境产生有害影响的物质。

大气污染物的分类方法很多，按其与空气的相对状态，可分为非均相和均相两类，前者指颗粒态或者气溶胶态污染物，后者为气态污染物。其也有一次污染物和二次污染物之分，前者指直接从污染源排出的污染物：一次污染物与空气中原有成分或几种污染物之间发生一系列化学或光化学反应而生成的与一次污染物性质不同的新污染物，称为二次污染物。

1）颗粒态污染物

颗粒态污染物是指悬浮在气体介质中的固态或液态微小颗粒，在我国《环境空气质量标准》（GB 3095-2012）中，根据颗粒物的大小，将其分为：总悬浮颗粒物（total suspended particles，TSP），空气动力学当量直径 ≤100 um 的颗粒物；可吸入颗粒物（inhalable particles，PM10），空气动力学当量直径 ≤10 um 的颗粒物；细颗粒物（$PM_{2.5}$），空气动力学当量直径 ≤2.5 um 的颗粒物。与较大的大气颗粒物相比，$PM_{2.5}$ 粒径小，比面积大，活性强，易附带有毒、有害物质（如重金属、微生物等），且能较长时间悬浮于空气中，输送距离较远，因而对人体健康和大气环境质量的影响更大。

2）气态污染物

气态污染物主要有含硫化合物（SO_2、SO_3、H_2S 等）、含氮化合物（NO、NO_2、NH_3 等）、卤化物（Cl、HCl、HF、SiF_4 等）、碳氧化物（CO、CO_2）和挥发性有机物（volatileorganic compounds，VOCs）等，气态污染物的绝大多数来自于人类活动，排放集中且在自然界中消解转化慢，其中很大一部分会转化为二次大气污染物，需要人们特别关注。

2. 大污染物来源与排放量计算

（1）大气污染物来源

大气污染物的来源包括自然过程和人类活动两个方面。人类活动排放的大气污染物主要来自三个方面：

1）燃料燃烧；

2）工业生产过程；

3）交通运输。

前两者称为固定源，后者（如汽车、火车、飞机等）称为流动源。

根据大气污染源的几何形状和排放方式，污染源可分为点源、线源、面源；按它离地面的高度可分为地面源和高架源；按排放污染物的持续时间可分为瞬时源、间断源和连续源。还可分为稳定源和可变源、冷源和热源等。通常将厂烟囱的排放当作点源；将成直线排列的烟囱、沿直线飞行喷洒农药的飞机、汽车流量较大的高速公路等作为线源；将稠密居民区中家庭的炉灶和大楼的取暖排放当作面源。大城市或工业区各种不同类型的污染源都有，则称为复合源。污染源的这种划分都是相对于扩散的空间和时间的尺度而言的，例如，在研究某城市污染时，一个工厂的烟囱可视为点源，将该城市视为各种类型源的复合源；但当研究一个大的区域或全球污染时，却又把一个城市当作点源。

（2）大气污染物排放量的计算

在进行大气污染控制管理与工程设计时，常常需要确定各污染源大气污染物的产生量和排放量。首选方法是现场实测法，在无法获得监测数据时，可以采用物料衡算法、排污系数法和类比分析法等对大气污染物产生产进行估算，其中最常用的是物料衡算法和排污系数法。

物料衡算法是根据物质守恒定律计算生产过程中的污染物产生量的方法，应用该方法，首先需要知道生产过程中涉及的各反应物具体含量，并清楚生产过程中发生的化学反应。以燃料燃烧过程为例，需要明确燃料中 C、H 等各元素含量和水分、灰分等含量，并了解燃烧是否完全，才能计算相应的烟气量和烟尘、SO_2、NO_x 等大气污染物的产生量。

（二）大气环境标准

我国大气环境标准按其用途可分为大气环境质量标准、大气污染物排放标准、大气污染控制技术标准等。

第一，大气环境质量标准：大气环境质量标准是以保障人体健康和正常生活条件为主要目标，规定大气环境中某些主要污染物的最高允许浓度。它是进行大气污染评价，制定大气污染防治规划和大气污染物排放标准的依据，是进行大气环境管理的重要依据。

第二，大气污染物排放标准：这是以实现大气环境质量标准为目标，对污染源排入大气的污染物容许含量做出限制，是控制大气污染物的排放量和进行净化装置设计的重要依据，同时也是环境管理部门的执法依据。大气污染物排放标准可分为国家标准、地方标准和行业标准。

第三，大气污染控制技术标准：这是为确保大气污染控制效果而从某一方面做出的具体技术规定，如污染物净化装置设计规范、污染物监测方法等，目的是使生产、设计和管理人员易掌握和执行方法。

1.环境空气质量标准

（1）制定环境空气质量标准的原则

1）要保证人体健康和维持生态系统不被破坏要对污染物浓度与人体健康和生态系统之间的关系进行综合研究与试验，并进行定量的相关分析，以确定环境空气质量标准中允许的污染物浓度。目前世界上一些主要国家在判断空气质量时，多依据世界卫生组织 WHO（World Heath Organization）于 1963 年 10 月提出的四级标准为基本依据：

第一级：对人和动植物观察不到什么直接或间接影响的浓度和接触时间。

第二级：开始对人体感觉器官有刺激，对植物有害，对人的视距有影响的浓度和接触时间。

第三级：开始对人能引起慢性疾病，使人的生理机能发生障碍或衰退而导致寿命缩短的浓度和接触时间。

第四级：开始对污染敏感的人引起急性症状或导致死亡的浓度和接触时间。

2）要合理协调与平衡实现标准的经济代价和所取得的环境效益之间的关系，以确定社会可以负担得起并有较大收益的环境质量标准。

3）要遵循区域的差异性。各地区的环境功能、技术水平和经济能力有很大差异，应制定或执行不同的浓度限值。

（2）我国的大气环境质量标准

1）环境空气质量标准

我国环境空气质量标准首次发布于 1982 年。1996 年第一次修订，2000 年第二次修订，2012 年做了第三次修订（GB 3095-2012）。GB 3095-2012 规定了环境空气功能区分类、标准分级、污染物项目、平均时间及浓度限值、监测方法、数据统计的有效性规定及实施与监督等内容。该标准 2012 年在京津冀、长三角、珠三角等重点区域以及直辖市和省会城市施行；2013 年在 113 个环境保护重点城市和国家环保模范城市施行；2015 年在所有地级以上城市施行；2016 年 1 月 1 日起全国实施。

2）工业企业设计卫生标准

由于我国现行的《环境空气质量标准》（GB 3095-2012）中只有 15 种污染物的标准，在实际工作中会碰到更多的大气污染物，在国家没有制定它们的环境质量标准前，可以参考执行《工业企业设计卫生标准》（GBZ 1-2010）中引用 GBZ2.1-2007 规定的"工作场所空气中化学物质容许浓度""工作场所空气中粉尘容许浓度"部分。

3）室内空气质量标准

室内空调的普遍使用、室内装潢的流行及其他原因的存在，使室内空气质量问题日趋严重。为保护人体健康，预防和控制室内空气污染，我国于 2002 年 11 月首次发布了《室内空气质量标准》（GB/T 18883-2002），该标准对室内空气中 19 项与人体健康有关的物理、化学、生物和放射性参数的标准值做了规定。

2. 大气污染物排放标准

（1）大气污染物综合排放标准

1996 年，在《工业"三废"排放试行标准》（GBJ4-73）基础上修改制定的《大气污染物综合排放标准》（GB 16297-1996），规定了 33 种大气污染物的排放限值，其指标体系为最高允许排放浓度、最高允许排放速率和无组织排放监控浓度限值。任何一个排气筒必须同时达到最高允许排放浓度和最高允许排放速率两项指标，否则便为超标排放。

（2）行业标准

按照综合性排放标准与行业性排放标准不交叉执行的原则，有行业标准的企业应执行本行业的标准，火电、玻璃、水泥、炼铁、轧钢等行业都有相应的大气污染物排放标准遵照执行。

二、颗粒态污染物控制方法

颗粒态污染物是我国大气环境中的主要污染物，有效控制污染源产生的一次颗粒态污染物是改善大气环境的重要途径。对于颗粒态污染物与烟（废）气形成的非均相体系，利用污染物与烟（废）气二者在物理性质方面的差异，借助作用在微粒上的各种外力（如重力、离心力、电场力等），成功实现颗粒态污染物与气体分离，这个过程通常称为除尘。本章主要介绍除尘技术基础及主要除尘装置的原理和工艺设备选型设计的基本内容，包括机械式除尘器、电除尘器、过滤式除尘器和湿式除尘器等。

（一）除尘技术基础

为了正确选择设计和应用各种除尘设备，应首先了解粉尘的物理化学性质和沉降分离机理以及除尘器性能的表示方法，这是气体除尘技术的重要基础。

1. 粉尘的比表面积

单位体积（或质量）粉尘具有的表面积称为粉尘的比表面积（m^2/m^3 或 m^2/g）。比表面积常用来表示粉尘的总体细度，是研究粉尘层的流体特性及其化学反应、传热等现象的参数之一。粉尘越细，其比表面积越大，粉尘层的流体阻力越大；粉尘的物理生物化学活性（氧化、溶解、吸附、催化、生理效应等）随比表面积增大而提高，有些粉尘的爆炸危险性和毒性随粒径的减小而增大，原因即在于此。

2. 粉尘的润湿性

粉尘颗粒与液体相互附着或附着难易的性质称为粉尘的润湿性。当尘粒与液滴接触时，如果接触面扩大而相互附着，就是能润湿；若接触面趋于缩小而不能附着，则是不能润湿。依其被润湿的难易程度，可分为亲水性粉尘和疏水性粉尘。例如，石蜡、石墨等粒子为疏水性粉尘，而锅炉飞灰、石英砂等为亲水性粉尘。粉尘的润湿性与粉尘粒径有关，对于 $5\mu m$ 以下特别是 $1\mu m$ 以下的尘粒，即使是亲水的，也很难被水润湿，这是由于小粒径颗粒的比表面积大，对气体的吸附作用强，尘粒和水滴表面都有一层气膜，因此只有在尘粒与水滴之间具有较高的相对运动速度时（如文丘里喉管中），才会被润湿。同时粉尘的润湿性还随压力增加而增加，随温度上升而下降，随液体表面张力减小而增加。各种湿式洗涤器，主要靠粉尘与水的润湿作用来分离粉尘，粉尘的润湿性是设计和选用湿式除尘器的主要依据之一。

值得注意的是，像水泥粉尘、熟石灰及白云岩砂等虽是亲水性粉尘，但它们吸水之后会形成不溶于水的硬垢，一般称粉尘的这种性质为水硬性。水硬性结垢会造成管道及设备堵塞，所以对此类粉尘不宜采用湿式洗涤器分离。

3. 粉尘的粒径及粒径分布

（1）粉尘的粒径

粉尘颗粒的大小不同，其物理化学性质有很大差异，对人体和生物的危害以及对除尘器性能的影响也都不同。因此粒径是粉尘重要的物理性质之一。

粉尘颗粒的形状一般都是不规则的，需要按一定方法确定一个表示颗粒大小的代表性尺寸，作为颗粒的直径，简称"粒径"。由于测定方法和用途的不同，粒径的定义及其表示方法也不同。

（2）粉尘的粒径分布

粒径分布是指在某种粉尘中，不同粒径的粒子所占的比例，也称粉尘的分散度。粒径分布可以用颗粒的质量分数、个数分数和面积分数来表示，分别称为质量分布、个数分布和表面积分布，在除尘技术中使用较多的是质量分布，这里重点介绍其表示方法。

粒径分布的表示方法有列表法、图示法和函数法。下面就以粒径分布测定数据的整理过程来说明粒径分布的表示方法和相应的意义。

（二）电力除尘器

电力除尘器是利用静电力实现粒子（固体或液体粒子）与气流分离沉降的一种除尘装置。电除尘器具有对细颗粒去除效率高、压力损失小（仅 100~200 Pa）、处理气量大的能力，可用于高温（可高达 500℃）、高压和高湿（相对湿度可达 100%）的场合，能连续运行，并能完全实现自动化等优点，被广泛应用于火力发电、冶金、建材等行业的烟气除尘和物料回收。电除尘器的主要缺点是设备庞大，耗钢多，需高压变电和整流设备，投资高；除尘效率受粉尘比电阻影响较大。

1. 电除尘器的工作过程

（1）电晕放电和空间电荷的形成

在电晕极（又称放电极，若为负电晕则接电源负极）与集尘极（又称收尘极，接地为正极）之间施加直流高电压，使放电极发生电晕放电，气体方发生电离，生成大量自由电子和正离子。正离子被电晕极吸引而失去电荷。自由电子和气流中负电性气体分子俘获自由电子后形成的气体负离子，在电场力的作用下向集尘极（正极）移动便形成了空间电荷。

（2）粒子荷电

通过电场空间的气溶胶粒子与自由电子、气体负离子碰撞附着，便实现了粒子荷电。

（2）粒子沉降

在电场力的作用下，荷电粒子被驱往集尘极，在集尘极表面放出电荷而沉集其上。在电晕区内，由电晕放电产生的气体正离子向电晕极运动的路程极短，只能与极少数的尘粒相遇，使其荷正电，它们也将沉积在截面很小的电晕极上。

（4）粒子清除

用适当方式（振打或水膜等）清除电极上沉集的粒子。

为保证电除尘器在高效率下运行，必须使以上4个过程顺利进行。

2. 电晕放电

（1）电晕的发生

将足够高的直流电压施加到一对电极上，其中一个极（放电极）是细导线或曲率半径很小的任意形状，另一极（集尘极）是管状或板状的，则形成一个非均匀电场。在放电极附近的强电场区域内，气体中原有的因宇宙射线或其他射线而电离产生的少量自由电子被加速到很高的速度，因而其具有很高的动能，足以碰撞气体分子电离出新的自由电子和气体正离子，新的自由电子又被加速产生进一步的碰撞电离。这个过程在极短的瞬间重演了无数次，于是形成被称为"电子雪崩"的积累过程，在放电极附近的很小区域—电晕区内产生了大量的自由电子和正离子，这就是所谓的电晕放电。在电晕区外，电场强度迅速减小，不足以引起气体分子碰撞电离，因而发生电晕放电停止。

当供电压高到一定值后，也会产生火花放电，即在两电极之间（不仅在放电极附近）有若干条狭窄的电击穿，在一瞬间引起电流急剧增大，气体温度和压力急剧增加。如果电压再继续升高，会使两极间的整个空间被击穿，发生弧光放电，这时两极间电压降低，气流很大，并产生很高的温度和强烈的弧光，会烧坏电极或供电设备。电除尘器运行时要尽量避免出现弧光放电。

（2）电子的附着和空间电荷的形成

若放电极是负极，即所谓负电晕，电晕区内产生的自由电子会在电场力的作用下向集尘极（正极）迁移。在电晕区外，由于电场强度减弱，电子减速到小于碰撞电离所需的速度，遇上电负性气体分子便附着在上面，形成气体负离子并向集尘极运动，构成电晕区外整个空间的位移电流。

电子附着对保持稳定的负电晕是很重要的。因为气体离子的迁移速度约为自由电子的1/1000，若没有电子附着形成大量负离子，迁移速度极高的自由电子就会瞬间流至集尘极，便不能在两极间形成稳定的空间电荷，几乎在开始电晕放电的同时就产生了火花放电。不过，电除尘器所处理的气体中，一般都存在着数量足够的电负性气体，如 O_2、Cl、CCl、HF、SO_2 等，因而有良好的电子附着性质，也有良好的负电晕特性。

电晕放电产生的正离子被加速引向负极，使放电极表面被撞击而释放出维持放电所必需的二次电子。同时，电晕区电子与气体分子碰撞，激发分子产生紫外线辐射而使放电极周围出现光点、光环或光带。

当放电极为正极时，则产生正电晕。由于电场方向与负电晕相反，电子雪崩产生的自由电子向放电极运动，正离子则沿电场强度降低的方向移至接地极，并形成电晕区外的空间电流。因此，正电晕不依靠电子附着形成空间电荷。

通常负电晕产生的负离子的迁移率（即电场强度为 1V/m 时离子的迁移速度）比正电晕产生的正离子的高。高离子迁移率形成的离子电流也高；而且离子迁移率越高，在电场中与粉尘碰撞的机会也越多，对粉尘的荷电有利。此外，负电晕的起始电晕电压低而击穿电压高，因而负电晕的有效工作电压范围比正电晕宽，有利于电除尘器的运行。一般气体中有足够的电负性气体分子以形成负离子，所以工业电除尘器一般都采用负电晕。但负电晕放电时，产生速度很高的自由电子和负离子，在碰撞电离过程中会产生比正电晕多得多的臭氧（O_3）和氮氧化物（NO_2），所以空气调节中的微粒净化装置不采用负电晕而采用正电晕。

第三节　固体废物污染控制工程

一、固体废物的特性与管理

（一）固体废物的来源与特性

1. 固体废物的来源与分类

固体废物是指在生产、生活和其他活动中产生的已丧失其原有利用价值或者虽未丧失其原有利用价值但已被抛弃或者放弃的固态、半固态（液态）和置于容器中的气体的物品、物质以及法律、行政法规规定纳入固体废物管理的物品物质。

从不同的角度出发，可对固体废物进行不同的分类。按其组成，可分为有机废物和无机废物；按其危害状况，可分为一般废物、危险废物和放射性废物；按形态可分为固态、半固态和置于容器中的气态和液态废物。通常按来源及特性则分为四类：

（1）工业固体废物

工业固体废物是指在工业、交通等生产活动中产生的固体废物，包括工业生产过程和工业加工过程中产生的废渣、粉尘、碎屑和污泥等。主要来源是冶金、煤炭、火力发电三大部门，其次是化工、石油、原子能等工业部门。

（2）生活垃圾

生活垃圾是指在日常生活中或者为日常生活提供服务的活动中产生的固体废物以及法律、行政法规规定视为生活垃圾的固体废物。包括厨余废物、废纸、塑料、玻璃、瓷片、粪便、废旧家具、电器、庭院废物等。

（3）危险废物

危险废物是指对人类、动植物以及环境的现在及将来构成危害，具有腐蚀性（corrosivity，C）、毒性（toxicity，T）、易燃性（ignitability，I）、反应性（reactivity，R）和感染性（infectivity，In）等危险特性中的一种或以上的固体废物。在实际操作中，往往根据《国家危险废物名录》或者国家规定的危险废物鉴别标准和鉴别方法来进行认定。

《国家危险废物名录》（2016）将危险废物分 46 大类共 479 种，其来源极其广泛，涉及家庭和社会各个行业，但其主要来源为工业行业。根据中国产业信息网的统计数据，2013 年中国工业危险废物主要来源为化学原料及化学制品制造业、非金属矿采选业、有色金属冶炼及压延加工业和造纸及纸制品业，这 4 个行业的危险废物产生量约占危险废物总量的 69%，其他行业占 30.1%。其中产生量较大的主要是石棉废物、废酸、废碱、有色金属冶炼废物、无机氰化物废物，占危险废物总量的 60.1%，其他废物合计 39.9%。居民生活中产生的危险废物主要存在于生活垃圾中，占危险废物总量的比例一般不超过 2%。

2. 固体废物的特性

（1）固体废物的"废 - 资"两重性

固体废物具有"废物"和"资源"的两重性。固体废物复杂多样，其中有很多可以利用的资源，如金属、纸张和塑料等。"废物"仅仅相对于某一时段某一过程而言没有使用价值，并非在所有过程或所有方面都没有使用价值。例如，火电厂的粉煤灰废物可以作为水泥厂的原料利用；生活垃圾中的金属、纸张、塑料等经过分类回收均可以再利用。据统计，每回收 1t 废纸可造好纸 850kg，节省木材 300 kg，比等量生产减少污染 74%；每回收 1t 塑料饮料瓶可获得 0.7t 二级原料；每回收 1t 废钢铁可炼好钢 0.9t，比用矿石冶炼节约成本 47%，减少空气污染 75%，减少 97% 的废水和固体废物。因此，固体废物又称为"放错了地方的资源"。

（2）固体废物的"宿－源"双重性

固体废物一旦产生，在环境中滞留期久、危害性广而强。这是因为固体废物不具有流动性，难以扩散迁移，难以通过自然界物理、化学、生物等多种途径进行稀释、降解和净化，因此其"自我消化"过程是长期的、复杂的和难以控制的。尤其是危险废物，如果处理处置不当，其中有害成分能通过地表或地下水、大气、土壤等不同环境介质间接或直接传至人体，造成极大危害。

（二）固体废物处理和处置方法概述

1. 固体废物处理方法概述

固体废物处理是指通过物理、化学和生物等不同技术方法将固体废物转变成适于运输、利用、贮存或最终处置的另一种形体结构的过程。根据其原理不同，固体废物的处理方法主要分为：

（1）物理处理

物理处理方法不改变固体废物的成分，仅通过浓缩或相变化改变固体废物的结构，使之成为便于运输、贮存、利用或处置的形态，如破碎、压实、分选等。

（2）化学处理

采用化学方法破坏固体废物中的有害成分从而使其达到无害化，或将其转变成为适于进一步处理、处置的形态，如氧化、还原、化学沉淀等。

（3）生物处理

利用微生物分解固体废物中可降解的有机物，从而达到无害化或综合利用的目的，如好氧堆肥、厌氧消化产沼气等。

（4）热处理

通过高温破坏和改变固体废物组成和结构，同时达到减容、无害化或综合利用的目的，如焚烧、热解等。

（5）固化/稳定化处理

通过化学转变或者物理过程将污染物固定或包覆在固化基材中，以降低其溶解性、迁移性和毒性的过程，从而可降低其对环境的危害，能较安全地进行运输、处理和处置。常用的方法有水泥固化、塑性材料（如沥青）固化、有机聚合物固化、熔融（玻璃）固化、高温烧结固化和化学稳定化等。

2. 固体废物处置方法概述

固体废物处置是指对已无回收价值或确定不能再利用的固体废物（包括危险废物）

最终置于符合环境保护规定要求的场所或者设施并不再回取的活动。这里所指的处置是指最终处置或安全处置，是固体废物污染控制的末端环节，也是固体废物全过程管理中的最重要环节。通常需根据所处置固体废物对环境危害程度的大小和危害时间的长短，区别对待，分类管理，并对危险废物要实行集中处置。

目前应用最广泛的固体废物的最终处置方法是土地填埋。根据废物填埋的深度可以划分为浅地层填埋和深地层填埋；根据处置对象的性质和填埋场的结构形式可以分为惰性填埋、卫生填埋和安全填埋等。对于一般工业固体废物贮存和处置场的建设，根据产生的工业固体废物的性质差异，又可分为 I 类和 II 类贮存和处置场。

目前被普遍承认的方法主要包括卫生填埋和安全填埋两种。前者主要处置生活垃圾等一般废物，后者则主要以危险废物为处置对象。这两种处置方式的基本原则是相同的。事实上，安全填埋在技术上完全可以包含卫生填埋的内容。为防止固体废物对环境的扩散污染，保证有害物质不对人类及环境的现在和将来造成不可接受的危害，都采用地质屏障系统、废物屏障系统和密封屏障系统相结合的方式使固体废物最大限度地与生物圈隔离。其中，地质屏障系统制约了固体废物处置场工程安全和投资强度。如果经查明地质屏障系统性质优良，对废物有足够强的防护能力，则可简化废物屏障系统和密封屏障系统的技术措施。

二、固体废物处理方法

（一）收运

固体废物收运是指将固体废物从产生源收集、运输到贮存点或处理、处置场所的过程，它是固体废物处理系统的一个重要环节，在整个处理成本中占比很高。因而，优化选择合理的收集、运输方式和路线非常必要。

固体废物的收集主要有混合收集和分类收集两种形式。分类收集是根据废物的种类和组成分别进行收集，可以提高废物中有用物质的纯度，有利于废物综合利用；同时，可减少需要后续处理处置的废物量，从而降低整个管理的费用和处理处置成本。因此，世界各国均大力提倡分类收集。

对固体废物进行分类收集时，一般应遵循如下原则：

第一，工业废物与生活垃圾分开；

第二，危险废物与一般废物分开；

第三，可回收利用物质与不可回收利用物质分开；

第四，可燃性物质与不可燃性物质分开。

1. 工业固体废物的收集与运输

工业固体废物处理的原则是"谁污染，谁治理"。一般来说，产生废物较多的企业均设有处理设施、堆放场或处置场，其收集、运输工作自行负责；一些没有处理处置能力的生产单位产生的零星、分散的固体废物，则由政府指定的专门机构负责，统一收运管理，并配备管理人员，设置废料仓库，建立各类废物"积攒"资料卡，开展收集和分类存放活动等。收集的品种有黑色金属、有色金属、橡胶、塑料、纸张、破布、棉、麻、化纤下脚、牲骨、人发、玻璃、料瓶、机电五金、化工下脚、废油脂等16个大类1 000多个品种；对有害废物，专门分类收集，分类管理。

2. 生活垃圾的收运

生活垃圾的收运通常包括三个阶段：

（1）运贮，即垃圾的收集、搬运与贮存，是指由垃圾产生者或环卫系统将垃圾从产生源送至贮存容器（垃圾桶）或集装点的过程；

（2）清运，即垃圾的收集与清除，是指用清运车按一定路线收集清除贮存容器中的垃圾并送至堆场或中转站的过程，一般该过程的运输路线较短，故也称为近距离运输；

（3）转运，也称远距离运输，即大型垃圾运输车将垃圾自中转站运输至最终处置场的过程。这三个过程构成一个收运系统，该系统是城镇生活垃圾处理系统的一个重要环节，耗资大，操作复杂。生活垃圾收运系统费用通常占到整个垃圾处理系统的60%~80%。因此，需科学地制订垃圾收运计划，确定合理的清运操作方式，合适的收集清运车辆型号、数量和机械化装卸程度，适当的清运次数、时间及劳动定员，以及合理可行的清运路线。

生活垃圾收运系统根据其操作模式分为移动容器系统（hauled container system，HCS）和固定容器系统（stationery container system，SCS）两种。前者是指将某集装点装满的垃圾连容器一起运往中转站或处理处置场，卸空后再将空容器送回原处（一般法）或下一个集装点（修改法）。后者则是指用垃圾车到各容器集装点装载垃圾，容器倒空后固定在原地不动，车装满后运往转运站或处理处置场。

（4）非生产（off-route）。收集成本的高低，主要取决于收集时间长短，因此对收集操作过程的不同单元时间进行分析，可以建立设计数据和关系式，求出某区域垃圾收集耗费的人力和物力，从而计算收集成本。

（二）预处理

预处理是为了对固体废物进行有效的分选、处理和处置，以便从中回收有用成分，节省处理、处置费用而进行的破碎、压实等处理过程。

破碎是指通过外力作用，使大块固体废物分裂成小块的过程；使小块固体废物分裂成细粉的过程称为磨碎，也有把破碎和磨碎统称为粉碎的。

破碎是固体废物处理使用最多的方法之一，其目的是使固体废物转变成适于进一步分选、处理或处置的形状和大小，或使其实现单体分离，以提高分选、堆肥、焚烧、热解、运输和填埋等作业的稳定性和效率，防止粗大、锋利的固体废物损坏后续处理处置的设施。

1. 破碎方法及选择

根据固体废物破碎原理，破碎方法可分为挤压、剪切、劈裂、折断、磨剥和冲击等。在选择破碎方法时，需视固体废物的机械强度（特别是废物的硬度）而定。对于脆硬性废物，如各种废石和废渣等，宜采用挤压、劈裂、冲击和磨剥破碎；对于柔硬性废物，如废钢铁、废汽车、废器材和废塑料等，多采用冲击或剪切破碎；对于粗大固体废物，需先将其切割和压缩到适当尺寸，再送入破碎机内破碎。对于常温下难以破碎的柔韧性废物，如废塑料及其制品、废橡胶及其制品、废电线等，可采用冷冻或超声波协助粉碎。

一般来说，破碎机破碎废物时，都有两种或两种以上的破碎方法同时发生作用。

2. 破碎设备及工作原理

破碎固体废物常用的机械设备主要有冲击式破碎机、剪切式破碎机、颚式破碎机、辊式破碎机和粉磨机等。此外，还有冷冻和（半）湿式破碎等特殊的破碎装置。

第四节　物理性污染控制工程

一、物理性污染及其控制概述

1. 物理环境

人类环境中存在许多物理因素，如声、光、电、热、振动和各种辐射等，这些物理因素也就构成了物理环境。与大气环境、水环境和土壤环境一样，物理环境也是人类生存环境的重要组成部分，对支持人类生命生存及其活动起着十分重要的作用。

物理环境可分为自然物理环境和人工物理环境，两者交叠共存、相互作用。自然物理环境是指由自然的声、振动、电磁、放射性、光和热构成的物理环境。例如，地震、台风、雷电等自然现象会产生振动和噪声；火山爆发、太阳黑子活动会产生电磁干扰，一些矿物质含有放射性等。人工物理环境是指由人在生产和生活中创造的各种物理因素组成的物理环境。例如，交谈、音乐、各种交通工具、机械设备等都是人工声环境的制造者；各种电子设备、通信设施、电力设施等都是人工电磁辐射的来源；核工业的建立是人工放射性的主要来源。

2. 环境物理学

环境物理学是由环境科学和物理学交叉发展起来的一门学科，其着重从环境科学和物理学相结合的观点，研究发生在土壤圈、大气圈、水圈、冰雪圈和生物圈中的环境物理现象、规律，以及这些环境现象与人类社会相互作用及可持续发展的物理机制和途径。

环境物理学的研究领域是相当广阔的，根据研究对象不同可分为地球陆面过程环境物理学、环境声学、环境光学、环境热学、环境电磁学等研究分支，物理性污染的成因、影响及其控制是环境物理学的主要研究内容之一。

地球陆面过程环境物理学：它的任务是研究地球系统环境中能量与物质的传输，包括太阳辐射能量、大气运动能量及水汽碳氮循环等。

环境声学：它的任务是研究人所需要的声音和人所不需要的声音—噪声，尤其是研究噪声的产生、传播、评价和控制等，以及对人类的生活和工作产生的影响和危害等。

环境光学：它的研究对象是人类的光环境，研究内容包括天然光环境和人工光环境；光环境对人的生理和心理的影响；光污染的危害和防治等。

环境热学：它的任务是研究地球环境的热平衡，以及温室效应和城市热岛效应等热污染现象对人类的影响。

环境电磁学：它的研究对象是波长比光波更长的电磁波，研究内容是电磁波对环境的污染，及其所造成的危害。

环境物理学是正在形成中的一门学科，目前对一些物理性污染的条件和成因研究还不充分，尚未形成系统的分类及较完整的环境质量要求与防范措施，它的各个分支学科中只有环境声学比较成熟。

3. 物理性污染

物理性污染是指由物理因素引起的环境污染，包括噪声污染、热污染、光污染、电磁污染和放射性污染等。引起物理性污染的声、光、电、热、振动和放射性等都是人类生活必不可少的因素，但当这些因素在环境中的强度过高或过低时，都会危害人的健康和生态环境，并因此带来一系列环境污染问题。例如，声音对人是必需的，但声音太强，会妨碍人的正常活动，反之，长久寂静无声，人会感到恐怖，乃至疯狂。

物理性污染涉及面广，对人体可产生长期的危害，能引起慢性疾病、器官病变和神经系统的损害。

同化学性、生物性等基于有害物质或生物的污染不同，物理性污染主要与能量的交换及转化相关，因此呈现出两大特点。第一，物理性污染是局部性的，声、振动、电磁辐射、光等物理性因素的强度会随传播距离增加而衰减，故很少出现区域性或全球性的物理性污染；第二，物理性污染在环境中一般不会有残余物质存在，一旦污染源消失，则物理性污染也很快消失，并不具有后效性。

二、噪声污染及其控制

随着现代工业、建筑业和交通运输业的迅速发展，各种机械设备、交通工具在急剧增加，噪声污染日益严重，它影响和破坏人们的正常工作和生活，危害人体健康。寻找噪声的产生原因，研究噪声的污染规律，探索噪声污染控制的有效措施，已经成为当今迫切的需求。

（一）噪声污染控制概述

1.噪声的基本概念与分类

人的生活、工作离不开声音，但并不是所有的声音都悦耳动听，给人们带来愉悦。过大的声音或不需要的声音反而会影响人们的生活和工作，甚至造成危害。从心理学的观点来看，凡是人们不需要的声音，统称为噪声。从物理学的观点来看，噪声是各种不同频率和强度的声音无规则的杂乱组合。在《中华人民共和国环境噪声污染防治法》中，环境噪声是指在工业生产、建筑施工、交通运输和社会生活中所产生的，影响周围生活环境的声音。所产生的环境噪声超过国家规定的环境噪声排放标准，并干扰他人正常生活、工作和学习，这一现象称为环境噪声污染。环境噪声污染可能是由自然现象产生，但大多数情况下是由人类活动所产生的。

噪声的分类有很多种，按其总的来源可分为自然噪声和人为噪声两大类。例如，火山爆发、地层、潮汐和刮风等自然现象所产生的空气声、水声和风声等属于自然噪声，而各种机械、电器和交通运输产生的噪声属于人为噪声。

按噪声的发声机理可分为机械噪声、空气动力性噪声、电磁噪声。由于机械的撞击、摩擦、转动而产生的噪声叫作机械性噪声，如织机、球磨机、电锯等发出的声音；凡高速气流、不稳定气流以及气流与物体相互作用产生的噪声叫空气动力性噪声，如通风机、空压机等发出的声音，电磁噪声是由电磁场的交替变化，引起某些机械部件或空间容积振动产生的，如发电机、变压器等发出的声音。

对影响城市声环境的噪声源，按人的活动方式可分为工业噪声、交通噪声、建筑施工噪声和生活噪声。

2. 噪声的危害

噪声广泛地影响着人们的各种活动，如影响睡眠和休息，妨碍交谈，干扰工作，使听力受到损害，甚至引起神经系统、心血管系统、消化系统等方面的疾病。实际上，噪声是影响面最广的一种环境污染。噪声的危害主要表现在以下方面：

（1）听力损伤

在较强的噪声持续作用下，人的听觉敏感性会下降 15~50 dB；如果长时间遭受过强的噪声刺激，就会引起内耳的退行性变化，导致器质性损伤，接着就会形成噪声性耳聋。根据国际标准化组织（ISO）的规定，暴露在强噪声下，对 500Hz、1 000Hz 和 2000Hz 三个频率的平均听力损失超过 25 dB，称为噪声性耳聋。在极强烈的噪声作用下，可造成噪声外伤、鼓膜破裂出血，甚至双耳完全失聪。

（2）对睡眠的干扰

噪声会影响人的睡眠质量和数量，当睡眠受到噪声干扰后，工作效率和健康都会受到影响，老年人和病人对噪声干扰尤其敏感。一般来说，40 dB 的连续噪声可使 10% 的人睡眠受到影响，达到 60 dB 时，可使 70% 的人惊醒。

（二）噪声控制声学基础

声音是由物体的振动产生的，发出声音的物体称为声源。声源发出的声音必须通过中间介质才能传播出去，最常见的介质是空气。当声源振动时，就会引起周围弹性介质—空气分子的振动。这些振动的分子又会使其周围的空气分子产生振动。这样，声源产生的振动就以声波的形式向外传播，声波依靠介质分子的振动向外传播声能。介质分子的振动传到人耳时，引起鼓膜的振动，通过听觉机构"翻译"，并发出信号，刺激听觉神经而产生声音的感觉。声波不仅可以在空气中传播，而且可以在液体和固体等弹性媒质中传播。媒质的弹性和惯性是传播声音的必要条件。声波不能在真空中传播，因为真空中不存在能够产生振动的弹性介质。通常将有声波传播的空间叫声场。

在声波的传播过程中，如果质点振动方向与波传播方向平行时则称为纵波，如水波即为纵波；当质点振动方向与波传播方向垂直时称为横波，如绳子上下振动而形成的波即为横波。声波在固体介质中既可以横波形式传播，也可以以横波和纵波两种并存的形式传播，而在液体和气体中声波只能以纵波形式传播。纵波和横波都是通过质点间的动量传递来传播能量的，而不是由物质的迁移来传播能量的。

声源的类型按其几何形状特点划分为：

1. 点声源：声源尺寸相对于声波的波长或传播距离而言比较小且声源的指向性不强时，则声源可近似视为点声源。在各向同性的均匀媒质中，从一个表面同步胀缩的点声源发出的声波是球面声波，也就是在以声源点为球心，以任何值为半径的球面上声波的相位相同。球面声波的一个重要特点是振幅随传播距离的增加而减小，二者成反比关系。

2. 线声源：火车噪声、公路上大量机动车辆行驶的噪声，或者输送管道辐射的噪声等，远场分析时可将其看作由许多点声源共同组成的线状声源。这些线声源形成的声波波阵面是一系列同轴圆柱面，故称之为柱面声波。柱面声波的振幅随径向距离的增加而减少，与距离的平方根成反比。

3. 面声源：具有辐射声能本领的平面声源，平面上辐射声能的作用处处相等。

第三章　环境与可持续发展

人类在颠末漫长的斗争进程后，成功地在改造自然和发展社会、经济等方面取得辉煌的业绩，与此同时，生态破坏与环境污染，对人类的生存和发展已构成了现实的威胁。保护和改善生态环境，实现人类社会的持续发展，是全人类紧迫而艰巨的任务。保护环境是实现可持续发展的前提，也只有实现了可持续发展，生态环境才能真正得到有效的保护，保护生态环境，确保人与自然的和谐，是经济能够得到进一步发展的前提，也是人类文明得以延续的保证。本章将对环境与可持续发展进行分析。

第一节　可持续发展的基本理论

一、可持续发展理论的历史沿革

1. 发展的概念以及发展与环境的辩证关系

（1）发展（Development）的概念

从哲学上讲，发展是哲学术语，是指事物由小到大，由简到繁，由低级到高级，由旧物质到新物质的运动变化的过程。事物的发展原因是事物联系的普遍性，事物发展的根源则是事物的内部矛盾，即事物的内因。唯物辩证法认为，物质是运动的物质，运动是物质的根本属性，而向前的、上升的、进步的运动即是发展。发展的本质是新事物的产生和旧事物的灭亡，即新事物代替旧事物。

从生物学上讲，发展是指自出生到死亡的一生期间，在个体遗传的限度内，其身心状况因年龄与学得经验的增加所产生的顺序性改变的历程。发展一词的内涵有以下4个要点：

1）发展包括个体身体与心理两方面的变化。

2）发展的历程包括个体的一生。

3）影响个体身心发展的因素有遗传年龄学习经验等。

4）个体身心发展是顺序性的。顺序只是由幼稚到成熟的单向性，而并无可逆性。狭义言之，发展是指自出生到青年期（或到成年期）的一段期间，个体在遗传的限度内，其身心状况因年龄与学得经验的增加所产生的顺序性改变的历程。

从经济学上讲，在 20 世纪初，对于广大发展中国家来说，发展主要是指经济发展（增长），并且已形成了根深蒂固的看法。这主要是由于当时的经济学家们对发展的认识还很片面，其将增长与发展等同起来。随着第二次世界大战的结束和凯恩斯经济学的兴起，当时的资本主义国家彻底摆脱了 20 世纪 30 年代经济大萧条的阴霾，重新步入了经济迅猛增长的轨道。由于大多数经济学家都认为增长等同于发展，因此，发达国家运行良好的经济现实使得经济学家将注意力自然转移到尚不发达国家的经济发展问题上，而将他们认为已经获得成功"发展"（实际上只是成功的经济增长）的发达国家排除在其研究之外。

（2）发展观的扩展与延伸

自 20 世纪 90 年代以来，人类经济社会的新发展给发展经济学提出了诸如全球竞争政策、宏观经济失衡条件下的外部冲击、技术差异下的全球分化、全球治理及全球生态环境保护等新的全球性问题。这就要求发展经济学的理论研究要跟上甚至要超前于客观经济环境的变化，要在其研究范围和方法上必须超越旧有的模式，进行变革与创新，否则发展经济学就无力解决现在已经出现的全球性发展问题。新的经济时代呼唤一个以全球或人类发展问题为研究对象、以协调世界经济发展为核心内容、以多学科研究方法为特征的广义发展经济学的诞生。发展不等于经济增长，还必须加上社会进步。一个国家的经济发展水平是这个国家综合国力的象征，在当今这个一超多强的全球化时代，不进步俨然已是后退，每个国家都在努力提高经济水平，首先解决贫困问题，然后逐步提升民众生活质量。经济发展的定义包含以下 4 点：

1）经济增长。经济增长是一个国家的社会财富积累的过程，它与国民生产总值挂钩，并可在国民生产总值中得到体现，一个国家的经济发展和增长的程度体现着一个国家的综合国力，经济的发展具有极其重要的意义。

2）结构转变。结构转变是指一个国家的产业结构的升级，它可以体现在国家产业由第一产业向第三产业转化的过程中，第三产业能够带来更大的经济效益，并且对生态环境的破坏力度远远低于第一、二产业。

3）社会保障体系的完善。社会保障体系的完善程度直接体现着人民的生活水平。我国地大物博，东西部地区之间经济发展存在着严重不平衡的问题，政府对相对贫困地区的政策支持（如医疗、教育等的支持）将会在很大程度上提升该地区人民的生活质量。

4）环境保护体系的完善。如果一个国家只注重发展经济而忽略对环境的保护，那么这个国家是难以得到长远发展的。经济的发展必然要对环境造成破坏，而环境状况又在很大程度上制约着经济的进一步发展，所以要想实现可持续发展必须重视对生态环境的保护，如果环境破坏较为严重，则应当快速对已经被破坏了的生态环境进行修复，以期亡羊补牢、为时未晚。

（3）发展与环境的辩证关系

发展与环境的关系；一是环境破坏不可避免；二是环境问题可出现拐点；三是环境缓解有一个过程。两者是互相影响、互相制约的辩证关系。

随着社会的进步，人们对生活质量提出了更高的要求。"天更蓝、树更绿、水更清、城更美"，成为人们的共同心声。

环境的一般概念是指围绕某一中心事物的周围事物。中心物不同，环境的概念也随之不同。我国《环保法》中所称的环境，是指影响人类生存和发展的各种天然的和经过人工改造的自然因素的总和，包括大气、水、海洋、土地、矿产、森林、草原野生生物、自然遗迹、人文遗迹、自然保护区、风景名胜区、城市和乡村等。

环境保护就是采取行政、经济、科技、宣传教育和法律等方面的措施，保护和改善生态环境和生活环境，合理利用自然资源，防治污染和其他公害，使之适合人类的生存与发展。环境保护具有明显的地区性。环境保护的内容大体分为两个方面：一是保护和改善生活环境和生态环境，包括保护城乡环境，保持乡土景观，减少和消除有害物质进入环境，改善环境质量，维护环境的调节净化能力，确保物种多样性和基因库的持续发展，保持生态系统的良性循环；保护和合理利用自然资源。二是防治环境污染和其他公害，即防治在生产建设和其他活动中产生的废气废水、废渣粉尘恶臭气体、放射性污染物质及噪声、振动、电磁波辐射等环境的污染和危害。

改革开放以来，我国经济持续、快速、健康发展，环境保护工作取得了很大的成就。尽管我国把环境与资源保护作为基本国策之一，但环境保护形势仍然十分严峻，工业污染物排放总量大的问题还未彻底解决，城市生活污染和农村面临污染的问题接踵而来，生态环境恶化的趋势还未得到有效的遏制。

我国是发展中国家，解决环保问题归根到底还是要靠发展。我国要消除贫困，提高人民生活水平，就必须毫不动摇地把发展经济放在首位，各项工作都要围绕经济建设来展开，无论是社会生产力的提高、综合国力的增强、人民生活水平和人口素质的提高，还是资源的有效利用、环境和生态的保护，都有赖于经济的发展。但是，经济发展不能以牺牲环境为代价，不能走先污染后治理的路子。我国在这方面的教训是极为深刻的。正确处理好经济发展同环境保护的关系，走可持续发展之路，保持经济、社会和环境协调发展，是我国实现现代化建设的战略方针。经济发展与环境保护的关系，归根到底是人与自然的关系。解决环境问题，其本质就是一个如何处理好人与自然、人与人、经济发展与环境保护关系的问题。在人类社会发展的过程中，人与自然从远古时期的天然和谐，再到近代工业革命时期的征服与对抗，到当代的自觉调整，努力建立人与自然和谐相处的现代文明，都是经济发展与环境保护这一矛盾运动和对立统一规律的客观反映。

当今，绿色经济、循环经济已成为21世纪的标志。用环保促进经济结构调整成为经济发展的必然趋势。保护环境就是保护生产力，改善环境就是发展生产力。如何协调环境与经济的关系，建设人与自然和谐相处的现代文明是坚持实现保护环境基本国策的关键。

二、可持续发展理论的演变

当前，人们普遍采用1987年《布伦特兰报告》提出的可持续发展的概念：既满足当代人的需求，又不损害后代人满足其自身需求的能力。世界环境与发展委员会（WCED）在1987年发表了《我们共同的未来》报告，该报告被认为是建立可持续发展概念的起点。在可持续发展的道路上，人类在面临严重环境问题的思考中和对环境与社会发展的矛盾争论中不断发展，由个人到团体，最后上升到国际化程度，并达成了人类社会发展的共识。这一阶段经历了将近半个世纪的发展历程。

1.《寂静的春天》——对传统行为和观念的早期反思

20世纪中叶，人们为了获取更多的粮食，研制了多种基本的化学药物，用于杀死昆虫野草和啮齿动物。如有机氯农药DDT，它是多种昆虫的接触性毒剂，具有很高的毒效，尤其适用于扑灭传播疟疾的蚊子，可杀死农业害虫，增加农作物产量。

作为一个生物学家，蕾切尔·卡逊根据当时美国使用DDT产生危害的种种迹象，以敏锐的眼光和深刻的洞察力预感到滥用杀虫剂的严重后果。她经过几年艰苦的调查和研究，最终以其科学独到的分析和雄辩的观点，以及惊人的胆魄和勇气写下了《寂静的春天》，勇开先河地就环境污染问题向世界发出了振聋发聩的呼喊。

从前，在美国中部有一个城镇，这里的一切生物看起来与其周围的环境很和谐。这个城镇坐落在像棋盘般排列整齐的繁荣的农场中央，其周围是庄稼地，小山下果园成林。春天，繁花像白色的云朵点缀在绿色的原野上；秋天，透过松林的屏风，橡树、枫树和白桦闪射出火焰般的彩色光辉。狐狸在小山上叫着，小鹿静悄悄地穿过笼罩着秋天晨雾的原野。

不久，一种奇怪的寂静笼罩了这个地方。鸟儿都到哪儿去了呢？许多人谈论着，感到迷惑和不安。园后鸟儿寻食的地方冷落了。在一些地方仅能见到的几只鸟儿也气息奄奄，它们战栗得很厉害，飞不起来。这是一个没有声息的春天。这儿的清晨曾经荡漾着乌鸦、鸫鸟、鸽子、鸟鹪鹩的合唱以及其他鸟鸣的音浪，而现在一切声音都没有了，只有一片寂静覆盖着田野、树林和沼泽。

《寂静的春天》展示了杀虫剂对鸟类和其他动物群体的不良影响，并指出将有害化学物质释放到环境中而却不考虑其长期影响是人类的严重错误。蕾切尔·卡逊认为，人类的贪婪是造成大面积环境损失的主要原因之一，人类不能将自己视为地球的主人，而应该自视为地球系统的一部分。该书受到评论界的高度赞扬，认为它对理解"极端污染并不是增长的必然均衡"产生了深远影响。人类离寂静的春天到底还有多远？蕾切尔·卡逊以自己独到的眼光洞察到了深层次的问题，并以惊人的勇气爆发出了第一声呐喊。这是一声来自民间的呼唤，属于可持续发展历程的个人行为阶段。

2.《增长的极限》——引起全球思考的"严肃忧虑"

1972年，罗马俱乐部的第一份研究报告《增长的极限》（the Limits to Growth）发表，全书分为指数增长的本质、指数增长的极限、世界系统中的增长、技术和增长的极限以及全球均衡状态5个部分。

它以其对人口增长、环境污染和资源耗竭等人类困境的深入研究，第一次向世人展示了一个有限的星球上无止境地追求增长所带来的严重后果。其主要内容及论点如下：

（1）世界人口和工业产量的超指数增长将给世界的物质支撑施加巨大压力。

（2）按指数增长的粮食、资源需求和污染会使经济增长达到一个极限。

（3）全球的人口和工业增长将在21世纪的某个时段内停止。

（4）利用和依靠技术力量难以阻止各种增长极限的发生。

（5）世界需要人口和资本基本稳定的全球均衡状态。

罗马俱乐部就自然环境状况做出全面评估，其强调：如果继续按照20世纪六七十年代的经济增速发展，大部分工业社会将会在未来几十年内超越生态界限。罗马俱乐部的《增长的极限》引起了强烈的社会反响，把对环境问题的重视从个人推到了社会组织深层次的一面。

此后，不断涌现出了多个自然生态保育团体并开始关注社会可持续发展。世界第一个自然生态保育团体建立于19世纪后期。动物学家阿弗烈，牛顿于1872-1903年出版了一系列的研究结果，名为《为保护土生动物而设立"禁猎期"的可取性》（Desirability of establishing a "Close-time" for the preservation of indigenous animals）。他致力保护野生动物在交配季节期间免受伤害，大力支持为此立法，于1889年成立"羽毛联盟"（即后来的"皇家鸟类保护协会"），以及燃煤烟气治理协会、湖区保护协会（Lake District Defence Society）、"湖区之友（The Friends of theLake Ditrict）"等都展示了对环境可持续发展的关注。

3. 联合国人类环境会议——人类对环境问题的正式挑战

1972 年 6 月 5-16 日，在瑞典首都斯德哥尔摩召开了联合国人类环境会议，包括中国在内的 113 个国家和地区都参加了会议，会议通过了《人类环境宣言》，并提出将每年的 6 月 5 日定为"世界环境日"。世界环境日的确立，反映了世界各国人民对环境问题的认识和态度，表达了人类对美好环境的向往和其所追求的共同愿望。自此以后，环境与社会发展的问题，成为了国际社会共同关注的焦点与核心。

1992 年 6 月 3-14 日，联合国环境与发展会议在巴西里约热内卢召开，本次会议重申了 1972 年 6 月 16 日在斯德哥尔摩通过的联合国人类环境会议的宣言，并在其基础上再推进一步，怀着在各国、社会各个关键性阶层和在人民之间开辟新的合作层面，从而建立一种新的、公平的全球伙伴关系的目标，致力于达成既尊重所有各方的利益，又保护全球环境与发展体系的国际协定，认识到地球的整体性和相互依存性。本次会议通过了《里约环境与发展宣言》（Rio declaration），并签署了《气候变化框架公约》。本次里约环境与发展大会将"可持续发展"话语带入联合国舞台，于 2002 年载入国际文件约翰内斯堡可持续发展世界峰会的史册。

4. 《我们共同的未来》——可持续发展的国际性宣言

1987 年，世界环境与发展委员会在其学术报告——《我们共同的未来》（Our CommonFuture or Brundtland Report）一书中首次提出可持续发展的概念。此报告以"持续发展"为基本纲领，以丰富的资料论述了当今世界环境与发展方面存在的问题，提出了处理这些问题的具体的和现实的行动建议。报告的指导思想是积极的，对各国政府和人民的政策选择具有重要的参考价值。中译本于 1989 年出版。联合国于 1983 年 12 月成立了由挪威首相布伦特兰夫人为主席的"世界环境与发展委员会"，对世界面临的问题及应采取的战略进行研究。1987 年，"世界环境与发展委员会"发表了影响全球的题为《我们共同的未来》的报告，它分为"共同的问题""共同的挑战"和"共同的努力" 3 大部分。在集中分析了全球人口、粮食、物种和遗传资源、能源、工业和人类居住等方面的情况，并系统探讨了人类面临的一系列重大经济、社会和环境问题之后，这份报告鲜明地提出了 3 个观点：一是环境危机能源危机和发展危机不能分割；二是地球的资源和能源远不能满足人类发展的需要；三是必须为当代人和下代人的利益改变发展模式。

在此基础上报告提出了"可持续发展"的概念。报告指出，在过去，我们关心的是经济发展对生态环境带来的影响。而现在，我们正迫切地感到生态的压力对经济发展所带来的重大影响。我们需要有一条新的发展道路，这条道路不是一条仅能在若干年内、在若干地方支持人类进步的道路，而是从现在一直到遥远的未来都能支持全人类进步的道路。这一鲜明、创新的科学观点，把人们从单纯考虑环境保护引导到把环境保护与人类发展切实结合起来，并实现了人类有关环境与发展的思想的重要飞跃。

三、可持续发展理论的内涵

1. 可持续发展的定义

在报告《我们共同的未来》中，明确了可持续发展的基本含义，被称为布伦特兰的可持续发展定义，即"既满足当代人的需要，又不对后代人满足其需要的能力构成危害的发展"——联合国世界环境与发展委员会（The United Nations World Commission on Environment and Devel-opment，WECD）。

如今，不同学者从不同的角度对可持续发展进行了定义，以下是 4 种比较典型的定义：

（1）着重于自然属性的定义："可持续地使用，是指在其可再生能力（速度）的范围内使用一种有机生态系统和其他可再生资源"。其核心思想是"保护和加强环境系统的生产更新能力"。

（2）着重于社会属性的定义："在生存不超出维持生态系统涵容能力的情况下，提高人类的生活质量"。其核心是保障人类的生活质量。

（3）着重于经济属性的定义："在保护自然资源的质量和其所提供服务的前提下，使经济发展的净利益增加到最大程度为全世界而不是为少数人的特权所提供公平机会的经济增长，不进一步消耗自然资源的绝对量和涵容能力"。其核心是保障经济的增长。

（4）着重于科技属性的定义："可持续发展就是转向更清洁、更有效的技术，尽可能接近'零排放'或'密闭式'的工艺方法，尽可能减少能源和其他自然资源的消耗"。还有的学者提出："可持续发展就是建立极少产生废料和污染物的工艺或技术系统"。其核心是从科学技术的层面来保障发展。

2. 可持续发展的内涵

可持续发展的内涵有两个最基本的方面，即发展与持续性。发展是前提，是基础，而持续性是关键。没有发展，也就没有必要去讨论是否能够实现可持续了；没有持续性，发展就行将终止。

发展应从两个方面来理解：第一。它至少应含有人类社会物质财富的增长，经济增长是发展的基础。第二，发展作为一个国家或区域内部经济和社会制度的必经过程，它以所有人的利益增进为标准，以追求社会全面进步为最终目标。

持续性也有两个方面的意思：第一，自然资源的存量和环境的承载能力是有限的，这种物质上的稀缺性和在经济上的稀缺性相结合，共同构成了经济社会发展的限制条件。第二，在经济发展过程中，当代人不仅要考虑自身的利益，还应该重视后代人的利益，既要兼顾各代人的利益，也要为后代发展留有余地。

可持续发展是发展与可持续的统一，两者相辅相成，互为因果。放弃发展，则无可持续可言，只顾发展而不考虑可持续，长远发展将丧失根基。可持续发展战略追求的是近期目标与长远目标、近期利益与长远利益的最佳兼顾，经济、社会人口、资源、环境的全面协调发展。可持续发展涉及人类社会的方方面面。走可持续发展之路，意味着社会的整体变革，包括社会、经济、人口、资源、环境等诸领域在内的整体变革。发展的内涵主要是经济的发展和社会的进步。

3. 可持续发展的基本思想

可持续发展并不否定经济增长。经济发展是人类生存和进步所必需的，也是社会发展和保持改善环境的物质保障。特别是对发展中国家来说，发展尤为重要。发展中国家正经受贫困和生态恶化的双重压力；贫困是导致环境恶化的根源、生态恶化更加剧了贫困。尤其是在不发达的国家和地区，必须正确选择使用能源和原料的方式，力求减少损失杜绝浪费，减少经济活动造成的环境压力，从而达到具有可持续意义的经济增长。既然环境恶化的原因存在于经济过程之中，其解决办法也只能从经济过程中去寻找。急需解决的问题是研究经济发展中存在的扭曲和误区，并站在保护环境，特别是保护全部资本存量的立场，上去纠正它们，使传统的经济增长模式逐步向可持续发展模式过渡。

可持续发展以自然资源为基础，同环境承载能力相协调。可持续发展追求人与自然的和谐。可持续性可以通过适当的经济手段、技术措施和政府干预从而得以实现，目的是减少自然资源的消耗速度，使之低于再生速度。如形成有效的利益驱动机制，引导企业采用清洁工艺和生产非污染物品；引导消费者采用可持续消费方式，并推动生产方式的改革。经济活动总会产生一定的污染和废物，但每单位经济活动所产生的废物数量是可以减少的。如果经济决策中能够将环境影响全面、系统地考虑进去，可持续发展是可以实现的。"一流的环境政策就是一流的经济政策"的主张正在被越来越多的国家所接受，这是可持续发展区别于传统的发展的一个重要标志。相反，如果处理不当，环境退化的成本将是十分巨大的，甚至会抵消经济增长的成果。

可持续发展是以提高生活质量为目标，同社会进步相适应。单纯追求产值的增长不能体现发展的内涵。学术界多年来关于"增长"和"发展"的辩论已达成共识。"经济发展"比"经济增长"的概念更广泛意义更深远。若不能使社会经济结构发生变化，不能使一系列社会发展目标得以实现，就不能承认其为"发展"，就是所谓的"没有发展的增长"。

可持续发展承认自然环境的价值。这种价值不仅体现在环境对经济系统的支撑和服务上，也体现在环境对生命支持系统的支持上，应当把生产中环境资源的投入计入生产成本和产品价格中，并逐步修改和完善国民经济核算体系，即"绿色 GDP"。为了全面反映自然资源的价值，产品价格应当完整地反映 3 个部分的成本：资源开采或资源获取成本；与开采、获取及使用有关的环境成本，如环境净化成本和环境损害成本等；当代人使用了某项资源而不可能为后代人使用的效益损失，即用户成本。产品销售价格应该是这些成本加上税及流通费用的总和，由生产者和消费者承担，最终由消费者承担。

可持续发展是培育新的经济增长点的有利因素。通常情况认为，贯彻可持续发展要治理污染、保护环境、限制乱采滥伐和浪费资源，对经济发展是一种制约、一种限制。而实际上，贯彻可持续发展所限制的是那些质量差、效益低的产业。在对这些产业作某些限制的同时，恰恰为那些质优、效高，具有合理持续、健康发展条件的绿色产业、环保产业、保健产业、节能产业等提供了发展的良机，培育了大批新的经济增长点。

四、可持续发展的基本理论

1. 可持续发展的形式

Williams 和 Millingon 指出，人类需求与地球供应能力之间存在着不匹配的情况（即"环境悖论"）。为了克服这种不匹配、需要减少需求，或者提高地球的供应能力，抑或找到一个折中的方式来沟通，即可持续发展进程。理论上来讲，这一进程可大致分为"弱可持续发展"和"强可持续发展"这两种类型。前者涉及增加供应量。不影响经济增长；后者涉及控制需求，即干扰经济增长。两者虽然在理论上相互排斥，但在实际中能够共存。

（1）弱可持续发展

"弱可持续发展"是一种以人为中心的观点。其中，"自然"被认为是一种资源，为了实现人类目标可以使其效用最大化。该观点本质上认为"自然资本"与"人造资本"之间具有可替代性，即只要资本存量的总价值保持恒定（或增加），使其保留给子孙后代，它们所产生的利益种类就不会有差异。例如，假设科技进步可以满足日益增长的人类需求，则不需要对人类需求加以遏制。

理论上讲，在弱可持续发展中，"人造资本"可以无限制替代"自然资本"。但是 Nielsen 指出，这种替代实际上是有限度的。该想法得到了 WCED 的支持，尽管科学发展能够增加自然资源的承载力，但这是有限的。人类实践活动需要以渐进的、可持续性的形式进行，并且需要科技支撑以减轻自然压力。

（2）强可持续发展

"强可持续发展"是一种以"自然"为中心的观点。其认为："自然"不必在任何时候都对人类的需求有益，并且人类不具有剥削"自然"的固有权利。持此观点的学者认为，人类应该减少对自然资源的索求，并鼓励在满足生存需求的基础上，建立更为简单的生活方式。其倡导者认为，自然资本不可能被人造资本完全取代。人造资本尚可以通过回收和再利用的方式来扭转，但某些自然资本，如物种，其一旦灭绝就不可逆转。人造资本的生产需要以自然资本为原材料，故其永远不能成为自然资本的全面替代品。

尽管"强可持续发展"限制了自然资源的使用，但其限制程度取决于不同的理论学派和区域特征。事实上，几乎没有社会不把经济置于自然之上，"弱可持续发展"观念通常占据主导。但是，不可否认，人们已在关注如何挽救关键的自然资本，甚至不惜以牺牲经济为代价。

2.可持续发展的主要内容

（1）经济可持续发展

自古以来，人们追求的目标是"发展"。而经济发展，尤其是工农业发展更是"发展"的主题。可持续发展观强调经济增长的必要性，认为只有通过经济增长才能提高当代人的福利水平，增强国家实力，增加社会财富。但是，可持续发展不仅是重视经济数量上的增长，更是追求质量的改善和效益的提高，要求改变"高投入、高消耗高污染"的传统生产方式，积极倡导清洁生产和适度消费，以减少对环境的压力。经济的可持续发展包括持续的工业发展和农业发展。

持续工业包括综合利用资源推行清洁生产和树立生态技术观。综合利用资源是指要建立资源节约型的国民经济体系，重视"二次资源"的开发利用，提倡废物资源化。清洁生产则指"零废物排放"的生产。就生产过程而言，实现废物减量化、无害化和资源化；对产品而言，生产"绿色产品"或"环保产品"，即保持生产对社会环境和人类无害的产品。生态技术观是指应用科学技术与成果，在保持经济快速增长的同时。依靠科技进步和提高劳动者的素质，不断改善发展的质量。

持续农业是指"采取某种使用和维护自然资源的基础方式，以实行技术变革和机制性改革，以确保当代人类及其后代对农产品的需求得到满足。这种持久的发展（包括农业、林业和渔业），维护土地水、动植物遗传资源，是一种环境不退化、技术上应用适当、经济上能生存下去及社会能够接受的农业"。

（2）社会可持续发展

社会可持续发展不等同于经济可持续发展。经济发展是以物为中心，以物质资料的扩大再生产为中心，解决好生产、分配、交换和消费各个环节之中以及它们之间的关系问题；社会发展则是以"人"为中心，以满足人的生存、享受康乐和发展为中心、解决好物质文明和精神文明建设的共同发展问题。由此可知，经济发展是社会发展的前提和基础，社会发展是经济发展的结果和目的，两者相互补充、协调发展，才能求得整个国家持续、快速、健康的发展，全体公民过上美满愉悦、幸福的生活。1991年发表的《保护地球—可持续发展战略》报告中，从社会科学角度，将可持续发展定义为"在生存于不超出维持生态系统融容能力之情况下，实现改善人类的生活品质"。这一定义也揭示了社会发展的实质。

（3）生态可持续发展

生态可持续发展所探讨的范围是人口、资源、环境三者的关系，即研究人类与生存环境之间的对立统一关系，调节人类与环境之间的物质和能量交换过程，寻求改善环境造福人民的良性发展模式，促进社会、经济更加繁荣昌盛地向前发展。生态可持续发展的含义是：当人类开发利用资源的强度和排放的废弃物没有超过资源生态经济及环境承受能力的极限时，既能满足人类对物质、能量的需要，又能保持环境质量，给人类提供一个舒适的生活环境。加之生态系统又能通过自身的自我调节能力以及环境自净能力，恢复和维持生态系统的平衡、稳定和正常运转。这样的良性循环发展，不断地产生着经济效益、社会效益生态效益，这就是生态可持续发展的要求。可持续发展并不简单地等同于环境保护，而是从更高、更远的视角来解决环境与发展的问题，强调各社会经济因素与生态环境之间的联系与协调，寻求的是人口、经济、环境各要素之间的联系与协调发展。

3. 可持续发展的基本原则

（1）公平性原则

公平性原则是可持续发展观与传统发展模式的根本区别之一。可持续发展的关键问题是资源分配在时间和空间上都应体现公平。而所谓时间上的公平又称"代际公平"，要认识到人类赖以生存的自然资源是有限的。这一代人不要为自己的发展与需求而损害人类世世代代需求的条件—自然资源与环境，要给世世代代以公平利用自然资源的权利。当前的状况是资源的占有和财富的分配极不公平。所谓空间上的公平，又称"代内公平"，可持续发展观认为人与人之间国家与国家之间应该是平等的。据联合国统计资料显示，世界人口中20%的最富有者占有世界总收入的83%，而最贫穷的20%的人口仅占有1.5%。富裕国家的人口只占世界人口的20%，但其所消耗的能源却占70%、金属占75%、木材占85%、粮食占60%。如此贫富悬殊、两极分化的世界，是无法实现人类社会的可持续发展的，必须给世界以公平的分配和公平的发展权，应把消除贫困作为可持续发展进程中优先解决的问题。此外，可持续发展观还认为人与其他生物种群之间也应该是公平的，应该相互尊重，人类的发展不应该危及其他物种的生存。1992年联合国环境与发展大会通过的《里约宣言》中把这一公平原则上升到尊重国家主权的高度："各国拥有按本国的环境与发展政策开发本国自然资源的主权，并负有确保在管辖范围内或控制下的活动不损害其他国家或除本国以外地区环境的责任。"

[阅读材料] 中国在清除农村贫困上的成就

中国消除农村贫困采取的措施：不断增加扶贫投入，动员社会力量参与扶贫，国家坚持开发式扶贫，实行科学扶贫，发挥贫困地区的资源优势，组织以工代农和适量有序的劳务输出。

（2）持续性原则

可持续发展有许多制约因素，其中最主要的因素就是资源与环境。

持续性原则的核心是指人类的经济活动和社会发展不能超越资源与环境的承载能力，以保障人在社会可持续发展的可能性。人类要尊重生态规律、自然规律，能动地调控自然—社会—经济复合系统，不能超越生态系统的承载能力，不能损害支持地球生命的自然系统，保持资源可持续利用的能力。经济的发展要同环境的承载能力、自然资源的供给能力相协调，不能以损害人类共有的环境浪费自然资源来换取经济的发展，发展要与自然和谐。

不可再生资源的合理利用、可再生资源的永续利用是实现可持续发展的首要条件。可持续发展的目标是实现经济效益、社会效益和生态效益的相互协调。

[阅读材料] 承载力

承载力在生态学上的含义是指在生态系统的平衡状态下所能够生存的某一物种的最大个体数。一般可分为环境承载力、资源承载力和土地承载力。

（3）共同性原则

可持续发展已成为全球发展的总目标，而要实现这一目标，全球必须采取共同的行动，建立良好的国际秩序和合作关系。人类只有一个地球，全人类是一个相互联系、相互依存的整体，要达到全球的可持续发展需要全人类的共同努力，必须建立起巩固的国际秩序和伙伴关系，坚持世界各国对保护地球的"共同的但有区别的"责任原则。鉴于历史责任和现实情况，各国可持续发展的目标、政策和实施步骤不全相同，但对保护环境、珍惜资源，经济发达国家负有更大的责任。要建立新的、公平合理的平等的国际政治经济新秩序，全人类的共同努力及采取全球共同的联合行动是可持续发展的关键。

（4）阶段性原则

可持续发展是由低级阶段向高级阶段推进的过程，世界各国、各地区所处的经济和社会发展阶段不同，在可持续发展的目标及承担的责任等方面都表现出了明显的差异。

4. 实施可持续发展的要求

（1）满足全体人民的基本需要（粮食、衣服、住房和就业等），给全体人民机会，以满足他们要求较高生活的愿望。

（2）人口发展要与生态系统变化着的生产潜力相协调。

（3）像森林和鱼类这样的可再生资源，其利用率必须在再生和自然增长的限度内，以保证其其不会耗竭。

（4）像矿物燃料和矿物这样的不可再生资源，其消耗的速事应考虑资源的有限性，以确保在得到可接受的替代物之前，资源不会枯竭。

（5）不应当危害支持地球生命的自然系统，如大气、水、土壤和生物，要把对大气质量、水和其他自然因素的不利影响降到最低程度。

（6）物种的丧失会大大地限制后代人的选择机会，可持续发展战略要求保护好物种。环境与发展是不可分割的，它们相互依存，密切相关。可持续发展的战略思想已成为当代环境与发展关系中的主导潮流，作为一种新的观念和发展道路被人们广泛接受。

五、可持续发展的案例

1. 德国 12 号矿区变身工业遗址公园

（1）工业发展概况

鲁尔区是德国工业的发祥地，素有德国工业"发动机"的美誉。20 世纪 50 年代后，陆续出现的"煤炭危机""钢铁销售危机""石油危机"使其经济陷入困境。与经济一起跌入黑色谷底的还有这里的环境状况。何时能见"鲁尔河上蓝色的天空"？蒙尘百年的鲁尔能否再生？几十年过去了，如今的鲁尔人用自己的行动将一个全新的鲁尔展现在世人面前。

鲁尔区位于德国中西部的北莱茵 - 威斯特法伦州，包括多特蒙德、埃森和杜伊斯堡等多个欧洲著名的工业城市，莱茵河的 3 条支流—鲁尔河、埃姆舍河、利帕河从南到北依次横穿该区。

20 世纪 60 年代前，鲁尔区的钢铁产量占德国的 70%，煤炭产量占 80% 以上，经济总量曾占到德国国内生产总值的 1/3，成为德国同时也是全欧洲最大的工业区。

20 世纪 50 年代末，鲁尔区的煤炭开采成本大大高于美国和澳大利亚，随着石油和核电的应用，对煤炭的需求量有所减少，鲁尔区的煤开采量逐年下降。新技术的发展，钢铁、汽车、造船业需要的劳动力减少，钢铁生产向欧洲以外的子公司转移。在日本、韩国和印度等地亚洲钢铁业的竞争下，鲁尔区的钢铁产量开始收缩。从此，鲁尔区传统的煤炭工业和钢铁工业走向衰落，煤矿和钢铁厂也逐个关闭，28 家大中型钢铁企业先后倒闭 23 家，2 000 多口矿井关闭了 1800 多个。1958-1973 年，整个鲁尔区的就业岗位减少了 26%，约 38 万人。20 世纪 70 年代后，大工业衰落的趋势已十分明显。1987 年，鲁尔区达到 15.1% 的最高失业纪录，超过 8.1% 的全国平均失业率。20 世纪 50 年代，曾经位于德国人均国民生产总值首位的鲁尔区埃姆舍地区成为德国西部问题最多、失业率最高的地区。过去，鲁尔人爱用"煤""钢""啤酒"这 3 个词来形容自己全部的工作与生活，如今，失去了煤、钢的支撑，鲁尔还能再次繁荣吗？有些经济学家甚至说，鲁尔区只能衰落，无法振兴。

另一个危及鲁尔区人生存的危机来自环境问题。历经 100 多年的采煤、炼铁制钢，鲁尔区的环境污染已相当严重。德国作家 Heinrich Boll 感叹："在这里，白色只是一种梦想！""户外一切东西都蒙上一层黑灰。洁白的衣物穿出门去，不一会儿便成为灰色。"沿岸林立的化工厂使河流"犹如被 6 万种不同化学药品调成的鸡尾酒"，一位德国生态学家更是悲观地预言："鲁尔区犹如在一片寻不出生机的焦土中残喘。"

濒临崩溃边缘的生态环境产业转型的瓶颈与结构性的失业，将鲁尔区逼向一个生死存亡的关键点。

（2）转型之路

德国政府意识到，挽救鲁尔并不是花多少巨资去挽留传统产业或重现过去"黑乡"繁荣的问题，如果不能在解决问题的同时为鲁尔区建立迈入 21 世纪继续拥有竞争力的机制，那么这里仍会遭到淘汰。他们相信，未来将是一个绿色竞争的世纪，而决战战场就在城市之间。几年前实验的一个国际建筑博览会的活动，成功改造了一个约 7 km 长的历史性贫民窟。有此成功的先例，让一直寻找振兴良方的鲁尔区城乡协会提出另一个更大胆的城市再造实验：

国际建筑展计划（简称 IBA），即鲁尔区改造计划，为期 10 年（1989-1999 年）。该计划借鉴英国、瑞典等一些国家工业遗产旅游资源再开发利用的经验，通过大小近百个计划，逐步解决鲁尔地区北部 800 k ㎡，城市工业景观最密集、环境污染最严重衰退程度最高的埃姆舍尔（Em-scher）地区的区域综合整治与经济复兴问题。

改造计划提出要将传统工业区景观改造为一个生态公园，并恢复区内主要河道的生态功能，将过去的工业用地改变为现代化科学园区、工商发展园区和服务产业园区等。

这一计划推出后，人们心存种种疑虑："高污染的土地怎么种树？高污染的河水怎么被生活体验？""什么样的科学园区没有高污染高耗能，并带来小区繁荣？""数十万计的钢铁工人能转行做么？没有人知道可以怎么做。"试试看吧！"IBA 的委员们知道这是难度相当大的挑战，但是"不试，怎么会有机会呢？"

鲁尔区的杜伊斯堡市采用国际招标方式，并广纳社会、民间的各种创意。很快，经过短短 6 个月，通过与居民互动、集会、讨论等，各个参与竞标的设计团队纷纷提出了自己的设计方案。最后，有 5 个规划方案入围，提出的经费预算从 6000 万马克提高到 20 亿马克，最终市议会全票通过慕尼黑大学景观建筑系的规划方案。人们支持这个方案不仅是因为其费用最低，还因为这个方案为人们编织出一个完美整合了"保存历史""可持续生活"的绿色梦想。

接下来新的疑问又出现了，如此巨额的资金小号是财政窘困的政府能办到吗？怎样筹措这笔巨额重建资金呢？

以往德国的城市改造计划多由政府主导，此次鲁尔区城市改造计划 IBA 给政府 4 个全新的角色定位，政府与民间共同设定地区改造策略和发展方向、开发规则和激励机制。政府除了要提出城市可持续发展的基本要求以外，还要设计一个让政府的投入可以全力支持民间发展能力的机制，同时配合弹性的法律规章，引导公众共同创造新的产业发展方向，带动公私部门投资。例如，政府提供一部分就业安定基金和其他资源，以减轻投资者的负担，并以创业贷款、低利率贷款等措施吸引企业主投资。

通过这套全新的政府与民间合作的模式，鲁尔区城市改造计划的资金来源有了保证，民众的积极性调动起来了，经济复苏的希望之火被点燃了。

（3）让生态复活

鲁尔区曾是世界著名的采煤区，且由于煤炭主要是地下开采，遗留了大面积的采空区，许多地方地面下降非常明显，形成了低洼地带。承担矿区环境治理责任的德国标准煤公司将许多地面下降严重的采空区顺势改造成为湖泊；处于特殊位置的采空区，向里面大量注水或填入沙土，以阻止地面持续下沉危及周围设施，也防止了破坏地下水系结构和污染水源；个别采空区被连环爆破拆开，平整为土地或湖泊，一些地方被治理成农田、林地。

昔日的老矿区如今已变成了水波荡漾、芳草萋萋、绿树成荫的风景区，周末许多人到此划船、垂钓和野营。曾经是鲁尔工业区污染最严重的主要排污河埃姆舍河，经过治理也变成了一条旅游和休闲的河。

针对产业撤退后土地污染严重清理耗资巨大、私企无利可图的问题，州政府设立土地基金，购地后进行修复，土地经过特殊处理后再出让给新企业，成为新的工业用地、绿地或者居民区。

填充废井和环境整治的资金，由联邦政府承担 2/3，地方政府承担 1/3。鲁尔区除了企业单位安装有污水处理设施外，还将中部和北部的污水集中到埃姆舍河，并在下游建立了大型综合污水处理厂，年处理量超过了 6 亿 m³；在主要城市之间建立了绿色隔离带，绿化带内严禁设置工厂；开挖人工河道，加深河床，提高河堤，兴建排水泵站；治理由采煤引起的地面不均匀地下沉；除少数电厂外，大部分电厂都已改用燃料油、天然气作为燃料，钢铁厂、煤矿、炼焦厂以及水泥厂等都按规定设置了电除尘和烟气脱硫装置；建立了严密的大气和污水排放监测网。

（4）为废弃工矿区注入生命力

废弃工厂和矿区变成了解工业生产过程和生态保护的露天博物馆和休闲娱乐的生态公园，工业旅游已成为鲁尔区的新时尚和新产业。

曾经是世界第二大的废瓦斯槽改造成一座超炫的另类展览馆，艺术家们以能够在此展现创作为荣，每月吸引约 20 万名观光客。

厂房起重架的高墙及煤渣堆被改造成阿尔卑斯山攀岩训练场，旧的炼钢厂冷却池变成潜水训练基地及水底救难训练场，原来废墟中的特殊植物群相也被保留作为生态教室，甚至削掉一半铁皮的厂房也变成一个可掀式的露天音乐舞台，工业遗产旅游逐渐成为时尚。

许多废弃的工业设施被建成了工艺技术中心、现代科技园区和新的高技术企业基地等，新建的产业园区绿荫环抱，安静宜人，让企业人员感觉"在公园里上班"。污土和废水的重新处理、景观公园的开发创造了许多就业机会，为产业转型带来新的契机。有人专门研究如何绿化，有人负责维护环境，原先的工人担当起导游，以亲身经历为游客介绍那些高度复杂的机器如何运转，如何成为带动德国发展的强大动力，相当一部分科研力量转向环保技术的研发与技术升级。

（5）发展新兴产业

为了适应产业转型对人才和技术的需求，从 1961 年开始，鲁尔区的城市如波鸿、多特蒙德等陆续建立起大学。鲁尔区现在是欧洲境内大学密度最大的工业区、德国教育与科学研究机构最密集地区，拥有 14 所大学。除了高校之外，还有百余家研究所为产业结构的转型输送技术成果。

几乎所有的鲁尔区城市都建有技术开发中心。全区有 4 个世界著名的马克斯,普朗克研究所和 3 个弗劳恩霍夫研究所，有近 30 个技术中心和 15 个科研成果及技术转化服务机构为企业提供技术服务，600 个致力于发展新技术的公司。这些高校和技术中心为结构转型做出了重要贡献，取代煤、钢成为鲁尔经济新的"发动机"。

1979 年，联邦政府与各级地方政府及工业协会、工会等有关方面联合制订了"鲁尔行动计划"，旨在逐步发展新兴产业，以掌握结构调整的主导权。为优化投资结构，北威州规定，凡是生物技术等新兴产业的企业在当地落户，将给予大型企业投资者28%、小型企业投资者18%的经济补贴。从1985年起，鲁尔区分5个阶段、投资1.3亿马克建设了一个技术园，其建设费用中有9000万马克是由欧盟、联邦政府和州政府资助的，其余费用则由私人资本承担。现技术园已有212家企业，创造了3 650个工作岗位。德国在生物技术方面虽然起步较晚，但现在已拥有330多家生物技术企业，其中1/3落户北威州。优惠的政策加上强有力的扶持措施，使得电子信息等"新经济"工业在鲁尔区的发展极为迅速，并远远领先于德国其他地区。

1994年以后，德国加大了环保和新能源领域的财税和投资政策扶植力度。德国对环境保护产业项目研发投资远远高于其他产业研发投资，德国的环保产业国际市场占有率高达21%，居世界第一位。德国的环保产业体系完善，除了污染治理设备制造业以外，还有各种提供环境保护措施的技术咨询服务机构，为企业提供环保解决方案、帮助中小企业制订环境保护投资计划以及环境管理的专业咨询、资格认证、信息查询等。

北威州到目前为之已拥有1 600多家环保企业，成为欧洲领先的环保技术中心，环保业已成为了当地的支柱产业。

（6）再现活力

经过几十年的努力，鲁尔区的经济结构转变取得了很好成绩。虽然欧盟范围内有31%的煤和11%的钢依然在鲁尔区开采或生产，但煤炭开采和钢铁工业等老工业已不在鲁尔整个经济中扮演重要角色。昔日林立的烟囱、井架和高炉已被农田、绿地、商业区、住宅区和展览馆等取代，机械与汽车制造、电子、环境保护、通信、信息和服务业等新兴工业蓬勃发展，鲁尔区的经济重心逐步从第二产业转向第三产业。据统计，工业企业的产值占鲁尔区1999年总产值的27.8%，整个服务业占72.2%，2001年，只有30%的从业人员工作在第一、二产业。鲁尔区的环境问题在经济结构转变过程中得到了根本治理。在这个地区已有自然保护区276个，自然保护区使大城市之间的空间地带相互连接，具有重要的生态学意义。全区共有绿地面积约7.5万 ㎡，平均每个居民130 ㎡。废弃的矸石山被培土植树铺草，矿井塌陷区被开辟成湖泊疗养地，昔日浓烟滚滚黑尘满地的景象也变成了郁郁葱葱的田园风光。新生的鲁尔区投资环境与欧洲其他地区相比，无论是硬件方面还是软件方面都极具吸引力和竞争力。该地区的生活条件和水平在全世界100个最大的工业区中名列第二位，并在欧洲名列第一位。

2.其他案例解析

（1）香港吐露港污水治理的教训

沙田、大浦（新发展市区）人口约100万，20世纪80年代初建设沙田污水处理厂，处理水量21万 m³/日，投资7.5亿港币经海底排水管排放至吐露港（排海管 d=2.5m，长 1 km）。1987 年吐露港水质仍然下降，1988 年发生赤潮达 40 次，对沙田污水厂曝气池进行改造，进行脱氮，但水质仍未改善。为了减少吐露港的有机负荷及氨氮，将经处理的污水引至维多利亚湾兴建泵房、输水管、隧道（过大老山，长 7.5 km、直径 3.18m）总投资 8.83 亿港币。1995 年 7 月投入使用。1992 年，香港环境保护署称："吐露港是没有进行全面水质规划的失败例证这是一个大规模的规划失败"。失败的主要原因：仅考虑浓度排放标准是不够的，还要考虑受纳水体的环境容量（自净能力），要考虑污染负荷的削减和水环境承载能力。

（2）丹麦绿色经济发展模式经验

丹麦建设人类绿色能源"实验室"打造绿色可持续发展模式的成功经验，具体可归纳为以下 5 大要素：

一是政策先导。丹麦政府把发展低碳经济置于国家战略高度，并制定了适合本国国情的能源发展战略。丹麦政府认识到，由一个强有力的政府部门牵头主管能源非常必要。为此，丹麦能源署于 1976 年应运而生。该部门最初是为了解决能源安全问题，后来，该部门从国家利益高度出发，调动各方面资源，统筹制订国家能源发展战略并组织监督实施，管理重点逐渐涵盖国内能源生产、能源供应和分销以及节能领域。其始终坚持节能优先，积极开辟各种可再生能源，即"节流"与"开源"并举的原则，大力开发优质资源，引导能源消费方式及结构调整。值得一提的是，政府顺从民意，因全民公投反对，放弃了最初准备开发核能的计划，转而从长计议，迅速厘清了以风能和生物质能等符合丹麦国情的新能源政策。在紧随成功实现能源结构绿色转型升级、经济总量与能耗和碳排放脱钩之后，2008 年，丹麦政府还专门设置了丹麦气候变化政策委员会，为国家彻底结束对化石燃料的依赖，构建起了无化石能源体系设计总体方案，并就如何实施制定了路线图。为了推动零碳经济，丹麦政府采取了一系列政策措施，例如，利用财政补贴和价格激励，推动可再生能源进入市场，包括对"绿色"用电和近海风电的定价优惠，对生物质能发电采取财政补贴激励。丹麦采用固定的风电价格，以保证风能投资者的利益，风能发电进入电网可采用优惠价格，在卖给消费者之前，国家对所有电能增加一个溢价，这样消费者买的电价都是统一的。又如，丹麦政府在建筑领域引入了"节能账户"的机制。所谓节能账户，就是建筑所有者每年向节能账户支付一笔资金，金额根据建筑能效标准乘以取暖面积计算，分为几个等级，如达到最优等级则不必支付资金。经过能效改造的建筑可重新评级，作为减少或免除向节能账户支付资金的依据。

二是立法护航。在丹麦的可持续发展进程中，政府始终扮演着一个非常重要的角色，其主要从立法入手，通过经济调控和税收政策来实现，成为欧盟第一个真正进行绿色税收改革的国家。自 1993 年通过环境税收改革的决议以来，丹麦逐渐形成了以能源税为核心，包括水、垃圾、废水、塑料袋等16种税收的环境税体制，而能源税的具体举措则包括从2008年开始提高现有的二氧化碳税和从2010年开始实施新的氮氧化物税标准。

另外，政府出台有利于自行车出行的道路安全与公交接轨等的优惠政策和具体措施，自行车成为包括王室人员及政府高官在内多数民众日常出行的首选。如今，全国人口550万而自行车拥有量超过420万辆，人均拥有量为0.83辆（我国为0.32辆），成为名副其实的"自行车王国"。

三是公私合作（PPP）。丹麦绿色发展战略的基础是公私部门和社会各界之间的有效合作（Public-Private Partnership）。国家和地区在发展绿色大型项目时，在商业中融合自上而下的政策和自下而上的解决方案，这种公私合作可以有效促进领先企业、投资人和公共组织在绿色经济的增长中取长补短，更高效地实现公益目标。丹麦南部森讷堡地区的"零碳项目"便是公私合作的一个典型案例。

四是技术创新。丹麦是资源较为贫乏的国家，而且受气候变化影响很大。丹麦政府和国民具有强烈的忧患意识，把发展节能和可再生能源技术创新作为发展的根本动力。另外，全球气候变化和应对气候变化的呼声日高，给丹麦企业界和研究界提供了动力和商机，把提高能源效率和发展可再生能源作为减排温室气体最有效的手段。近年来，能源科技已成为丹麦政府的重点公共研发投入领域。通过制订《能源科技研发和示范规划》，以确保对能源的研发投入快速增长，以最终将成本较高的可再生能源技术推向市场。此外，丹麦绿色发展模式调动了全社会的力量，在政府立法税收的引领下，新的能源政策始终强调加大对能源领域的研发的投资力度，工业界积极参与，投入大量资金和人力进行技术创新，催生出一个巨大的绿色产业。通过多年努力，丹麦已经掌握许多与减排温室气体相关的节能和可再生能源技术，使丹麦的绿色技术远远走在了世界前列，丹麦成为欧盟国家中绿色技术的最大输出国。归纳起来，技术创新尝试主要集中在"节流"和"开源"两大方面：

湖水"节流"：大力推广集中供热，发展建筑节能技术。丹麦地处北欧，且采暖期长，很多建筑一年四季需要供热。丹麦积极发展以热电联产和集中供热（也称"区域供热"）为核心的建筑节能技术。如今，丹麦超过60%的建筑采用集中供热技术，通过发展分布式能源技术，大量采用可再生能源技术进行集中供热，包括沼气集中供热秸秆及混合燃烧集中供热等。目前，可再生能源在丹麦的热力供应中的比重已经稳居首位，超过了天然气和煤炭。

在低碳建筑方面，丹麦建立了严格的建筑标准，并大力推广节能建筑。丹麦建筑节能的主要措施是：要求开发商提供节能建筑标志，按照能耗高低将建筑分类分级管理，使用户根据需要选择；简化节能检测方法，重视和监管门窗和墙壁的保温效能，使得开发商无法偷工减料，确保节能效果；为既有建筑节能改造提供补助，如窗户改换、外墙保暖可以得到政府财政补贴。丹麦通过大力推广建筑节能技术和对建筑设施能耗实行分类管理，大大降低了建筑能耗。与 1972 年相比，丹麦的建筑供热面积快速增长，相应的能源消耗显著降低，相当于单位面积的建筑能耗降低了 70%。集中供热和低碳建筑领域的全球领先企业丹佛斯就是在这个过程中发展起来的。1933 年，在丹麦南部的森讷堡创建的丹佛斯如今已经发展成为丹麦最大的工业集团之一，在全球各地均有工厂和公司遍布，业务领域涵盖暖通空调、建筑节能、变频器和太阳能、风能等新能源，大大提高了现代生活的舒适度，推动了环保和清洁能源的发展。作为创新企业的代表，在上述丹麦绿色发展过程中，起到了积极推动作用。

"开源"：积极开发可再生能源，独领风电世界潮流。自 1980 年开始，丹麦根据资源优势，大力发展以风能和生物质能源为主的可再生能源。在目前世界累计安装的风电机组中，60% 以上产自丹麦，占世界风机贸易近 70%。丹麦大力发展分布式能源，利用生物质能源发展热电联产和集中供热。2005 年，丹麦可再生能源发电比例达到 30%，提前 5 年完成欧盟提出的 2010 年达到 29% 的目标。

此外，丹麦推动欧盟大力发展海上风电，并通过德国、波兰等与欧洲北部电网相连，试图将海上风电输送到欧洲。这一计划得到欧盟支持，已经列入欧盟支持海上风电发展的示范项目。为此，丹麦争取在 2020 年将海上风电发展目标从目前的 30 万 kW，提高到 300 万 kW，并开始向北欧电网大量供应风电。

目前，维斯塔斯和国家能源公司（DONG Energy）是世界少数真正掌握了海上风电装备制造和拥有运行经验的企业。它们在开发丹麦西兰岛海上风电场时就已合作，维斯塔斯为其提供价格低廉的海上风机。通过近几年的实践，丹麦在海上风电装备制造和运行经验方面，取得了长足的进步，在世界上居于领先地位。

五是教育为本。丹麦如今"零碳转型"的基础，与其 100 多年前从农业立国到工业化、现代化的转型的基础一样，均是依靠丹麦特有的全民终身草根启蒙式的"平民教育"，通过创造和激发全民精神的"正能量"从而找到物质"正能源"，从而完成向着更加以人为本、更尊重自然的良性循环的发展模式的"绿色升级"。20 世纪七八十年代两次世界性能源危机以来，丹麦人不断反思，从最初对国家能源安全的焦虑，进而深入可持续发展及人类未来生存环境的层级，观照自然环境、经济增长、财政分配和社会负率等各方面因素，据此勾勒出丹麦的绿色发展战略，绘制出实现美好愿景的路线图，并贯彻到国民教育中，成为丹麦人生活方式和思维方式的一部分。

第二节　资源、环境与可持续发展

一、环境污染、资源约束和可持续发展探讨

可持续发展是国际社会为了推动世界繁荣、稳定与和平发展做出的一个共同选择，也是人类发展的战略目标。随着全球人口不断增加和经济的持续增长，自然环境和资源受到的压力将越来越大。人类在改善环境方面虽然已取得明显进步，但全球经济发展的速度和规模、日益严重的全球环境污染以及地球上不断退化的可再生资源有可能将此抵消。健康、生物多样性、农业生产、水和能源是人类面临的严峻挑战，这些挑战与资源、环境、人口、贫困、体制等问题密切相关，它们是涉及当前可持续发展的一系列重大问题。

1. 环境污染、资源约束对可持续发展造成威胁

目前，资源贫乏、环境污染和生态破坏等问题，已开始在我国显现。伴随着环境问题的日益严重，人类对环境问题的认识和对策也在不断发展。

在世界范围内，现代工业经济国家不仅消费了大量的能源和原料，还产生了大量的污染和废料排放。现代工业的飞速发展和现代经济活动对全球的资源和环境产生了严重影响，不仅极大地损害了人类赖以生存的环境，还污染和侵扰了周边的生态系统。在许多发展中国家或地区，贫困和人口的迅猛增加，造成可再生资源，特别是森林、土壤和水资源的普遍退化。当前，全球 1/3 人口的生活仍然在依赖再生资源来维持，而周边环境的退化会严重影响他们改善生活的前景，甚至直接降低农村人口的生活水平。与此同时，许多发展中国家一味地追求现代化城市化、工业化，在这个过程中造成了空气、水及周边环境的严重污染。

能源和资源的消耗是北美的最大问题。北美地区人均消耗的能源和资源的水平超过了世界其他任何区域。北美地区能源、资源消耗巨大，人均温室气体（Green house gas）产量最高。另外，非本地物种的引进使生态系统发生了明显变化，并不断威胁着当地的生物多样性，致使该地区许多沿海和海洋资源几近枯竭，或正受到严重威胁，特别是东海岸的鱼类资源几乎已被彻底破坏。

在欧洲，一半以上的城市的地下水资源存在着开发过度的问题，而且农药、硝酸盐、重金属以及各种烃类物质也在不断地污染着地下水。在西欧，虽然遏制环境、资源退化的措施已经使一些环境参数得到显著改进，但能源的总消耗仍然很大，这极大地影

响了已改进的参数，进而影响了所有环境参数的改进。

在西亚，人类正面临若干严重的环境问题，水资源问题和土地资源退化问题是其中最为紧迫的问题。在这一区域，人口增长速度已远远超过当地水资源的开发速度，也正是这个原因致使当地的人均供水量在不断减少。该地区有 8 个国家的人均用水量小于每年 1000m³，其中有 4 个国家的人均用水量不足每年 500m³。同时，该地区地下水的抽取速度已远远超过自然补充的速度，致使该地区的地下水资源正处于十分危险的状况，若不采取有效措施来改进当地的水资源管理，将会导致严重的环境问题。土地退化异常严重也是这个区域的重大环境问题。当前，该地区的大部分土地已变成了荒漠，或者极易变为荒漠。大面积的土地正在受到盐化和养分沉积的影响，由于生态系统本身比较脆弱，加上过度放牧，致使该区域的牧场正在不断退化，再加上过度捕捞、污染以及生态环境的不断破坏致使海洋和沿海环境的不断退化。据估计，该地区每年约有 120 万桶石油溢入波斯湾，致使波斯湾石油中的碳氢化合物是加勒比海的 2 倍，超过北海 3 倍。此外，工业生产污染和有害废料也在不断威胁着当地社会经济的发展。预计在未来，人口增加、城市化、工业化无管制的捕捞和狩猎以及农业化学品的滥用将对这个区域本已非常脆弱的生态系统、本地物种带来更大的压力。

在亚洲及太平洋地区，人口过多是最为严重、突出的问题，人口密度大、基数大使环境承受着沉重的压力。这里有世界上约 60% 的人口，却仅依靠世界 30% 的陆地面积生活，造成该地区土地资源所承受的压力远比其他地区大。水供应也是该地区的严重问题，据统计，每 3 个亚洲人中至少有一个没有安全的饮用水，淡水成为该区域限制生产、增加粮食产量的一个主要因素。随着该地区经济的迅速发展，工业化进程的不断加快，这个地区的环境正在受到越来越严重的损害，致使生态进一步恶化。例如，随着污染的不断加重，森林面积持续缩小，生物多样性不断减少。在东南亚，破坏生态环境的现象正在不断加剧，作为土著人的食物、医药及收入等主要来源的森林产品正日益枯竭。

从能源的视角来看。由于人口众多，该地区对能源的需求远超世界上其他任何地区，据估算，每 12 年亚洲对一次能源的需求量就增加一倍，而世界每增加一倍所需的时间为 28 年。工业增长，捕鱼活动增加、沿海居住区的扩大等，致使沿海生态系统遭受毫无控制的巨大压力，进一步加快了海洋和沿海资源退化的速度。此外，城市化进程加快，致使居住在城市中心的人口比例迅速增加，并呈现集中于少数城市中心的趋势。特别是在亚洲，趋向特大城市成为目前城市化的一种独特方式，这也可能对环境和社会造成更大的压力。

在非洲，主要的挑战是减轻贫困，使穷人的问题在环境和发展议程中占据首要地位，就可能开发和释放非洲人的潜力和才能，实现在经济、社会、环境和政治上可持续的发展。这个区域受到环境退化、资源枯竭威胁的一个主要原因是贫困，并带来了严重后果。据预测，21世纪，非洲将是贫困问题继续加剧的唯一大陆。同时，非洲大陆还面临包括土壤退化和荒漠化、砍伐森林、生物多样性和海洋资源减少、水资源匮乏以及空气和水质量恶化等重大环境问题的挑战。在非洲，有14个国家面临着水资源匮乏和生活用水紧张的问题，预计到2025年，还会有11个国家遭遇缺水问题。另外，该区域也出现了城市化的问题，并随之带来了多种环境问题。成15在加勒比和拉丁美洲地区，有两个方面的环境问题非常突出：一是如何找到有效的办法以解决城市化问题；二是面临日益严峻的森林资源枯竭和被摧毁问题，和与此关联生物多样性的威胁问题。该区域人口城市化水平高，且大多居住在超大城市。特别是中美洲和南美洲的城市人口比例非常高，预计到2025年城市化人口将达85%。在许多城市中，日益严重的空气污染一直威胁着人们的健康，每年约4000人因空气污染而早逝。在该区域，所有国家的自然森林覆盖率都在降低，特别是亚马孙流域，随着森林覆盖率的日益降低，致使生物栖息环境的丧失，这对该区域的生物多样性是主要威胁。据估计，该区域现有1244种脊椎动物正面临灭绝的危险。虽然该区域拥有世界上最大的可耕地面积，但其中的许多耕地正面临土壤退化的威胁。

北极和南极地区在全球环境动态中发挥着重要作用，是全球气候变化的晴雨表。实际上，这两个地区都受到极地外区域的环境以及所发生事件的影响。在其他地区中，一些持久的有机污染物、辐射线贵金属等都有可能在该地区汇集。如军事意外事件、大气层中的武器试验，以及欧洲回收厂排放产生的落尘等普遍含有放射线同位素，并在北极海洋形成沉降物，这就造成北极海洋的污染。陆地上，外来物种的引入，特别是北欧驯鹿的过度放牧，致使野生生物群落发生变化。尤其是在欧洲北极地区，商用伐木使森林耗竭和支离破碎。据报道，南极巴塔戈尼亚齿鱼的合法捕获量为10 245 t，但仅印度洋地区非法捕获量就超过了10万t，过度捕捞巴塔戈尼亚齿鱼，致使大批海鸟因被捕鱼设备套住而意外死亡。勘探大量的石油和天然气，造成了北极油喷、油轮溢油和漏油等环境损害。此外，平流层臭氧耗竭导致紫外太阳辐射加强，全球变暖使极地的冰盖、冰架和冰川融化，同时还带来诸如海上冰覆盖面缩小、海平面升高及永冻层解冻等问题。

工业文明不仅推动了人类科学技术的进步，还促进了人类物质文明的发展并给人类带来了农业文明无法想象的物质财富。但同时也存在一些发达国家凭借其自身的技术优势、市场优势以及资源优势不断在境外掠夺资源，并制造污染，迅速地消耗着地球上的有限资源。这种掠夺资源和垄断市场的局面导致了南北方发展的严重失衡，继而带来了全球性的资源耗竭环境污染、生态破坏等一系列生态危机，把生态与经济人与自然推向了严重对立的状态。这种人与自然关系的生态危机致使人们越来越意识到，单纯的工业文明价值观、财富观有可能把现代经济引上不可持续发展的道路。

2. 资源与环境问题的成因分析

（1）环境恶化源于经济活动的盲目扩张。资源的过度开发和低效率利用引起了环境污染、生态恶化。地方性和全球性的工业污染能源过度使用或使用不当的污染、商业性开采或乱砍滥伐、水资源的过度使用和浪费等，都是经济盲目扩张所引起的，且这种扩张没有考虑环境的价值和资源的稀缺性。在人类经济硕果累累的时候，人类赖以生存和发展的环境遭受了极其严重的破坏。

（2）迅速增长的人口也是破坏环境的重要原因。人口的迅速增长使得人类面临日益严峻的环境和资源问题更加恶化。一方面，人口的迅速增加会引起人类对资源的过度需求，而现行的有关土地和相关资源的管理制度则很难适应人类过度利用资源的需求；另一方面，人口的迅速增长增加了对基础设施、生活必需品及就业的需求，而现行的制度和政府很难应付和处理好这种状况。如果不改变人口持续快速增长的局面，增加所带来的需求将进一步加剧对环境的破坏，同时，还会给自然资源带来额外的直接压力。此外，人口的绝对密集致使环境管理也面临巨大挑战。虽然目前仅孟加拉国、韩国、荷兰等国的人口密度超过每平方千米 400 人，但预计到 21 世纪中叶，约 1/3 的全球人口都可能居住在人口密度高的国家中。

二、我国农业资源与环境可持续发展

我国土地资源的现状是南方自然条件优越，水多地少；北方自然条件较差，水少地多；东部自然条件优越，人多地少；西部生态环境脆弱，人少地多。也就是说，我国的区域水土资源状况和条件与我国现在的农业生产力布局明显不匹配，我国的粮食流向格局已由历史上的"南粮北运"转变为"北粮南运"，这种现状也导致了北方地区水资源的过度利用和我国区域水资源承载力的不平衡状况加剧。伴随着经济的发展和人民生活水平的提高，人们对主要农产品的需求不断增加。与此同时，在逐渐加快的城镇化背景下，居民的膳食结构发生了较大变化，对粮食的消费需求减少，对瓜果、肉类的消费需求不断增加,进一步增加了农业生产对生态环境特别是水土资源的压力。

特别是具有高科技含量的现代农业，其虽然实现了土地的集约化利用，提高了农业生产效率，但集约化的农业生产给生态和环境带来了巨大压力。人们需要对农业发展的政策、模式和技术进行深刻反思，要清楚地认识到农业发展不仅要提高产量，更要保障食物安全、改善产品品质，同时，充分发挥农业生态系统的各种服务功能。

1. 农业资源与生态环境面临的问题分析

（1）耕地资源后续支撑能力不足

据估算，我国在保障口粮绝对安全和谷物基本自给的目标时，需要播种面积达到 $8.667 \times 10^7 h m^2$。而我国第二次全国土地调查结果显示，我国基本农田有 $1.040 \times 108 h m^2$。在现有农业生产条件下基本可以保障我国谷物自给和口粮的安全。耕地质量、数量的不断变化，以及耕地时空的变化，给我国食物安全带来了不利影响。

1）耕地和播种面积呈减少趋势

据调查，2013 年全国净减少耕地面积达 $8.02 \times 10^4 h m^2$。随着新型城镇化政策的实施，耕地流失的局面难以逆转，且后备耕地资源严重不足，这致使耕地总量增长严重受限，而耕地数量的减少也将直接造成粮食产量的降低，同时，我国粮食的播种面积也呈下降趋势，进一步降低了我国粮食的产量。

2）耕地质量不容乐观

根据《中国耕地质量等级调查与评定》（2009 年）标准，我国耕地总量的 60% 是三至六等的耕地，一等地和二等地总量较少。在空间分布方面，占全国耕地总面积 71.28% 的东北地区、长江中下游地区、黄淮海地区和西南地区，是我国耕地资源的主要分布区，这些区域中的一至三等优质耕地仅占比 31%，而三至七等的中等耕地占比 58%。可见，我国优等土地占比低，生产力提升困难，而在目前的技术水平下，中等地、差等地的生产力提升空间也非常有限。

（2）农业内源性环境问题突出，防治难度较大

日益严重的农业污染已成为破坏我国农业生态环境的首要因素，畜禽水产养殖和农业化学物质的投入是造成农业污染的重要来源，已直接威胁我国的食物生产安全。

1）化肥利用率低，农用化肥施用强度持续增长

如今，我国是世界第一大化肥生产国和消费国，以约占世界 8% 的耕地消耗了约 35% 的化肥。这主要是因为我国化肥的施用是粗放式的，化肥利用率仅 26%-37%，远低于发达国家 60%~80% 的水平。我国每年都有大量的化肥随地表径流、淋溶等途径损失掉，这对周边流域水环境带来了严重影响，破坏了当地的农业生态系统。

2）农药施用量不断增加，农业环境风险增大

有害生物的抗药性不断增加、农民施药的粗放性，导致农药使用量继续加大，目前，我国的农药生产和使用量居世界首位。在所有种类的农药中，高毒农药的环境风险非常大，虽然目前我国的高毒农药的使用比例有所下降，但数量仍然很大，特别是杀虫剂和杀菌剂等，如以往使用的滴滴涕和六六六等，这些农药残留物很难分解，对人们的社会生产和日常生活产生着持续的负面影响。

3）畜禽水产养殖环境管理水平低下

近年来，我国的畜禽养殖快速发展，已成为现今世界最大的肉、蛋生产国，然而，我国的集约化养殖水平不高，这与行业的快速发展不相称。目前，我国以小规模畜禽养殖为主，配套设施不完善，养殖环境管理水平不高，与种植业和养殖业脱节严重，致使大量畜禽粪便未经处理便直接排入环境中，造成了严重的环境污染。

2. 农业资源与环境可持续发展的战略选择

（1）建立现代高效生态农业战略

现代高效生态农业是指依据"整体、协调、循环、再生"的原理，从生态经济系统结构的优化入手，将农业生产、经济发展、环境保护和资源高效利用融为一体的综合农业生产体系。其出发点和落脚点是"高效"。"高效"是指农业生产的高效率和高效益，即实现高投入产出率、高能源资源利用率和高土地产出率等。同时，借助现代管理手段和经营方式，促进现代科技的推广和发展。现代高效生态农业以生产安全产品和保障人类健康为核心，以建设和维护优良生态环境为基础，以产品标准化为手段，实现高效产出，进而达到生态、经济和社会效益相辅相成、相互促进的农业生产新模式。

（2）粮食生产区域再平衡战略

粮食生产区域再平衡战略主要是构建"南扩、北稳、西平衡"的均衡生产新格局，并逐步降低"北粮南运"规模，从而避免不必要的二次浪费和污染。其中，"南扩"是指南方或东部省区作物播种面积的扩大和复种指数的提升战略，并借助强农惠农和其他专项财政政策，引导并支持农户扩大农田的播种面积，提高粮田的复种指数，并在稳定水稻生产的基础上，有计划地发展饲料用粮和加工用粮，分时段分步骤地压缩"北粮南运"规模。"北稳"是指稳定北方现有的复种指数和播种面积，稳定和保障其粮食主产区地位。保持北方现有粮食的生产规模，有效防止地下水位的持续下降，确保北方耕地资源的可持续利用。"西平衡"是指保持西部地区粮食播种面积的动态平衡。"压夏扩秋"，即保证以中西部旱作玉米为主的能量饲料的生产规模，同时，适度扩大马铃薯等作物的种植规模，合理减少夏收作物如冬小麦、春小麦等的种植规模，平衡生产，确保粮食播种面积的动态平衡，保障粮食自给。

（3）不断完善农业生态补偿机制

农业的生态补偿机制主要是指除了种植特定的农作物以外，还应该建立补偿机制，通过一性态化的手段，对土壤所流失的营养进行补充，对流失的水分进行调节，以此来保持土地的肥力。常见的就有稻鱼共生系统，通过这种手段，可以有效地减少对化肥农药的依赖，对土壤进行肥力补充。目前我国农业已经形成了市场化发展，而在市场运作的，经济效益始终是放在首要位置的，因此，多农户总是将生产放在第一位，而忽略了社会效益，导致生态补偿机制无法有效地运转。所以，相关机构应该做好生态农业方面的推广功能，构建一个完整的生态补偿机制，并对种植户给予经济方面的支持。

（4）做好新型农业技术的推广工作

目前我国在农业方面的科学研究越来越多，也涌现出了一些新的生产技术手段，但由于农业生产的主体部分都是农民，而这些农民整体素质相对较低，及时指导有新技术的存在，但是也不知如何操作，甚至有的农民根本不知道这些新的技术手段。而这些都是由于新型农业技术推广工作不到位所造成的，所以政府部门经农业机构必须加强新技术的推广。首先，要加强对基层农技网络方面的建设工作，形成一个完整的系统，在该基础之上和广大的农业生产户进行技术交流。以此保证资金的充足，为推广工作打下坚实的基础；最后，总是要建立起实体农机交流部门，定期组织农业生产户以及农民工参加相关的知识讲座或者是技能培训，以此来提高农业生产的技术，促进农业的生态化发展。

（5）不断加强农业领域方面的科学创新研究

创新始终是一个行业永葆活力的重要因素。因此，要想实现农业与环境的可持续发展，就要不断加强这方面的科技创新，严格把控生产环节，减少农药等化学物品的使用。我国农业有着悠久的发展历史，在发展过程当中总结出来了许多耕种经验，比如说轮作、间作等方式，都具有较强的科学性，既可以让土壤持续生产，同时又能保证土壤的肥力，实现土地的可持续发展。所以，相关机构也应该从自然的角度出发，结给具体的生产区域，对耕种方式进行更新，调节地和各种生态因之间的关系。通过更加科学的手段，来治理农业生产活动当中所出现的各种问题，比如病虫害。同时还可以从植物本身的度出发，提高种子抗病虫害的能力。另外，还应该做好现代生物技术方面的研究，对当前社会的生态系统进行深度的剖析，充分认识到植物和其他生物链当中的联系，将养殖和种植结合起来，通过生物技术来补充土壤所流失的能量，保证经济效益和社会效益的统一。

第四章　可持续发展的基本理论与实践

从第一次工业革命以后，随着科学技术的不断进步和社会生产力的不断提高，人类一跃成为大自然的主宰，创造了前所未有的物质财富。可就在人类对科学技术和经济发展的累累硕果津津乐道之时，人口急剧膨胀、资源被过度消耗和浪费、严重的生态破坏和环境污染等问题接踵而至。人们固有的思想观念和思维方式受到强大冲击，传统的发展模式面临严峻挑战。在这种严峻的形势下，人类不得不重新审视自己的社会经济行为，并努力寻求一条人口、资源、经济、社会和环境相互协调的，既能满足当代人的需要又不对满足后代人需要的能力构成危害的发展模式。可持续发展思想在环境与发展理念的不断更新中逐步形成。本章将对可持续发展的基本理论与实践进行分析。

第一节　可持续发展的定义和内涵

一、可持续发展的定义

可持续发展的概念来源于生态学，最初应用于农业和林业，指的是对于资源的一种管理战略。可持续发展一词在国际文件中最早出现在 1980 年由国际自然保护同盟制定发布的《世界自然保护大纲》。在 1987 年联合国发表的《我们共同的未来》中，将可持续发展定义为："既满足当代人的需要、又不危及后代人满足其需要的发展"。

该定义受到国际社会的普遍赞同和广泛接受。可持续发展是一种从环境和自然角度提出的关于人类长期发展的战略模式。它特别指出环境和自然的长期承载力对发展的重要性以及发展对改善生活的重要性。可持续发展既是一种新的发展论、环境论、人地关系论，又可以作为全球发展战略实施的指导思想和主导原则。可持续发展意味着维护、合理使用并提高自然资源基础，意味着在发展规划和政策中纳入对环境的关注和考虑。

二、可持续发展的内涵

可持续发展在代际公平和代内公平两个方面是一个综合的概念，它不仅涉及当代的或一国和地区的人口、资源、环境与发展的协调，还涉及同后代的和国家或地区之间的人口、资源、环境与发展之间矛盾的冲突。

可持续发展也是一个涉及经济、社会、文化、技术及自然环境的综合概念。可持续发展主要包括自然资源与生态环境的可持续发展、经济的可持续发展和社会的可持续发展三个方面，详述如下。

1. 可持续发展是以自然资源的可持续利用和良好的生态环境来作为基础。

2. 可持续发展是以经济可持续发展为前提的。

3. 可持续发展是以谋求社会的全面进步为目标的。

人类社会发展的最终目标是在供求平衡条件下的可持续发展。可持续发展不仅是经济问题，也不仅是社会问题和生态问题，而是三者互相影响的综合体。目前的发展现状却往往是经济学家强调保持和提高人类生活水平，生态学家呼吁人们重视生态系统的适应性及其功能的保持，社会学家则将他们的注意力集中于社会和文化的多样性。

可持续发展是一个动态的概念。可持续发展并不是要求某一种经济活动永远运行下去，而是要求其不断地进行内部的和外部的变革，即利用现行经济活动剩余利润中的适当部分再投资了其他生产活动，而不是被盲目地消耗掉。

第二节　可持续发展的基本思想和原则

一、可持续发展的基本思想

可持续发展是立足于环境和自然资源角度提出的关于人类长期发展的战略和模式。这并非一般意义上所指的在时间和空间上的连续，而是强调环境承载能力和资源的永续利用对发展进程的重要性和必要性，并给出了可持续发展所包含的三大基本思想。

二、可持续发展的基本原则

遵照"人类不可能任意地改造自然环境和无限的利用地球资源；人类的生存发展

必然受到地球自然规律的制约"等基本原理,可持续发展的基本原则包括如下几个方面。

1. 公平性原则,公平是指机会选择的平等性。可持续发展强调:人类需求和欲望的满足是发展的主要目标,因而应努力消除人类需求方面存在的诸多不公平性因素。而可持续发展所追求的公平性原则包含以下两个方面的含义。

(1)追求同代人之间的横向公平性。要求满足全球全体人民的基本需求,并给予全体人民平等性的机会以满足他们实现较好生活的愿望。贫富悬殊、两极分化的世界难以实现真正的"可持续发展",所以要给世界各国以公平的发展权。

(2)代际间的公平,即各代人之间的纵向公平性。要认识到人类赖以生存与发展的自然资源是有限的,本代人不能因为自己的需求和发展而损害人类世世代代需求的自然资源和自然环境,要给后代人利用自然资源以满足其需求的权利。

2. 可持续性原则。可持续性是指生态系统在受到某种干扰时还能保持其生产力的能力。资源的永续利用和生态系统的持续利用是人类可持续发展的首要条件,这就要求人类的社会经济发展不应损害支持地球生命的自然系统,不能超越资源与环境的承载能力。社会对环境资源的消耗包括两个方面:耗用资源及排放污染物。为保持发展的可持续性,对可再生资源的使用强度应限制在其最大持续收获量之内;对不可再生资源的使用速度不应超过寻求作为替代品的资源的速度;对环境排放的废物量不应超出环境的自净能力。

3. 可持续发展的和谐性原则。要求每个人在考虑和安排自己的行动时,都能考虑到这一行动对其他人(包括后代人)及生态环境的影响,并能真诚地按"和谐性"原则行事,那么人类与自然之间就能保持一种互惠共生的关系,也只有这样,可持续发展才能实现。

4. 可持续发展的需求性原则。传统发展模式以传统经济学为支柱,所追求的目标是经济的增长,它忽视了资源的有限性,立足于市场而发展生产。而可持续发展是要满足所有人的基本需求,向所有的人提供实现美好生活愿望的机会。

5. 可持续发展的阶跃性原则。可持续发展是以满足当代人和未来各代人的需求为目标,而随着时间的推移和社会的不断发展,人类的需求内容和层次将不断增加和提高,所以可持续发展本身就隐含着不断地从较低层次向较高层次的阶跃性过程。

可持续发展观既包含了对传统发展模式的反思,又包含了对科学的可持续发展模式的设计;其对人类传统发展理论的反思和创新主要表现在以下几个方面:从以单纯的经济增长为目标的发展转向经济、社会、资源和环境的综合发展;以物为本的发展转向以人为本的发展;从注重眼前利益和局部利益的发展转向注重长远利益和整体利益的发展;从资源推动型的发展转向知识推动型的发展。可持续发展从本质上来说就是强调发展是主要的，但同时还要要重视社会经济发展中人与自然和谐相处，加强环境保护；同时要处理好当代、代际的公平性。

第三节 可持续发展的理论应用

一、可持续发展指标体系构建的基本原则

可持续发展指标体系用于度量、评价区域经济、社会与环境复合系统发展状态。由于整个系统结构复杂、要素众多，各子系统之间既有相互作用，又有相互间的输入和输出，应在众多的指标中选择一套系统的、具有代表性、内涵丰富且便于度量的指标作为评价指标体系。在确定可持续发展指标体系时，必须遵循如下原则。

1.科学性原则

指标体系必须严格按照可持续发展的科学内涵来构建，其特别强调经济、社会与环境之间的协调，应能客观真实地反映可持续发展的本质，反映人口、资源、环境与社会经济发展的数量与质量水平等。

2.完备性原则

可持续发展是一个复杂的系统，构建可持续发展评价指标必须全面真实地反映经济、社会、环境等各个方面的基本特征。完备性原则要求在设计指标体系的过程中，特别需要全面系统地考虑各个子系统及它们之间的相互作用关系，据此选择指标而不能有所遗漏。

3.主成分性原则

由于描述可持续发展系统的指标范围很大，要将所有可能的方面都包括进来既无必要也无可能。因此，主成分性原则要求，在确定指标体系时需要根据不同要素对系统作用的大小予以不同的侧重，把握住那些表征可持续发展的主导因素。

4.可操作性原则

可操作性原则要求指标体系不能过于庞杂，且其指标应易于获得且来源准确，资料的分析整理相对简单易行，以便于评估者的实际操作。由于可持续发展状态评价并不具有绝对意义，在实际操作过程中主要运用可持续发展指标体系进行时间上或者空间上的比较，因此，要求指标的统计口径、含义、适用范围在不同时段、区域保持一致。

二、建立可持续发展指标体系的方法

在对可持续发展具体指标进行设计时，针对不同的研究对象，要采取不同的方法，这样才能客观合理地反映各个研究对象的实际情况。在具体实践中，我们常用的研究方法如下。

1. 系统法

系统法就是先按研究对象可持续发展的系统学方向分类，然后逐类定出指标。中国科学院可持续发展战略研究组按照系统法，独立设计了一套"五级叠加，逐层收敛，规范权重，统一排序"的可持续发展指标体系，依照人口、资源、环境、经济、技术和管理相协调的基本原理，对有关要素进行外部关联及内部自治的逻辑分析，并针对中国的发展特点和评判需要，设计了包含生存支持系统、发展支持系统，环境支持系统、社会支持系统和智力支持系统在内的 5 个系统、16 种状态、47 个变量和 249 个指标的中国可持续发展战略指标体系。另外，有学者在云南省 10 年（1986-1995 年）可持续性评价中分经济、社会、人口、资源、环境 5 个子系统建立了含有 35 项指标的评价体系，然后从各子系统综合发展指数的变化趋势（经济、社会系统综合发展指数呈上升趋势，人口、资源系统综合发展指数呈波动性变化，但总趋势为上升的，而环境系统发展指数呈下降趋势）出发，并应用回归分析方法，从而得出当前制约云南省可持续发展的首要因素是环境问题，提出在提高环境质量的同时要大力提高人力资源素质。

2. 目标法

目标法又叫分层法。首先确定研究对象可持续发展的目标，即目标层，然后在目标层下建立一个或数个较为具体的分目标，称为准则（或类目指标），准则层则由更为具体的指标（又叫项目指标）组成。在应用目标法时，研究者通常将系统的综合效益作为目标，把生态效益、经济效益和社会效益作为准则，选取有关要素作为评价系统是否具有可持续发展能力的指标因子。孙玉军则以复合生态系统可持续发展能力作为评价的目标，从物质需求、人的素质状况、经济条件、森林及多资源和环境等因素出发，提出了由物质需求度、核心发展度、经济富强度、资源丰富度和环境容忍度等 5 个类目指标，恩格尔系数等 31 个项目指标组成的明溪县区域可持续发展能力的评价指标体系。

3. 归类法

归类法就是先将众多指标进行归类，再从不同类别中抽取若干指标构建指标体系。罗明灿等用这一方法，结合新疆天西局林区各国有林场的自然经济条件，尤其是森林资源的现有统计数据，建立了新疆天西局林区森林资源发展综合评价的指标变量集。

张壬午等也通过应用此法，建立了山西省闻喜县生态农业建设评价指标体系。

三、基于可持续发展指标体系的经济衡量方法

长期以来，人们通过国内生产总值来衡量经济发展的速度，并以此作为宏观经济政策分析与决策的基础。但是从可持续发展的观点来看，它存在着明显的缺陷，为了克服其缺陷，使衡量发展的指标更具有科学性，不少权威的世界性组织和专家都提出了如下衡量发展的新思路。

1. 衡量国家财富的新标准。1995年，世界银行颁布了一项衡量国家财富的新标准，即一国的国家财富主要由三个资本组成：人造资本、自然资本和人力资本。人造资本为通常经济统计和核算中的资本，包括机械设备、运输设备、基础设施、建筑物等人工创造的固定资产；自然资本指的是大自然为人类提供的自然财富，如土地、森林、空气、水、矿产资源等；人力资本指的是人的生产能力，它包括了人的体力、受教育程度、身体状况、能力水平等各个方面。

2. 绿色国民账户。现行的国民经济核算体系没有充分考虑自然资源耗减和环境质量退化的成本，因此，它无法真正地反映国民经济发展成果和国民福利状况。近年来，世界银行和联合国统计局合作，试图将环境问题纳入到正在修订的国民账户体系框架中，建立经过环境调整的国内生产净值（NDP）和经过环境调整的国内收入净值（EDI）统计体系。目前，一个使用性的框架已经问世，称为"经过环境调整的经济账户体系（SEEA）"，其目的在于：

在尽可能地保持现有国民账户体系的概念和原则的情况下，将环境数据结合到现存的国民账户信息体系中。

3. 国际竞争力评价体系。当今国际竞争力的评价体系创立于20世纪80年代，它以国际竞争力理论为依据，运用系统和科学的统计指标体系，从经济运行的事后结果和发展潜力，对一国经济运行和社会发展的综合竞争能力进行全面和系统的评价。目前，颇具影响的国际竞争力评价体系有IMD国际竞争力评价体系，它是由瑞士国际管理发展学院制定的。该体系运用和借鉴经济、管理和社会发展的最新理论，建立了国际竞争力成长的基本目标，对世界各国或地区国际竞争力的发展过程与趋势进行测度，分析一国或地区的国际竞争力的优劣势，并提出提升国际竞争力的发展战略与政策。从2001年开始，瑞士国际管理发展学院提出了新的国际竞争力评价体系，并由新的竞争力四大要素指标取代原有的八大要素指标。这四大要素指标是经济运行竞争力、政府效率竞争力、企业效率竞争力和基础设施竞争力。

4. 几种典型的综合性指标。综合性指标是通过系统分析方法，寻求一种能够从整

体上反映系统状况的指标，从而达到对很多单个指标进行分析的目的，并最终为决策者提供有效信息。一个是货币型综合性指标，它是以环境经济学和资源经济学来作为基础，其研究始于 20 世纪 70 年代的改良 GNP 运动。一个是物质流或者能量流型综合性指标，它是以世界资源研究所的物资流指标为代表的指标，寻求经济系统中物质流动或者能量流动的平衡关系，它既反映了可持续发展水平，也为分析经济、资源和环境长期协调发展战略提供了一种新思路。

第五章　环境工程设备

环境工程是一门近几年才发展起来的新兴学科。环保设备大多始于对化工、水处理、矿业等行业设备的演变。主要有水污染处理设备，大气污染控制设备，固体废物处理设备。本章将对环境工程设备进行分析。

第一节　环境污染控制通用及配套设备

一、生物反应器设计基础

（一）生物反应器的热量传递

细胞在进行活动时会释放出能量，而这部分能量一部分用于物质的合成，另一部分用作呼吸作用，提供机体运动所需要的能量。细胞活动热的释放与生物反应的化学计量之间存在着紧密的关系。生长及维持所需要的能量来源于基质的氧化。物质的氧化总伴随着电子的转移，伴随着能量释放所进行的电子转移称为"有效电子转移"，氧化过程中每分子氧可以接受 4 个电子。

搅拌发酵罐中的热量传递可用化学反应器设计的方程进行计算。通气过程中由于气泡的存在，大多数情况下会产生高的湍流，不会使这些装置中热传递速率发生很大改变。鼓泡塔中的热传递速率远大于单相流所期望的速率。这是由鼓泡塔中的流动特性，即气泡驱动的湍流和液体的再循环所造成的。对于气升式反应器，其流动状态类似于鼓泡塔，如果内部再循环度高，或者较接近管道中的净两相流状态，则建议采用管道传热方程进行计算。

（二）生物反应器的剪切力问题

大容器中质量和热量的传递遵从对流机制，并通常与湍动涡流有关。因此，剪切流在反应器中经常存在。一般在习惯上认为过度剪切作用会损伤悬浮细胞，导致活力损失，对于易碎细胞甚至会出现破裂。不单是动物细胞培养，即使是扩展到植物细胞培养也一样，甚至微生物培养也会受到剪切作用的影响。但在某些情况下，可发现被控制在一定限制范围内的剪切力具有很多正面影响，这些正面影响可能是由于热和质量传递速率的增强而引起的。剪切力本身有时对培养生长速率及代谢物产率具有有益的影响。对于给定的一个反应器设计，黏度和动力输入将决定流动方式，它将影响反应器在微观规模及宏观规模下的性能。

1. 剪切力对微生物的影响

（1）细菌

一般情况下，由于细菌的体积较小，因此细菌对剪切力的作用不是很敏感。除此之外，由于细菌具有细胞壁的原因，也导致其能够抵御一定的外部冲击。但也有细菌受剪切力影响的报道，如在同心圆中受剪切作用的大肠杆菌（E.coli）的细胞长度会增加。由于搅拌的剪切作用，曾有观察到细胞体积的变化。

（2）酵母

酵母比细菌大，一般为 $5\mu m$，但比常见的湍流旋涡长度仍要小。酵母细胞壁较厚，具有一定剪切抗性，但是酵母通过出芽繁殖或裂殖会产生疤点，其出芽点及疤点是细胞壁的薄弱处。有报道证明酵母出芽繁殖受到机械搅拌的影响。

（3）丝状微生物

丝状微生物虽然对活性污泥的影响较大，但是丝状微生物也具有较多的功能作用，在工业上特别是抗生素生产中应用广泛。在深层的浸没培养中，丝状微生物可形成两种特别的颗粒，即自由丝状颗粒和球状颗粒。在自由丝状形式下，菌丝的缠绕导致发酵液的高黏度及拟塑性，这样就导致发酵液中混合和传质（包括氧传递）非常困难。为增强混合和传质，需要强烈的搅拌，但高速搅拌产生的剪切力会打断菌丝，造成机械损伤。如果菌丝形成球状，则发酵液中黏度较低，混合和传质比较容易，但菌球中心的菌可能因为供氧困难而缺氧死亡。

1）球状形式：这种微生物是通过相互缠绕而形成的，菌球的大小取决于菌球形成以及后续的搅拌强度。一般情况下，搅拌会对菌球产生两种物理效果：一种是搅拌削去菌球外围的菌膜，减小粒径；另外一种是使菌球破碎。这些效果主要是由于湍流旋涡剪切引起的。另外菌球间碰撞及菌球与搅拌碰撞也可引起部分作用。

2）自由丝状形式：丝状体的形成对活性污泥影响较大，且对其他生物的繁殖也有较大的抑制作用。由于剪切会打断菌丝，所以需要控制搅拌强度。搅拌强度会对菌丝形态、生长和产物生成造成影响，还可能导致胞内物质的释放。

到目前为止，剪切对丝状微生物的影响没有统一的结论，菌株不同，剪切的影响也不同。

2. 剪切力对动物细胞的影响

目前利用动物细胞进行实验的应用越来越多，利用动物细胞可以生产出许多有价值的药物，从而改变了以前靠大量提取来实现生产的状态。同时，利用动物细胞也可以加强污水处理后的效果，如对于加强原生动物的培养等都可以起到相应的效果。

但是，动物细胞对剪切作用非常敏感。因为动物细胞尺寸相对较大，一般为 $10\sim100\mu m$，并且没有坚固的细胞壁而只有一层脆弱的细胞膜。因此，对剪切力敏感成为动物细胞大规模培养的一个重要问题。

3. 剪切力对酶反应的影响

在环境工程设备中发生的反应实际上都涉及了酶反应，因此保持酶的活性，提高酶的处理效果对最后的工艺效率有着密切的联系。研究剪切对过氧化氢酶活力的影响，结果表明，酶的残存活力随剪切作用时间与剪切力乘积增大而减小。

在膜分离式的酶解反应器中，葡萄糖淀粉酶失活随叶轮叶尖速度增大而加快。在同样搅拌剪切时间下，酶活力的丢失与叶轮叶尖速度是一种线性关系。在同样条件下，凹槽叶轮搅拌引起酶失活最大，刮力叶轮次之，平板叶轮搅拌引起的酶失活最小，这与搅拌造成的流体剪切程度相符。

4. 生物反应器中剪切力的比较

剪切力在生物反应器中产生的大小主要表现在两个方面：一是通入的气体的气泡的大小和气泡的流速；二是生物反应器内部的搅拌作用和叶片的大小等因素。

以微孔金属丝网作为空气分布器的三叶螺旋桨反应器（MRP）能提供较小的剪切力和良好的供氧，优于六平叶蜗轮桨反应器；离心式叶轮反应器具有较高的升液能力，较短混合时间，在高浓度下具有高得多的溶解氧系数，有应用于剪切力敏感的生物系统的巨大潜力。方框形桨式搅拌、蝶形蜗轮搅拌等不同形式的机械搅拌罐用于植物细胞培养的生产和研究，结果证明不同叶轮产生剪切力大小顺序为蜗轮状叶轮＞平叶轮＞螺旋状叶轮。

非搅拌式反应器所产生的剪切力较小，这是因为反应器内部缺少使得泥水充分混合的动力，且这种搅拌器的结构比较简单，主要是依靠气体的作用来达到泥水混合的目的，常用的反应器有鼓泡式反应器、气升式反应器和转鼓式反应器等。气升式反应器中无机械搅拌，剪切力相对低，广泛应用于植物细胞培养的研究和生产。气升式反应器用于多种植物细胞悬浮培养或固定化细胞培养，但其操作弹性较小。低气速时，尤其高径比（H/D）大、高密度培养时，混合性能欠佳。过量供气，过高的氧浓度反而会影响细胞的生长和次生代谢产物的合成。

目前，随着科技的不断进步，新型的生物反应器不断涌现，新的环境处理工艺也不断地出现。但这些反应器中都会涉及剪切力的作用，只是工程师们更多地考虑到了剪切力对于细胞和系统的影响。如用新型环回式流化床反应器进行处理时，消除了气体直接喷射引起的剪切力；用固定床反应器时，生长速率与摇瓶相同，胞内合成与摇瓶无明显区别；进行固定化培养系统，从而避免了传统搅拌罐悬浮培养中的流体流动力或剪切力问题，并促进植物细胞凝聚的特性，使次级代谢产物合成和积累增加；用植物细胞膜反应器将细胞固定在膜上 3mm 厚膜层，培养基在膜下封闭回路循环流动，营养透过膜扩散至细胞层，次级代谢物分泌透过膜扩散至培养基等。

二、环境工程中的检测及控制设备

1. 生化过程主要检测的参变量

在环保产业的生产过程中，需要对不同的指标进行检测，在检测之前我们需要设定相应的指标，因此就需要确定出所检测的指标的最佳范围，以便进行检测时能够及时地出现预警。

（1）温度

不管生物细胞或是酶催化的生物反应，反应温度都是最重要的影响因素。不同的生物细胞，均有最佳的生长温度和产物生成速度，而酶也有最适的催化温度，所以必须使反应体系控制在最佳的微生物反应温度范围。

（2）液面

在环境工程中，特别是在污水处理的过程中，构筑物反应器中的液面对于系统的运行起到了重要的作用，只有液面在合适的范围内才能够使得系统正常运行，如果液面过低可能无法出水，如果液面过高可能会使得出水出现浑浊的现象。因此维持液面在一定的高度并且使得液面保持恒定非常重要。

（3）泡沫高度

在环境工程的处理过程中，经常会有由于水流或者厌氧发酵的情况而导致出现泡沫的现象。如果泡沫的强度过高，使得液面被覆盖，而影响氧气的传质过程，则会使得系统的处理效果受到极大影响。并且还可能使得很多的物料随着泡沫的流出而溢出，故对反应器内泡沫高度的检测是相当有必要的。

（4）进水流入

对生物处理的连续操作或流加操作过程，均需连续或间歇往反应器中加入新的废水或者废料等，且要控制加入量和加入速度，以实现优化的连续操作，获得最大的系统反应速率和生产效率。

（5）通气量

不论是液体深层通风或是流化通气反应，均要连续（或间歇）地往反应器中通入大量的无菌空气。为达到预期的混合效果和溶氧速率，对固体流化状态还有控制温度、pH 等，必须控制工艺规程确定的通气量。当然，过高的通气量会引起泡沫增多、水分损失太大以及通风能耗上升等不良影响，故此必须检测控制通风过程的通风量。

（6）搅拌转速与搅拌功率

对于生物反应器来说，搅拌对其产生的积极作用非常大，不管是通过气体搅拌还是通过机械搅拌，都可以使得泥水充分地混合，从而增大整个反应器的质量传递过程，加大各物质各相的接触机会，从而促使反应能够很好地进行。反应器良好运行与搅拌转速和混合液的混合状态、溶氧速率、物质传递等有重要关系，同时这些因素影响生物细胞的生长、产物的生成、搅拌功率消耗等。对某一确定的反应器，当通气量一定时，搅拌转速升高，其溶氧速率增大，消耗的搅拌功率也越大。在完全湍流的条件下，搅拌功率与搅拌速度的三次方成正比。此外，某些生物细胞如动植物细胞、丝状菌等对搅拌剪切力较敏感，故搅拌转速和搅拌叶尖线速度有其临界上限范围。故此，测量和控制搅拌转速具有重要意义。

（7）pH。

pH 在反应器中的作用非常巨大，如果 pH 不能够满足微生物生长的范围就会使得系统在处理后达不到理想的效果。在环境工程的处理过程中，由于每个工艺存在不同的生物化学反应，且每个阶段的微生物群体不一样，使得整个系统中存在不同的 pH。因此，生物反应生产对 pH 的检测控制极其重要。

（8）溶氧浓度和氧化还原电位。

好氧过程中，液体培养基中均需维持一定水平的溶解氧，以满足生物细胞的呼吸、生长及代谢需要。在通气深层液体处理过程中，溶解氧水平和溶氧效率往往是生产水平和技术经济指标的重要影响因素，对生物反应系统即培养液中的溶氧浓度必须测定和控制。此外，生物处理过程溶解氧还可以作为判断是否受到杂菌或丝状体的影响，若溶氧浓度变化异常，则提示处理系统出现其他细菌的大量繁殖或其他问题。对一些缺氧性好氧生物只需很低的溶解氧水平，过高或过低都会影响生产效率。这样低的溶氧浓度使用目前的溶氧电极是无法测定的，故使用氧化还原电位计（ORP 仪）来确定微小的溶氧值。

2. 生物反应器的比拟放大设计

任何一个设备的研究和开发都必须经历 3 个阶段：

第一，实验室研究。在此阶段进行基本的实验研究；

第二，中试阶段。在此阶段参考摇瓶的结果，用小型的反应器进行实验处理，以进行环境因素的最佳操作条件的研究，在此阶段大多用 10~500 L 规模的反应器进行试验；

第三，工厂化规模。在此阶段进行试验生产直至商业化生产，向社会提供产品，并获得经济效益。

1. 生物反应器放大的目的

在前面已经讲述过生物反应器的反应系统中存在 3 种重要的类型，整个反应器的设计时要考虑到系统中物质的传递过程。传递过程如果得不到很好的强化，系统的处理效果就会受到极大的影响。而传递过程主要和反应器中物质的流动状态、颗粒大小、剪切力等因素有关。随着反应器规模的改变，系统内的动量传递过程就相应变化，尤其是搅拌器对生物细胞的搅拌剪切作用随反应器规模的扩大而增强，不仅影响细胞（团）的分散状态（如絮凝、悬浮、结成团块等），而且严重时还会使细胞本身产生剪切损伤作用。在研究环境工程设备时，一定要对设备的设计进行放大研究，从而设计出合适的设备尺寸。应用理论分析和实验研究相结合的方法，研究总结生物反应系统的反应动力学及代谢调控，重点研究解决有关的质量传递、动量传递和热量传递问题，以便在反应器的放大过程中尽可能维持乃至提高生物细胞的生长速率、目的产物的生成速率，这就是生物反应器放大的目的。

2. 生物反应器设计放大方法

常见的 3 种放大理论分别是理论放大方法、半理论放大方法及因次放大分析法。

（1）理论放大方法。这种放大方法是建立在反应器的动量、质量以及能量平衡方程的基础上。因此，关于这种方法的运用目前只是用于简单的系统设计。

（2）半理论放大方法。这种方法主要是在动量方程的基础上进行部分简化，其对搅拌槽反应器或鼓泡塔，已有不少流动模型的研究进展，其共同点是只考虑液流主体的流动，而忽略了局部如搅拌叶轮或罐壁附近的复杂流动。此方法是反应器设计与放大最普遍的实验研究方法。但是，液流主体模型通常只能在小型实验规模反应器（5~30 L）中获得，并非是利用大规模的生产系统所得的真实结果，故使用此法进行放大有一定的风险，必须通过实际反应过程进行检验校正。

（3）因次放大分析法。这种方法主要是通过将反应过程中涉及的相关的动量、能量和热量衡算以及其他条件综合在一起，用一种模型进行放大处理。

第二节　水污染处理设备

一、不溶态污染物去除设备设计原理与应用

（一）格栅

1. 格栅的类型及应用

机械格栅是污水处理厂中污水处理的第一道工序—预处理的主要设备，对后续工序有着举足轻重的作用，在排水工程的水处理构筑物中，其重要性日益被人们所认识。实践证明，格栅选择得是否合适，直接影响整个水处理实施的运行。格栅是一种最简单的过滤设备，是由一组平行的金属栅条制成的金属框架，斜置在废水流经的渠道上，或泵站集水池的进口处，用以截阻大块地呈悬浮或漂浮状态的固体污染物，以免堵塞水泵和沉淀池的排泥管。截留效果取决于缝隙宽度和水的性质。尽管格栅并非水处理流程中的主体设备，但因其位处"咽喉"，故显得很重要。

根据污染物的清除方式，分为人工清除格栅和机械清除格栅两类。人工清除格栅主要利用人工及时清除截留在格栅上的污染物，防止栅条间隙堵塞。在中小型污水处理站，一般所需要截留的污染物量较少，均设置人工清理格栅。这类格栅用直钢条制成，按 50°～60° 倾角安放，这样有效格栅面积可增加 40%~80%，而且便于清洗，减少水头损失。

机械清除格栅在比较大型的污水处理厂均设置机械清除格栅，格栅一般与水面按 60°～70°，有时按 90° 安置。格栅除污机的传动系统有电力传动、液压传动及水力传动 3 种。在工程应用上，电力传动格栅最为普遍。机械格栅除污机的类型很多，总的可分为前清式（或前置式）、后清式（或后置式）、自清式 3 大类。前清式机械格栅除污机的除污齿耙设在格栅前（迎水面）以清除栅渣，市场上该种形式居多，如三索式、高链式等；后清式机械格栅除污机的除污齿耙设在格栅后面，耙齿向格栅前伸出清除栅渣，如背耙式、阶梯式等；自清式机械格栅除污机无除污齿耙，但能从结构设计上自行将污物卸除，同时辅以橡胶刷或压力清水冲洗。

按照格栅栅条间距大小，通常将格栅分为粗格栅和细格栅两种基本类型，粗格栅一般设置在泵站集水池中，而细格栅则设置在沉砂池前，依据水处理工艺流程，格栅一般按照先粗后细的原则进行设置，格栅栅条间距依据原废水水质来确定。

2. 格栅的设计原理

（1）格栅的栅条间距

若格栅设于水处理系统之前，则采用机械除污时的栅条间距为 10~25 mm，采用人工除污时的栅条间距为 25~40mm。当格栅设于水泵前时，如泵前格栅间距不大于 25mm 时，污水处理系统前可不再设置格栅。当不分设粗、细格栅时，可选用较小的栅条间距。

（2）格栅栅条断面形状

圆形断面栅条水力条件好、水流阻力小，但刚度差，一般多采用矩形断面栅条。

（3）格栅的安装倾角

格栅倾角安放可以增加有效格栅面积 40%~80%，而且便于清洗，可以防止因堵塞而造成过高的水头损失。安装倾角 45°~75°，人工清除栅渣时取 45°~60°；若采用机械清除一般采用 60°~75°，特殊类型可达 90°。格栅高度一般应使其顶部高出栅前最高水位 0.3 m 以上，当格栅井较深时，格栅井的上部可采用混凝土墙或钢挡板满封，以减小格栅的高度。

格栅设有栅顶工作台，台面应高出栅前最高设计水位 0.5m，工作台应安装安全和冲洗设施，工作台两侧过道宽度不小于 0.7 m；工作台正面过道宽度按清渣方式确定：人工清渣时不应小于 1.2 m，机械清栅时不应小于 1.5 m。

（4）水流通过格栅的流速

栅前渠道内的水流速度一般取 0.4~0.9 m/s；污水通过格栅的流速可取 0.6~1.0 m/s，过栅流速太大和太小都会直接影响截污效果和栅前泥砂的沉积。可以据此来计算格栅的有效面积，格栅的总宽度不应小于进水渠断面有效宽度的 1.2 倍；如与滤网串联使用，则可按 1.8 倍考虑。

（5）清渣方式

栅渣的清除方法一般按所需的清渣量而定，选用人工除污格栅；当栅渣量大于 0.2 m³/d 时应采用机械格栅除污机；一些小型污水处理厂为了改善劳动条件，也采用机械格栅除污机。机械格栅除污机的台数不宜少于 2 台，如为 1 台时则应设人工除污格栅以备使用。在给水工程中有时还将格栅除污机和滤网串联使用，前者去除大的杂质，后者去除较小的杂质。

3. 格栅的运行与维护

（1）维护周期为每年两次。

（2）检查格栅机水上部分箱体、电机、减速机、安全防护罩有无锈蚀。

（3）检查加油部位是否渗油、漏油。

（4）检查底脚连接螺栓是否松动。

（5）检查安全防护罩是否完好。

（6）检查捞渣运转链条、减速机传动链条的松紧情况，是否有碰撞和卡顿的现象。

（7）检查固定链条与耙板螺栓的松动、栅条和耙齿的咬合情况，是否有干扰和碰擦现象。

（二）混凝设备

1. 混凝剂及投加设备

混凝剂的投配分干投法和湿投法。干投法是将经过破碎易于溶解的药剂直接投放到被处理的水中。干投法占地面积小，但对药剂的粒度要求较严，投量配置较难控制，对机械设备的要求较高，劳动条件较差，目前较少采用。湿投法是将药剂配制成一定浓度的溶液，再按处理水量大小定量投加。

混凝剂是在溶解池中进行溶解。溶解池应有搅拌装置，搅拌的目的是加速药剂的溶解。搅拌的方法常有水泵搅拌、压缩空气搅拌和机械搅拌。无机盐类混凝剂的溶解池应考虑防护措施和使用防腐材料。

药剂溶解完全后，将浓药液送入溶液池，用清水稀释到一定程度备用。无机混凝剂的质量分数一般为 10%~20%，有机混凝剂的质量分数则为 0.5%~1.0%。一般投药量小时用水力搅拌，投药量大时用机械搅拌。

2. 混合设备与反应设备

混合设备是完成凝聚过程的重要设备，它能保证在较短的时间内将药剂扩散到整个水体，并使水体产生强烈紊动，为药剂在水中的水解和聚合创造了良好的条件。一般混合时间约为 2 min 左右，混合时的流速应在 1.5 m/s 以上。常用的混合方式有水泵混合、隔板混合和机械混合。

（1）水泵混合

将药剂加于水泵的吸水管或吸水喇叭口处，利用水泵叶轮的高速转动达到快速而充分的混合目的，得到良好的混合效果，不需另建混合设备，但需在水泵内侧、吸入管和排放管内壁衬以耐酸、耐腐材料。当泵房远离处理构筑物时不宜采用，因为形成的絮体在管道出口一经破碎难于重新聚结，不利于以后的絮凝。

（2）机械混合

多采用结构简单、加工制造容易的桨板式机械搅拌混合槽。混合槽可采用圆形或方形水池，高度约 3~5 m，叶片转动圆周速度 1.5 m/s 以上，停留时间约 10~15 s。

机械搅拌混合槽的主要优点是混合效果好且不受水量变化的影响，适用于各种规模的处理厂。缺点是增加了机械设备，增加了相应维修工作量。反应设备根据其搅拌方式可分为水力搅拌反应池和机械搅拌反应池两大类。水力搅拌反应池有平流式或竖流式隔板反应池、回转式隔板反应池、涡流式反应池等。

二、水污染生物技术原理及设备

1. 生物膜法污水处理原理

污水的生物膜处理法是与活性污泥法并列的一种污水好氧生物处理技术。这种处理法的实质是使细菌和菌类一类的微生物和原生动物后生动物一类的微型动物附着在滤料或某些载体上生长繁殖，并在其上形成膜状生物污泥—生物膜。污水与生物膜接触，污水中的有机污染物质，作为营养物质，为生物膜上的微生物所摄取，污水得到净化，微生物自身也得到繁衍增殖。

生物膜法净化污水的机理是：

（1）依靠固定于载体表面上的微生物膜来降解有机物，由于微生物细胞几乎能在水环境中的任何适宜的载体表面牢固地附着生长和繁殖，由细胞内向外伸展的胞外多聚物使微生物细胞形成纤维状的缠结结构，因此生物膜通常具有孔状结构，并具有很强的吸附性能。

（2）生物膜附着在载体的表面，是高度亲水的物质，在污水不断流动的条件下，其外侧总是存在着一层附着水层。生物膜又是微生物高度密集的物质，在膜的表面上和一侧深度的内部生长繁殖着大量的微生物及微型动物，形成由有机污染物→细菌＋原生动物（后生动物）组成的食物链。生物膜是由细菌、真菌、藻类、原生动物、后生动物和其他一些肉眼可见的生物群落组成的。后生动物只有在溶解氧非常充足的条件下才出现，且主要为线虫。污水在流过载体表面时，污水中的有机污染物被生物膜中的微生物吸附，并通过氧气向生物膜内部扩散，在膜中发生生物氧化等作用，从而完成对有机物的降解。生物膜表层生长的是好氧和兼氧微生物，而在生物膜的内层微生物则往往处于厌氧状态，当生物膜逐渐增厚，厌氧层的厚度超过好氧层时，会导致生物膜的脱落，而新的生物膜又会在载体表面重新生成，通过生物膜的周期更新，以维持生物膜反应器的正常运行。

（3）生物膜法通过将微生物细胞固定于反应器内的载体上，实现了微生物停留时间和水力停留时间的分离，载体填料的存在，对水流起到强制紊动的作用，同时可促进水中污染物质与微生物细胞的充分接触，从实质上强化了传质过程。生物膜法克服了活性污泥法中易出现的污泥膨胀和污泥上浮等问题，在许多情况下不仅能代替活性污泥法用于城市污水的二级生物处理，而且还具有运行稳定、抗冲击负荷强、更为经济节能，具有一定的硝化反硝化功能。可实现封闭运转防止臭味等优点。

2. 生物转盘

由水槽和部分浸没于污水中的旋转盘体组成的生物处理构筑物。盘体表面上生长的微生物膜反复地接触槽中污水和空气中的氧，使污水获得净化。生物转盘工艺是生物膜法污水生物处理技术的一种，是污水灌溉和土地处理的人工强化，这种处理法使细菌和菌类的微生物、原生动物一类的微型动物在生物转盘填料载体上生长繁育，形成膜状生物性污泥—生物膜。污水经沉淀池初级处理后与生物膜接触，生物膜上的微生物摄取污水中的有机污染物作为营养，使污水得到净化。在气动生物转盘中，微生物代谢所需的溶解氧通过设在生物转盘下侧的曝气管供给。转盘表面覆有空气罩，从曝气管中释放出的压缩空气驱动空气罩使转盘转动，当转盘离开污水时，转盘表面上形成一层薄薄的水层，水层也从空气中吸收溶解氧。生物转盘作为一种好氧处理废水的生物反应器，可以说是随着塑料的普及而出现的。反应器由水槽和一组圆盘构成：数十片、近百片塑料或玻璃钢圆盘用轴贯穿，平放在一个断面呈半圆形的条形槽的槽面上。盘径一般不超过 4 m，槽径大约几厘米，有电动机和减速装置转动盘轴，转速 1.5~3 r/min 左右，盘的周边线速度在 15 m/min 左右。废水从槽的一端流向另一端，盘轴高出水面，盘面约 40% 浸在水中，约 60% 暴露在空气中。盘轴转动时，盘面交替与废水和空气接触。盘面为微生物生长形成的膜状物所覆盖，生物膜交替的与废水和空气充分接触，不断地取得污染物和氧气，净化废水。膜和盘面之间因转动而产生切应力，随着膜厚度的增加而增大，到一定程度，膜从盘面脱落，随水流走。生物转盘一般用于水量不大时。同生物滤池相比，生物转盘法中废水和生物膜的接触时间比较长，而且有一定的可控性。水槽常分段，转盘常分组，既可防止短流，又有助于负荷率和出水水质的提高，因负荷率是逐级下降的。生物转盘如果产生臭味，可以加盖。一体化废水处理装置是一种以旋转生物处理单元—生物转盘为核心的高效废水处理装置。整个装置分为以下几个处理单元：

（1）初沉池

废水通过提升泵将调节池废水提升至生物装置内，首先进入初沉池，初沉池采用斜板沉淀池，在重力作用下，利用浅层沉降原理，使废水中大部分悬浮物和无机颗粒物沉降下来，同时也可夹带去除一部分有机物。为了便于随时提取某块斜板以清理所附载的难以滑落的污泥，装置采用了活动斜板。初沉池底部与缺氧区隔开，避免缺氧池混合液的搅动，影响初沉池的沉淀效果，初沉池的污泥定期由抽粪车清除。

（2）缺氧池

缺氧池位于生物转盘壳体和外部箱体间的夹层内，在此空间内，初沉池的来水与经水力提升转子提升的回流硝化液以及二沉池的回流污泥在此混合，并经潜水搅拌机充分混合，完成反硝化过程，硝态氮在反硝化菌的作用下最终形成氮气，从水中溢出，最终达到脱氮的目的。

（3）旋转生物处理单元—生物转盘

夹层缺氧池经脱氮的出水自流至旋转生物处理单元。旋转生物处理单元是装置的核心部分，采用了独特的复合生化技术，能在低能耗条件下高效降解污染物。整个旋转生物处理单元由三级生物反应器组成，每个生物反应器由一个生物转子和一个生化槽组成，每个生物转子内部由多级生物叶轮构成，每个生物叶轮上设置了大量螺旋状的生物叶片。在传动装置的驱动下，三个生物转子同步旋转，空气（氧气）通过生物转子端面的气水孔进入，与废水混合，经氧气、废水、微生物三相接触和传质，实现含碳有机物的降解和含氮有机物的硝化过程。同时，旋转的生物叶片被废水冲刷，老化的生物膜脱落，新的生物膜形成，从而达到生物系统不断更新的过程。硝化后的废水经水力转子提升至中间分配水槽，分配水槽由分配水槽中的堰门控制流向沉淀池和缺氧池的废水流量。

（4）二沉池

二沉池采用斜板沉淀池，在重力作用下，利用浅层沉降原理，将旋转生物处理单元的出水中含有的大量脱落老化的生物膜沉淀，澄清后的处理出水进入下一个单元。沉淀的污泥一部分通过回流污泥泵进入缺氧池，另一部分作为剩余污泥由抽粪车定期外运。

3. 生物接触氧化池

（1）构造

结构包括池体、填料、布水装置和曝气装置。工作原理为：在曝气池中设置填料，将其作为生物膜的载体。待处理的废水经充氧后以一定流速流经填料，与生物膜接触，生物膜与悬浮的活性污泥共同作用，达到净化废水的作用。

（2）设计参数

1）生物接触氧化池每个（格）平面形状宜采用矩形，沿水流方向池长不宜大于10m。其长宽比宜采用 1 : 2~1 : 1。

2）生物接触氧化池由下至上应包括构造层、填料层、稳水层和超高层。其中，构造层高宜采用 0.6~1.2 m，填料层高宜采用 2.5~3.5 m，稳水层高宜采用 0.4~0.5 m，超高层高不宜小于 0.5 m。

3）生物接触氧化池进水端宜设导流槽，其宽度不宜小于 0.8m。导流槽与生物接触氧化池应采用导流墙分隔。导流墙下缘至填料底面的距离宜为 0.3~0.5m，至池底的距离宜不小于 0.4 m。

4）生物接触氧化池应在填料下方满平面均匀曝气。

5）当采用穿孔管曝气时，每根穿孔管的水平长度不宜大于 5 m；水平误差每根不宜大于 +2 mm，全池不宜大于 +3 mm，且应有调节气量和方便维修的设施。

6）生物接触氧化池应设集水槽均匀出水。集水槽过堰负荷宜为 2~3 L/（s.m）。

7）生物接触氧化池底部应有放空设施。

8）当生物接触氧化池水面可能产生大量泡沫时，应有消除泡沫的措施，比如使用消泡剂或者喷淋方式。

9）生物接触氧化池应有检测溶解氧的设施。

4. 填料

（1）生物接触氧化池的填料应采用对微生物无毒害、易挂膜、比表面积较大、空隙率较高、氧转移性能好、机械强度大、经久耐用、价格低廉的材料。

（2）当采用炉渣等粒状填料时，填料层下部 0.5 m 高度范围内的填料粒径宜采用 50~80 mm，其上部填料粒径宜采用 20~50 mm。

（3）当采用蜂窝填料时，孔径宜采用 25~30mm。材料宜为玻璃钢、聚氯乙烯等。

（4）不同类型的填料可组合应用。

三、污水厌氧处理设备

在不与空气接触的条件下，依赖兼性厌氧菌和专性厌氧菌的生物化学作用，对有机物进行生化降解的过程，称为厌氧生物处理法或厌氧消化法。若有机物的降解产物主要是有机酸，则此过程称为不完全的厌氧消化，简称为酸发酵或酸化；若进一步将有机酸转化为以甲烷为主的生物气，此全过程称为完全的厌氧消化，简称为甲烷发酵或沼气发酵。按照厌氧微生物载体的不同，也可分为厌氧活性污泥法和厌氧生物膜法，其中厌氧活性污泥是由兼性厌氧菌和专性厌氧菌与废水中有机杂质形成的污泥颗粒。

在厌氧生物处理法问世初期，因其处理效率低、所需时间长和受温度影响大而未普遍应用于废水处理。随着人们对厌氧生物处理法研究工作的不断深入，使其有机负荷大大提高，反应时间显著缩短，因而厌氧生物处理法又重新应用于废水处理。与好氧生物处理工艺相比，厌氧生物处理工艺的主要优点如下：

第一，无须充氧，运行能耗大大降低，而且能将有机污染物转化成沼气加以利用；

第二，污泥产量很少，剩余污泥处理费用低；

第三，适于处理难降解的有机废水，或者作为高难降解有机废水的预处理工艺，以提高废水可生化性和后续好氧处理工艺的处理效果；

第四，厌氧过程和好氧过程的串联配合使用，还可以起到脱氮除磷的作用。

1. 厌氧生物滤池

高效厌氧处理系统必须满足两个条件：一是系统内能够保持大量的活性厌氧污泥；二是反应器进水应与污泥保持良好的接触。依据这一原则，20 世纪 60 年代末至 80 年代中期，陆续出现了厌氧滤池（Anaerobic Filter，AF）上流式厌氧污泥床（Upflow Anaerobic Sludge Blanket，UASB）、厌氧固定膜膨胀床反应器、厌氧生物转盘和厌氧挡板反应器（或称厌氧垂直折流式反应器）。为了进一步提高厌氧反应器的处理效果，1984 年由加拿大学者提出了上流式厌氧污泥床和上流式厌氧滤池结合型新工艺，即上流式厌氧污泥床过滤器工艺。

美国的 Mcearty 和 Young 在 Coulter 等人推出了第一个基于微生物固定化原理的高速厌氧反应器厌氧滤池（Anaerobic Filter，AF）。这种技术的成功之处在于反应器中加入了固体填料，微生物附着生长在填料表面，免于水力冲刷而得到保留，巧妙地将生物固体平均停留时间和水力停留时间相分离，其固体停留时间可以长达上百天，水力停留时间从过去的几天或几十天缩短到几小时或几天从而提高了厌氧微生物浓度，强化了传质作用，极大地提高了污泥负荷。1972 年，厌氧滤池首次较大规模地应用于小麦淀粉废水处理。

混合型降流式厌氧生物滤池的水流方向正好相反，其布水系统设于滤料层上部，出水排放系统则设于滤池底部，其沼气收集系统则与升流式厌氧生物滤池相同。因布水装置在滤料上部而相对不易堵塞。升流式混合型厌氧生物滤池的特点是减小了滤池层的厚度，在滤池布水系统与滤料层之间留出了一定的空间，以便悬浮状态的颗粒污泥能够在其中生长、累积。当进水依次通过悬浮的颗粒污泥层及滤料层时，其中有机物将与颗粒污泥及生物膜上的微生物接触并得到稳定。试验及运行结果均表明，升流式混合型厌氧生物滤池具有以下优点：

与升流式厌氧生物滤池相比，减小了滤料层的高度；与升流式厌氧污泥床相比，可不设三相分离器，因此可节省基建费用；可增加反应器中总的生物固体量，并减小滤池被堵塞的可能性。升流式混合型厌氧生物滤池中滤料层高度宜采用滤池总高度的 2/3。

2. 厌氧接触法

普通消化池用于处理高浓度有机废水时，为了强化有机物与池内厌氧污泥的充分接触，必须连续搅拌；同时为了提高处理效率，必须改间断进水、排水为连续进水、排水。但这样会造成厌氧污泥大量流失，为此可在消化池后串联一个沉淀池，将沉下的污泥又送回消化池，进而组成了厌氧接触系统。

3. 膜分离设备

利用隔膜使溶剂（通常是水）同溶质或微粒分离的方法称为膜分离法。用隔膜分离溶液时，使溶质通过膜的方法称为渗析，使溶剂通过膜的方法称为渗透。根据溶质或溶剂透过膜的推动力不同，膜分离法可分为 3 类。

第一，以电动势为推动力的方法有：电渗析和电渗透；

第二，以浓度差为推动力的方法有：扩散渗析和自然渗透；

第三，以压力差为推动力的方法有：压渗析和反渗透、超滤、微孔过滤。其中常用的是电渗析、反渗透和超滤，其次是扩散渗析和微孔过滤。

膜分离法的主要特点是：

第一，无相变，能耗低，装置规模根据处理量的要求可大可小，而且设备简单，操作方便安全，启动快，运行可靠性高，不污染环境，投资少，用途广等。

第二，在常温和低压下进行分离与浓缩，因而能耗低，从而使设备的运行费用低。

第三，设备体积小、结构简单，故投资费用低。

第四，膜分离过程只是简单地加压输送液体，工艺流程简单，易于操作管理。

第五，膜作为过滤介质是由高分子材料制成的均匀连续体，纯物理方法过滤，物质在分离过程中不发生质的变化（即不影响物料的分子结构）。

1. 电渗析设备

利用半透膜的选择透过性来分离不同的溶质粒子（如离子）的方法称为渗析。在电场作用下进行渗析时，溶液中的带电的溶质粒子（如离子）通过膜而迁移的现象称为电渗析。利用电渗析进行提纯和分离物质的技术称为电渗析法，它是 20 世纪 50 年代发展起来的一种新技术，最初用于海水淡化，现在广泛用于化工、轻工、冶金、造纸、医药工业，尤以制备纯水和在环境保护中处理三废最受重视，例如用于酸碱回收、电镀废液处理以及从工业废水中回收有用物质等。

（1）电渗析应用范围

目前电渗析器应用范围广泛，它在水的淡化除盐、海水浓缩制盐精制，乳制品、果汁脱酸精和提纯及制取化工产品等方面，还可以用于食品，轻工等行业制取纯水、电子、医药等工业制取高纯水的前处理。锅炉给水的初级软化脱盐，将苦咸水淡化为饮用水。电渗析器适用于电子、医药化工、火力发电、食品、啤酒、饮料、印染及涂装等行业的给水处理。也可用于物料的浓缩、提纯、分离等物理化学过程。电渗析还可以用于废水、废液的处理与贵重金属的回收，如从电镀废液中回收镍。

（2）电渗析基本性能

1）操作压力 0.5~3.0 kg/c ㎡左右。

2）操作电压、电流 100~250 V，1~3 A。

3）本体耗电量每吨淡水约 0.2~2.0kW.h。

（3）电渗析特点

1）可以同时对电解质水溶液起淡化、浓缩、分离，提纯作用。

2）可以用于蔗糖等非电解质的提纯，以除去其中的电解质。

3）在原理上，电渗析器是一个带有隔膜的电解池，电极上的氧化还原效率高。

在电渗析过程中，也进行以下次要过程：

1）同名离子的迁移，离子交换膜的选择透过性往往不可能是百分之百的，因此总会有少量的相反离子透过交换膜。

2）离子的浓差扩散，由于浓缩室和淡化室中的溶液中存在着浓度差，总会有少量的离子由浓缩室向淡化室扩散迁移，从而降低了渗析效率。

3）水的渗透，尽管交换膜是不允许溶剂分子透过的，但是由于淡化室与浓缩室之间存在浓度差，就会使部分溶剂分子（水）向浓缩室渗透。

4）水的电渗析，由于离子的水合作用并形成双电层，在直流电场作用下，水分子也可从淡化室向浓缩室迁移。

5）水的极化电离，有时由于工作条件不良，会强迫水电离为氢离子和氢氧根离子，它们可透过交换膜进入浓缩室。

6）水的压渗，由于浓缩室和淡化室之间存在流体压力的差别，迫使水分子由压力大的一侧向压力小的一侧渗透。

显然，这些次要过程对电渗析是不利因素，但是它们都可以通过改变操作条件予以避免或控制。

2. 反渗透设备

反渗透是一种借助于选择透过（半透过）性膜、以压力为推动力的膜分离技术，当系统中所加的压力大于进水溶液渗透压时，水分子不断地透过膜，经过产水流道流入中心管，然后在一端流出水中的杂质，如离子、有机物、细菌、病毒等，被截留在膜的进水侧，然后在高浓度端流出，从而达到分离净化目的。反渗透设备是将原水经过精细过滤器、颗粒活性炭过滤器、压缩活性炭过滤器等，再通过泵加压，利用孔径

为 $1/10\,00\,\mu m$（相当于大肠杆菌大小的 $1/6000$，病毒的 $1/300$）的反渗透膜（RO 膜），使较高浓度的水变为低浓度水，同时将工业污染物、重金属、细菌、病毒等大量混入水中的杂质全部隔离，从而达到饮用规定的理化指标及卫生标准，产出至清至纯的水，是人体及时补充优质水分的最佳选择。由于 RO 反渗透技术生产的水的纯净度是目前人类掌握的一切制水技术中最高的，洁净度几乎达到 100%，所以人们称这种净水机器为反渗透纯净水机。

反渗透是一种现代新型的纯净水处理技术。通过反渗透元件来提高水质的纯净度，清除水中含有的杂质和盐。我们日常所饮用的纯净水都是经过反渗透设备处理的，水质清澈。世界上最早使用反渗透技术的国家是美国，发明了以动力差为动力的膜分离技术。随着该技术的推广，我国开始使用反渗透技术。市场上的纯净水设备都是采用的反渗透膜处理技术，并且在我国经过了一定的改良和设计创新，技术已经非常成熟。反渗透纯净水设备中设计了一种反渗透膜。膜两侧的压力不同，通过两侧的压力作为动力，压迫原水通过反渗透膜，浓度低的盐会向浓度高的盐方向渗透，能够达到的平衡状态，就是液体的渗透压。当含有的盐水一侧的压力大于另一侧的渗透压力时，就会发生反方向的流动，就产生了反渗透过程。

反渗透设备因为一些产品使用的材料强度不够及其耐侵蚀性差，会造成横轴断裂等设备故障，并且膜的种类不同对进水水质要求也有所不同。膜两侧有一个压力差，如水处理设备中应用最广泛的格栅除污机，因为一些产品使用的材料强度不够及其耐侵蚀性差，维修影响运行造成的损失，严重影响了环境保护投资效益，还会使反渗透膜表面极易结垢，采用反渗透膜壳可以有效地保护膜元件。

（1）反渗透膜

反渗透膜是为了实现水溶液的反渗透现象，采用特殊工艺人工合成的一种半透膜。反渗透膜的孔径为 $0.0001\,\mu m$，只有水分子才能通过，而其溶质不能通过反渗透膜。在纯水机的净水系统中，反渗透膜专指成形的反渗透膜滤芯。反渗透膜滤芯是纯水机净水系统的核心部件，只有使用了反渗透膜，才能称为纯水机。RO 膜可以去除水中的重金属、化学物质、颗粒物、细菌病毒、放射性物质等对人体有害的物质。

（2）系统组成

1）预处理。一般包括原水泵、加药装置、石英砂过滤器、活性炭过滤器、精密过滤器等。其主要作用是降低原水的污染指数和余氯等其他杂质，达到反渗透的进水要求。预处理系统的设备配置应该根据原水的具体情况而定。

2）反渗透。主要包括多级高压泵、反渗透膜元件、膜壳（压力容器）、支架等组成。其主要作用是去除水中的杂质，使出水满足使用要求。

3）后处理。后处理是在反渗透不能满足出水要求的情况下增加的配置。主要包括阴床、阳床、混床、杀菌、超滤、EDI 等其中的一种或者多种设备。后处理系统能把反渗透的出水水质更好地提高，使之满足使用要求。

4）清洗。主要由清洗水箱清洗水泵精密过滤器组成。当反渗透系统受到污染，出水指标不能满足要求时，需要对反渗透系统进行清洗使之恢复功效。

5）电气控制。电气控制是用来控制整个反渗透系统正常运行的，包括仪表盘、控制盘、各种电器保护、电气控制柜等。

（3）清洗方法

反渗透技术因具有特殊的优良性能而得到日益广泛的应用。反渗透净水设备的清洗问题可能使许多技术力量不强的用户遭受损失，所以只要做好反渗透设备的管理，就可以避免出现严重的问题。

1）低压冲洗反渗透设备。定期对反渗透设备进行大流量、低压力、低 pH 值的冲洗有利于剥除附着在膜表面上的污垢，维持膜性能，或当反渗透设备进水 SDI 突然升高超过 5.5 以上时，应进行低压冲洗，待 SDI 值调至合格后再开机。

2）反渗透设备停运保护。由于生产的波动，反渗透设备不可避免地要经常停运，短期或长期停用时必须采取保护措施，不恰当地处理会导致膜性能下降且不可恢复。短期保存适用于停运 15 d 以下的系统，可采用每 1~3 d 低压冲洗的方法来保护反渗透设备。实践发现，水温 20℃以上时，反渗透设备中的水存放 3 d 就会发臭变质，有大量细菌繁殖。因此，建议水温高于 20℃时，每 2 d 或 1 d 低压冲洗一次，水温低于 20℃时，可以每 3 d 低压冲洗一次，每次冲洗完后需关闭净水设备反渗透装置上所有进出口阀门。长期停用保护适用于停运 15 d 以上的系统，这时必须用保护液（杀菌剂）充入净水设备反渗透装置进行保护。常用杀菌剂配方（复合膜）为甲醛 10%（质量分数）、异噻唑啉酮 20 mg/L、亚硫酸氢钠 1%（质量分数）。

3）反渗透膜化学清洗。在正常运行条件下，反渗透膜也可能被无机物垢、胶体、微生物、金属氧化物等污染，这些物质沉积在膜表面上会引起净水设备反渗透装置出水下降或脱盐率下降、压差升高，甚至对膜造成不可恢复的损伤，因此，为了恢复良好的透水和除盐性能，需要对膜进行化学清洗。一般 3~12 个月清洗一次，如果每个月不得不清洗一次，这说明应该改善预处理系统调整运行参数。如果 1~3 个月需要清洗一次，则需要提高设备的运行水平，是否需要改进预处理系统较难判断。

（4）工艺流程

1）原水罐。储存原水，用于沉淀水中的大泥沙颗粒及其他可沉淀物质。同时缓冲原水管中水压不稳定对水处理系统造成的冲击（如水压过低或过高引起的压力传感的反应）。

2）原水泵。恒定系统供水压力，稳定供水量。

3）多介质过滤器。采用多次过滤层的过滤器，主要目的是去除原水中含有的泥沙、铁锈胶体物质、悬浮物等颗粒在 20μm 以上的物质，可选用手动阀门控制或者全自动控制器进行反冲洗、正冲洗等一系列操作。保证设备的产水质量，延长设备的使用寿命。

四、连续循环曝气系统（CAS）

1.CCAS 工艺简介

CCAS 工艺，即连续循环曝气系统工艺（Continuous Cycle Aeration System），是一种连续进水式 SBR 曝气系统。这种工艺是在 SBR（SequencingBatch Reactor，序批式处理法）的基础上改进而成。SBR 工艺早于 1914 年即研究开发成功，但由于人工操作管理太烦琐、监测手段落后及曝气器易堵塞等问题而难以在大型污水处理厂中推广应用。SBR 工艺曾被普遍认为适用于小规模污水处理厂。进入 60 年代后，自动控制技术和监测技术有了飞速发展，新型不堵塞的微孔曝气器也研制成功，为广泛采用间歇式处理法创造了条件。1968 年澳大利亚的新南威尔士大学与美国 ABJ 公司合作开发了"采用间歇反应器体系的连续进水，周期排水，延时曝气好氧活性污泥工艺"。1986 年美国国家环保局正式承认 CCAS 工艺属于革新代用技术（I/A），成为目前最先进的电脑控制的生物除磷、脱氮处理工艺。CCAS 工艺对污水预处理要求不高，只设间隙 15mm 的机械格栅和沉砂池。生物处理核心是 CCAS 反应池，除磷、脱氮、降解有机物及悬浮物等功能均在该池内完成，出水可达标排放。经预处理的污水连续不断地进入反应池前部的预反应池，在该区内污水中的大部分可溶性 BOD 被活性污泥微生物吸附，并一起从主、预反应区隔墙下部的孔眼以低流速（0.03-0.05m/min）进入反应区。在主反应区内依照"曝气（Aeration）、闲置（Idle）、沉淀（Settle）、排水（Decant）"程序周期运行，使污水在"好氧 - 缺氧"的反复中完成去碳、脱氮，和在"好氧 - 厌氧"的反复中完成除磷。各过程的历时和相应设备的运行均按事先编制，并可调整的程序，由计算机集中自控。

2.CCAS 工艺的独特结构和运行模式使其在工艺上具有独特的优势：

（1）曝气时，污水和污泥处于完全理想混合状态，保证了 BOD、COD 的去除率，去除率高达 95%。

（2）"好氧 - 缺氧"及"好氧 - 厌氧"的反复运行模式强化了磷的吸收和硝化 - 反硝化作用，使氮、磷去除率达 80% 以上，保证了出水指标合格。

（3）沉淀时，整个 CCAS 反应池处于完全理想沉淀状态，使出水悬浮物（SS）极低，低的 SS 值也保证了磷的去除效果。CCAS 工艺的缺点是各池子同时间歇运行，人工控制几乎不可能，全赖电脑控制，对处理厂的管理人员素质要求很高，对设计、培训、安装、调试等工作要求较严格。

第三节 大气污染处理设备

通过各种技术途径和设备，创造一定的外力使悬浮于气体介质中的固体微粒或液体雾滴从气体介质中分离出来的过程称为除尘过程。

在除尘过程中用于气固分离或气液分离的设备或装置统称为除尘器（或除雾器）。除尘器是工业除尘和物料回收系统中的关键设备之一，其性能的好坏不但影响到回收物料的多少，而且影响到尾气排放的数量。前者关系到回收物料的经济价值；后者则关系到是否达到排放标准，对环境空气质量是否造成污染。

一、机械式除尘器

根据除尘器内含尘气体的作用力是重力、惯性力还是离心力可以将机械式除尘器分为：重力除尘装置，即重力沉降室；惯性中除尘装置，即惯性除尘器；离心力除尘装置，即旋风除尘器。

二、过滤式除尘器

1. 过滤除尘原理

气体中的粒子往往比过滤层中的空隙要小得多，因此通过筛滤效应收集粒子的作用是有限的。尘粒之所以能从气流中分离出来，主要是拦截、惯性碰撞和扩散效应。其次还有静电力、重力作用等。一般来讲，粉尘粒子在捕集体上的沉降并非只有一种沉降机理在起作用，而是多种沉降机理联合作用的结果。

（1）拦截效应

拦截机理认为：粒子有大小而无质量，因此，不同大小的粒子都跟着气流的流线而流动。因此当含尘气流接近滤料纤维时，较细尘粒随气流一起绕流，若尘粒半径大于尘粒中心到纤维边缘的距离时，尘粒即因与纤维接触而被拦截。

（2）惯性碰撞效应

开始时，粒子沿流线运动，绕流时，流线弯曲。有质量为 m 的粒子由于惯性作用而偏离流线，与捕集体相撞而被捕集。最远处能被捕集的粒子的运动轨迹是极限轨迹。

一般粒径较大的粉尘主要依靠惯性碰撞作用捕集。当含尘气流接近滤料的纤维时，气流将绕过纤维，其中较大的粒子（大于 $1\mu m$）由于惯性作用，偏离气流流线，继续沿着原来的运动方向前进，撞击到纤维上而被捕集。所有处于粉尘轨迹临界线内的大尘粒均可到达纤维表面而被捕集。这种惯性碰撞作用，随着粉尘粒径及气流流速的增大而增强。因此，提高通过滤料的气流流速，可提高惯性碰撞作用。

（3）扩散效应

当气溶胶粒子很小时，这些粒子在随气流运动时就不再沿流线绕流捕集体，此时，扩散效应将起作用。对于小于 $1\mu m$ 的尘粒，特别是小于 $0.2\mu m$ 的亚微米粒子，在气体分子的撞击下脱离流线，像气体分子一样做布朗运动，如果在运动过程中和纤维接触，即可从气流中分离出来。这种作用即称为扩散作用，它随流速的降低、纤维和粉尘直径的减小而增强。

（4）重力沉降作用

进入除尘器的含尘气流中，部分粒径与密度较大的颗粒会在重力作用下自然沉降。

（5）静电作用

气溶胶粒子和捕集体通常带有电荷，这会影响粒子的沉积。粒子和捕集体的自然带电量是很少的，此时静电力可以忽略不计。但如果有意识地人为给粒子和捕集体电荷，以增强净化效果时，静电力作用将非常明显。粒子和捕集体间的静电力主要有 4 种：库仑力、象力（感应力）、空间电荷力和外加电场力。

（6）筛滤作用

过滤器的滤料网眼一般为 $5\sim50\mu m$，当粉尘粒径大于网眼直径或粉尘沉积在滤料间的尘粒间隙时，粉尘即被阻留下来。对于新的织物滤料，由于纤维间的空隙远大于粉尘粒径，所以筛滤作用很小，但当滤料表面沉积大量粉尘形成粉尘层后，筛滤作用显著增强。上述分离效应一般并不同时发生作用，而是根据粉尘性质、滤袋材料、工作参数及运行阶段的不同，产生作用的分离效应的数量及重要性亦不相同。

2. 常用滤料的种类及选用

（1）常用滤料

滤料按制作方法分为纺织滤料、无纺滤料、复合滤料、陶瓷纤维滤料等。按制作材质分为天然纤维滤料、合成纤维滤料和无机纤维滤料。

1）纺织滤料

早期的滤料多是以纺织物制成的。随着无纺纤维滤料和化纤工业的发展，无纺纤维滤料逐步成为气体中颗粒物收集的主要过滤原料。但是，由于纺织滤料具有一定的特性和实际过滤条件的要求，纺织滤料在很多方面仍得到应用。纺织滤料和无纺纤维滤料相比，有如下优缺点：

①可制成具有较大强度和耐磨性的滤料；

②尺寸稳定性好；

③易形成平整光滑表面或薄形柔软的织物，易于清灰；

④易调整织物的紧密程度，即可制成较疏松的也可制成紧密的滤料；

⑤内部过滤作用小，初始效率低，只有在纺织滤料表面形成粉尘层后，才能过滤较小的粒子，未形成粉尘层或因某种原因使粉尘层遭到破坏时，效率明显下降；

⑥在同样过滤风速情况下，纺织滤料阻力大；

⑦为达到应有的效率，气布比较低。

2）无纺纤维

无纺纤维的发展始于 20 世纪 60 年代，1970~1980 年的 10 年间产量增长了 79%。现在，袋滤式除尘器用的无纺纤维绝大部分是针刺毡。针刺毡分为有基布和无基布两类。

3）复合滤料

为扬长避短，可用两种或两种以上各具特色的材料加工成滤料，这种滤料称为复合滤料。有底布的针刺毡就是一种复合滤料。这种滤料用基布以增加强度，用纤网以获得理想的过滤效率。基布与面层材质相同者，严格地讲，也属复合滤料，只是人们已习惯于称之为针刺毡。如在合成纤维 Nomex 基布上刺以细玻纤制成针刺毡，可避免玻纤不抗折的缺点，又可获得耐温与抗腐蚀的优势。

4）玻璃纤维滤料

玻璃纤维滤料是由熔融的玻璃液拉制而成的，是一种无机非金属材料。玻纤的耐温性好，可以在 260~280℃的高温下使用，并减少结露的危险。经过特殊表面处理的玻纤滤料，具有柔软、润滑、疏水等性能，使粉尘容易剥离，仅用反吹风方式即可充分达到清灰的目的。用于袋滤式除尘器的玻璃纤维过滤材料主要有玻璃纤维平幅过滤布、玻璃纤维膨体纱过滤布和玻璃纤维针刺毡滤料。

5）防静电滤料

作为过滤用纤维，自身或使用过程中气流或粒子的摩擦，或多或少都带有一定的电荷。但一些纤维，特别是合成纤维极易荷电。静电放电产生的火花能引燃所过滤的可燃粉尘，当粉尘浓度高于爆炸下限时会造成爆炸。另外，易荷电的粒子积聚在滤料上，相互之间很强的引力作用会严重影响清灰效果。压损增大，滤料会在高粉尘负荷作用下破损。为预防上述静电危害，对高比电阻纤维滤料，需提高其导电性。采用的方法是在过滤材料中引入导电纱线（电荷经导电纱线通过接地除尘器壳体释放）。导电纱线可用不锈钢丝、含石墨纤维纱等。

6）陶瓷纤维滤料

高温陶瓷滤料是纤维过滤领域的高科技，陶瓷滤料具备了几乎所有过滤净化所需要的优良性能。陶瓷过滤器几乎对烟气条件无任何限制，其过滤风速远大于常规袋式除尘器，净化效率极高。

（2）滤料的选用

如今，纤维滤料的品种极为广泛多样。

1）根据气体的特性选择滤料

气体的性质包括温度、湿度、腐蚀性、燃烧爆炸性。前面较详细地介绍了各种常用纤维的物化特性，针对特定气体的性质，便可做出合理的滤料选择。

2）根据粉尘的特性选择滤料

对细尘捕集，纤维宜选择较细、较短、卷曲形，不规则断面型；结构以针刺毡为优，如针刺毡表面烧毛或热熔压光处理。织物或针刺毡表面覆膜是过滤超细粒子的优化选择。对于潮、湿黏性粉尘，宜选用经硅类疏水剂处理的尼龙玻纤、长丝织物滤料，或经表面烧毛、压光、镜面处理的针刺毡滤料，表面覆膜滤料。对于磨损性粉尘，如硅尘、铝粉烧结矿尘等，宜采用化纤、表面拉绒滤料，表面压光、涂覆滤料。如用玻纤，宜选用经硅油、石墨、聚四氟乙烯处理的玻纤。对于可燃、易爆粉尘，就滤料选择而言，宜选用阻燃、消静电滤料。此外，还需采取防爆、阻燃措施，如烟气中掺入惰性气体，提高含湿量，需要增设卸压安全装置。

3）根据清灰方式选择滤料

对于机械振动清灰方式，要求滤料薄而光滑柔软，通常选用缎纹或斜纹滤布。回转反吹和往复反吹袋式除尘器常用扁袋，宜选用较柔软、较耐磨的滤料。优先选用中厚针刺毡滤料。气环滑动反吹袋式除尘器要求滤料耐磨、不起毛，宜选用针刺毡、压缩毡。脉冲喷吹袋式除尘器要求选用厚实、耐磨、抗张力强的滤料，优先考虑化纤针刺毡或压缩针刺毡。

2. 气态污染物净化原理与设备

化学上可将气态污染物分为两大类：一类是有机污染气体，另一类是无机污染气体。有机污染气体主要包括各种烃类、醛类、酸类、醇类、酮类以及胺类等。无机污染气体主要包括以 NO 和 NO_2 为主的含氮化物，以 SO_2 为主的含硫化合物，碳的氧化物，卤素及其化合物等。气态污染物在废气中呈分子态，分布均匀，不能像颗粒物那样可以利用重力、离心力、静电力等使其与废气分离。气态污染物的控制主要是利用其物化性质，如溶解度、吸附力、湿度露点和选择性化学反应等的差异，将污染物从废气中分离出来；或者将污染物质转化为无害或易于处理的物质。常用的方法有吸收法、吸附法、冷凝法、催化转化法和燃烧法等。本节将对用于气态污染物控制的典型设备及其原理进行阐述。

（1）吸收法净化原理

吸收法净化是根据气体混合物中各组分在液体溶剂中的物理溶解度或者化学反应活性的不同将混合物进行分离的一种方法。吸收净化法具有效率高、设备简单的特点，被广泛应用于气态污染物的控制工程，它不仅是减少或消除气态污染物向大气排放的重要途径，而且还可以将污染物转化为有用的产品。

可将吸收分为物理吸收和化学吸收两类。在物理吸收中，气体组分在吸收剂中只是单纯的物理溶解过程。化学吸收则是伴有显著化学反应的吸收过程，被吸收的气体（简称吸收质）与吸收剂中的一个或多个组分发生化学反应。例如，用各种酸溶液吸收 NH，用碱液吸 SO_2、CO、H_2S 等。大气污染治理问题往往具有污染物浓度低、废气量大、气体成分复杂及排放标准要求高等特点，物理吸收难以达到上述要求，因此大多采用化学吸收。与物理吸相比，化学吸收使得吸收推动力增大，总吸收系数增大，吸收设备的有效接触面积增大，能满足处理低浓度气态污染物的要求。

1）气液相平衡

物理吸收的气液相平衡：当混合气体与吸收剂相互接触时，气体中的部分吸收质向吸收剂进行质量传递，同时吸收过程也会发生溶液中的吸收质向气相逸出的质量传递（解吸过程）。在一定的温度和压力条件下，吸收过程的传质速率等于解吸过程的传质速率时，气液两相就达到了动态平衡，简称相衡。当总压不高（一般约小于 $5×10^5\,Pa$）时，在一定的温度下，稀溶液中溶质的溶解度与气中溶质的平衡分压成正比，此时气液两相的平衡关系可用亨利定律来表达。

2）吸收传质机理

气液两相间物质传递过程的理论是研究者们数十年来一直在研究的问题。目前已经提出的理论很多，包括 1926 年 Whitman 提出的双膜理论（亦称滞留膜理论）、1935 年 Higbie 提出的溶质渗透理论以及 1951 年 Danckwerts 提出的表面更新理论等。其中"双膜理论"一直占有非常重要的地位，它不仅适用于物理吸收，也适用于化学吸收。该理论的基本论点如下：

①相互接触的气液两流体之间存在着稳定的相界面，界面的两侧各有一层有效滞

流膜，分别称之为气膜和液膜，吸收质以分子扩散的方式通过双膜层。

②在相界面处，气、液两相达到平衡。

③在膜层以外的气、液两相的中心区，由于流体充分湍流，吸收质浓度均匀，即两相中心区内浓度梯度都是零，全部浓度变化集中在两相的有效膜内。通过以上假设，就把复杂的相际传质过程简化为经由气、液两膜的分子扩散过程。

根据生产任务进行吸收设备的设计计算，计算混合气体通过指定设备所能达到的吸收程度就需要知道的是吸收速率。吸收速率指的是单位时间单位相际传质面积上吸收的溶质的量，根据"双膜理论"，吸收速率 = 吸收系数 × 吸收推动力。由于吸收系数及其相应推动力的表达方式及范围不同出现了多种形式的吸收速率方程式。

3）吸收液的解吸

为了回收溶质或回收溶剂进行循环使用，需要对吸收液进行解吸处理（溶剂的再生）。使溶于液相中的气体释放出来的操作就称为解吸（或者称为脱吸）。解吸的方法主要有如下几种：

①气提解吸。气提解吸法也称为载气解吸法，其过程类似于逆流吸收，只是解吸时溶质由液相传递到气相。吸收液从解吸塔顶喷淋而下，载气从解吸塔底通入自下而上地流动，气液两相在逆流的过程中，溶质将不断地由液相转移到气相。其中以空气、氮气和二氧化碳作为载气，称为中性气体气提；以水蒸气作为载气，同时又兼作加热热源的解吸常称为汽提；以溶剂蒸气作载气的解吸，也称为提馏。

②减压解吸。对于在加压情况下获得的吸收液，可以采用一次或多次减压的方法，使溶质从吸收液中释放出来。溶质被解吸的程度取决于解吸操作的最终压力和温度。

③加热解吸。一般来说，气体溶质的溶解度随着温度的升高而降低，若将吸收液的温度升高，则必然有一部分溶质从液相中释放出来。如采用"热力脱氧"法处理锅炉用水，就是通过加热使溶解在热水中的气体从水中逸出。

④加热 - 减压解吸。将吸收液加热升温之后再进行减压，加热和减压的结合，能显著提高解吸推动力和溶质被解吸的程度。在实际工程中很少采用单一的解吸方法，往往是先通过升温再减压，至常压，最后再采用气提法解吸。

（2）国内外典型吸收法净化设备

由于气液两相界面的状况对吸收过程有着决定性的影响，所以吸收设备的主要功能就在于建立最大并能迅速更新的相接触表面。根据气液两相界面的形成方式，吸收设备分为表面吸收器、鼓泡式吸收器和喷洒吸收器3大类。表面吸收器的两相界面是静止的气相表面或流动的液膜表面，表面吸收器、液膜吸收器、填料吸收器、机械膜式吸收器就属于这类吸收器。鼓泡式吸收器的特点是气体以气泡形式分散在吸收剂中，属于此类的吸收器有湍球塔、泡沫吸收塔、泡罩吸收塔板式吸收器和带有机械搅动的吸收器。喷洒吸收器中，液体以液滴形式分散于气体之中。这类吸收器主要有喷淋塔、高气速并流喷洒吸收器和机械喷洒吸收器等。

在大气污染净化中，因为气体量大而且浓度低，所以往往选用以气相为连续相、湍流程度高、相界面大的吸收设备，常用的是填料塔、喷淋塔和文丘里吸收器。

填料塔以填料作为气液接触的基本构件。塔体为直立的圆筒，筒内支承板上堆放一定高度的填料。气体从塔底送入，经过填料间的空隙上升。吸收剂自塔顶经喷淋装置均匀喷洒，沿填料的表面下流。填料的润湿表面就成为气液连续接触的传质表面，净化气体最后从塔顶排出。填料塔具有操作稳定、结构简单、便于用耐腐蚀材料制造、压力损失小、适用范围广、适用于小直径塔等优点。塔径在 800 mm 以下时，较板式塔造价低、安装检修简单。但是用于大直径的塔时，则存在重量大、效率低、造价高以及清理检修麻烦等缺点。近些年来，随着性能优良的新型填料的不断涌现，填料塔的适用范围正在不断扩大。

1）波纹填料塔

阻力较一般乱堆填料低很多，属于整砌型填料，因而空塔速度可以达到 2 m/s。同时由于其结构紧凑，具有很大的比表面积，因而效率较高。此外，它的操作弹性大，可用各种金属、非金属材料制造，而且便于处理腐蚀性物料。

2）湍球塔

近十年来发展的高效吸收设备，属于填料塔中的特殊塔形。它是以一定数量的轻质小球作为气液两相接触的媒体。塔内有开孔率较高的筛板，将一定数量的轻质小球置于筛板上。吸收液从塔上部的喷头均匀地喷洒在小球表面。需处理的气体由塔下部的进气口经导流叶片和筛板穿过湿润的球层。当气流速度达到足够大时，小球在塔内湍动旋转，相互碰撞使得气、液、固三相充分接触，由于小球表面的液膜不断更新，使得废气与新的吸收液接触，从而增大了吸收推动力，提高了吸收效率。净化后的气体经过除雾器脱去湿气，由塔顶部的排出管排出。湍球塔的优点是设备体积小，吸收效率高；气流速度大，处理能力大；还可以同时对含尘气体进行除尘；由于填料剧烈的湍动，一般不易被固体颗粒堵塞。其缺点是随着小球的运动，有一定程度的返混；段数多时阻力较高；塑料小球不能承受高温，且磨损较大，使用寿命短，需要经常更换。常用于处理含颗粒物的气体或液体以及可能发生结晶的过程。

第四节　固体废物处理与资源化设备

一、固体废物处理的资源化分析

（一）固体废物处理与资源化概述

固体废物（简称废物）是指在生产、生活和其他活动过程中产生的丧失原有的利用价值或者虽未丧失原有价值但被抛弃或者放弃的固体、半固体和置于容器中的气态物品、物质以及法律、行政法规规定纳入废物管理的物品、物质。各类生产活动中产生的固体废物俗称废渣；生活活动中产生的固体废物则称为垃圾。在具体生产环节中，由于原料的混杂程度，产品的选择性以及原料、工艺设备的不同，被丢弃的这部分物质，从一个生产环节看，它们是废物，而从另一生产环节看，它们往往又可作为另外产品的原料，而是不废之物。所以，固体废物又被称为"放错地方的资源"。

目前我国年排放固体废物约为 6 亿 t 左右，城市垃圾约为 1 亿 t，不仅是浪费了相关资源，而且造成严重的环境污染。例如，我国东北地区一个含铬废渣的工厂，废物浸出液污染地下水，使得一千八百多口居民水井报废，造成了严重的用水瘫痪；全国200 多个城市陷入垃圾的包围之中。据粗略统计，全国每年由固体废物造成的直接经济损失以及可利用而又未充分利用的废物资源价值约达 300 亿元。因此，大力开展固体废物处理与资源化工作，加强固体废物的无害化管理，迫在眉睫。

1.固体废物处理方法

固体废物处理是指利用适当的方法使固体废物便于贮存、运输、无害化、资源化及最终处置。固体废物处理方法按其作用原理可分为物理、化学生物、固化及热处理等。

（1）物理处理

物理处理是最简单的和最直接的处理方法，根据固体废物的物理性质，采用机械操作改变固体废物的结构，使之成为便于运输、贮存、利用或处置的形态。根据固体废物的特性可分别采用重力分选、磁力分选、电力分选光电分选、弹道分选、摩擦分选和浮选等分选方法。物理处理也往往作为回收固体废物中有价物质的重要手段加以采用。

（2）化学处理

化学处理是采用化学的方法破坏固体废物中的有害成分，或将其转变成为便于进一步处置的形态。化学处理方法包括氧化、还原、中和、化学沉淀和化学浸出等。由于化学反应条件复杂，影响因素较多，故化学处理方法通常只用在所含成分单一或所含几种化学成分特性相似的废物处理方面。对于混合废物，不建议利用化学处理的方法。有些有害废物，经过化学处理后，还可能产生富含毒性成分的残渣，这就需要对残渣进行解毒处理或安全处置。

（3）生物处理

生物处理是利用微生物的作用处理固体废物。其基本原理是利用微生物的生物化学作用，将复杂有机物分解为简单物质，将有毒物质转化为无毒物质。生物处理方法包括好氧处理、厌氧处理和兼性厌氧处理。固体废物经过生物处理，在容积、形态组成等方面，均发生重大变化，因而便于运输、贮存、利用和处置。与化学处理方法相比，生物处理的优点是在经济上一般比较便宜，应用也相当普遍，但处理效率有时不够稳定，处理过程耗时较长。

（4）固化处理

固化处理是利用物理或化学方法将有害废物与能聚结成固体的某些惰性基材混合，从而使固体废物固定或包容在惰性固体基材中，使之具有化学稳定性或密封性的一种无害化处理技术。固化处理的对象主要是有害废物和放射性废物。由于处理过程需加入较多的固化基材，因而固化体的容积远比原废物的容积来得大。

（5）热处理

热处理是通过高温破坏和改变固体废物的组成和结构，同时达到减容、无害化、资源化的目的。热处理方法包括焚烧、热解、湿式氧化以及焙烧、烧结等。

2. 固体废物资源化技术

固体废物资源化指采取管理和工艺措施从固体废弃物中回收有用的物质和能源。众所周知，人类赖以生存和发展的自然资源有许多是不可再生的，一旦用于生产和生活将从生态圈中永久消失。从资源开发过程看，固体废物资源化同原生资源相比，可以省去开矿、采掘、选别、富集等一系列复杂过程，保护和延续原生资源寿命，弥补资源不足，保证资源永续，且可以减少环境污染，保持生态平衡，节省大量的投资，降低成本，具有显著的社会效益。资源化技术的单元操作与单元过程按照工艺分工，可分为前期技术和后期技术。

（1）前期资源化技术

前期资源化技术包括破碎、分选，主要用于分离回收资源。前期资源化技术不改变物质的性能，它可细分为两种情况：一是保持废物收集时原形的技术，即通常采用手选、清洗，并对回收废物进行简易修补或净化操作后回收利用，如回收空瓶、空罐、各种电器的部分元件、机器、车辆、飞机中的部分机件、仪表和动力等；其次就是改变原形不改变物理性质的有用物质回收技术（即物理性原料化再利用技术），后者多采用破碎、分离、水洗后，根据各材质的特性通过机械的物理的方法分选后回收利用，如回收金属、玻璃、纸张、塑料等。

（2）后期资源化技术

后期资源化技术主要是将前期技术回收后的残留物，用化学或生物的方法，改变其物质特性而进行回收利用的技术。

后期技术又分为以回收物质为目的的资源化技术（即化学、生物法原料化、产品化再利用技术）和回收能源为目的资源化两大类。以回收能源为目的的技术可进一步分为可贮存、可迁移型能源及燃料的回收技术和不可贮存的随产随用型能源的回收技术。后期资源化技术主要包括燃烧、热分解和生物分解等。

（二）固体废物处理设备选用基本要求

由于固体废物组成的复杂性与固体废物处理设备的多样性，要处理一种具体的固体废物，正确选用固体废物处理设备是保证处理设备正常运转并保持应有处理效果的前提条件。若设备选择出现偏差，不仅会浪费资金人力，而且常常达不到应有的处理效果，甚至可能根本无法正常运行。为了能够选择价格低廉操作和维护简便、节省能源的处理设备，又能满足当地环境保护要求，必须综合考虑以下主要因素：

第一，固体废物的性质；

第二，固体废物处理的目的；

第三，固体废物处理设备的技术适应性。

1. 固体废物的性质

固体废物的性质是选择固体废物处理设备的决定性因素。了解和掌握固体废物的性质既是为了确定待处理废物是否与典型处理设备及其性能参数相符合，也是为了确定废物本身的特性是否与不同处理设备所要求的供料相符合，以排除那些不适用的或可能不适用的设备；同时可确定是否会产生二次污染问题。需要了解和掌握的固体废物性质包括：

（1）废物的物理特性：如形状（液体、乳浊液、泥浆、污泥、固体粉末或块状固体）、黏性、熔点、沸点、蒸气压、热值、比重、磁性、电性、光电性、弹性、摩擦性、表面特性等。

（2）废物的有害特性：如易燃性、腐蚀性、反应性、急性毒性、浸出毒性、放射性及其他有害特性等。

（3）废物的化学组成。

（4）废物的来源、体积、数量。

（5）典型的物理化学性质的变化范围。

2. 固体废物处理的目的

弄清处理的目的，能有效地建立起一个用以判别满足各种变动方案的标准，以便于优选出适宜于处理给定废物的设备。关于处理目的方面需要了解的内容包括：

（1）必须遵循的大气、水和其他环境质量标准。

（2）排出物流循环或重复利用所要求的化学性质和物理性质。

（3）要使废物排放所必须去除的成分以及去除的水平。

（4）处理目的或目标以及优先次序。例如，净化、资源化回收利用、去除毒性、减容、安全土地处理、安全处置于水体等，是否与管理标准相一致。

（5）排出物作土地处置或排入水体所要求的化学性质和物理性质。

3. 固体废物处理设备的技术适应性

了解处理设备在技术上的适应性是为了从技术上把可以用来分别处理给定废物的设备与不适用设备。处理设备的技术适应性主要包括：

（1）哪些设备能单独或者组合起来实现处理目标。

（2）处理系统的关键设备能否满足处理废物的目的，在技术上是否确有吸引力。

（3）如果需要一系列设备组合成一个处理系统来实现处理目标，这些设备如何进行组合，相互之间是否匹配。

（4）废物中是否存在某种组分会影响技术上有吸引力的关键设备的采用，这些影响能否尽可能减少或消除。

（5）选定设备的主要技术参数，如处理效率、处理能力、运行参数与操作条件等。为了选择合适的固体废物处理设备，除了正确把握上述三方面的内容外，还必须重点考虑以下几点因素：

（1）环境因素。同其他许多生产过程一样，废物处理过程几乎常常会产生要做处置的残留物。应对废物中的有害组分进行跟踪控制，实施全过程管理。选用固体废物处理设备时应考虑的环境因素主要包括：

1）处理设备排出的废气是否需空气污染控制设备进行净化；

2）处理设备排出的废水在排入水体之前是否需要进行净化；

3）处理设备排放的固体残渣需要进行安全填埋处置。

（2）经济因素。选用固体废物处理设备时应考虑的经济因素主要包括设备的基建投资、设备的运行费用、设备的寿命周期费用、资源化回收利用的价值及处理过程控制污染所需费用等。

（3）能源因素。能源利用问题是为了确保废物处理过程既能保护环境，又能保存资源的要求。固体废物处理设备的能源绝对需求量与能源类型两方面都很重要。由于能源费用在运行费用中占有较大比例，因此一般不宜选用高能耗的处理设备，除非可能获得补偿效益（如回收物质）。选用固体废物处理设备时应考虑的能源因素主要包括设备运转的能耗、能源的类型（如电能、天然气、石油、煤等）及能源费用等，在美国，一般要求其费用不超过运行费用的10%。

给定固体废物处理设备的选用应综合上述因素,通过多方案的对比研究,因地制宜,优化设计,择优实施,以使固体废物污染控制的投入最小,环境效益和社会效益最佳。

二、固体废物处理设备选型

（一）固体废物的压实设备

压实亦称压缩，即是利用机械的方法增加固体废物的聚积程度，增大密度和减小体积，便于装卸、运输贮存和填埋。固体废物中适合压实处理的主要是压缩性能大而复原性小的物质，如金属加工出来的金属细丝、金属碎片、冰箱与洗衣机以及纸箱、纸袋纤维等。有些固体废物，如木头、玻璃、金属、塑料块等已经很密实的固体，以及焦油、污泥等液态废物不宜做压缩处理。

压实的主要原理是减少空隙率，将空气排出。若采用高压压实，除减少空隙外，在分子之间可能产生晶格的破坏，使物质变性。

目前常用的压实设备有: 三向联合压实器(仅用于压制)、颚式压实器(仅用于压制)、大型压实器（压制和存贮）、小型压实器（压制和贮存）、压一涂机（压制和涂敷）、挤压成型机（压制和挤压）。

1.固体废物压实设备设计原理

压实器主要包括钢轮压实机、羊角压实机、充气轮胎压实机、自有动力振动式空心轮压实机等。压实器的选择主要是选择合适的压缩比和使用压力。此外，对不同的废物采用不同的压实机械，同时还需考虑后续处理过程，如是否会出现水分等。

（1）装载面尺寸

装载面尺寸要足以容纳需要压缩的最大件废物。如果压实器的容器用垃圾车装填，为了操作方便，其容积至少能够处理一垃圾车的废物。垃圾压实器的装载面一般为 0.765~9.18 ㎡。

（2）循环时间

循环时间是指压头的压面从装料箱把废物压入容器，然后再回到原来完全缩回的位置，准备接收下一次装载废物所需要的时间。循环时间变化范围在 20~60s。循环时间和一次压实废料的量有关，量小则循环时间短。

（3）压面压力

固定式压实器的压面压力一般为 103~3 432 kPa。由于压实比和压面压力并不是线性关系，所以应根据废物的压缩特性来选择。

（4）压面的行程

压面的行程是指压头压入容器的深度。压头压入容器中越深，压实比越大。所以应先确定压实比，再选择合适的压面行程。

（5）体积排率

体积排率即处理率，等于压头每次压入容器的可压缩废物体积与每小时机器的循环次数之积。体积排率略大于废物产生率。

（6）其他压实器应与容器相匹配，最好由同一厂家制造。此外，使用压实器的场所要与压实器相适应。

2. 国内外典型固体废物压实设备

金属类废物压实器主要有三向联合式和回转式两种。

（1）三向联合式压实器。它具有三个互相垂直的压头，金属等类废物被置于容器单元内，而后依次启动 1.2.3 三个压头，逐渐使固体废物的空间体积缩小，密度增大，最终达到一定的尺寸，压后尺寸一般在 200~1 000 mm 之间。

（2）回转式压实器。废物装入容器单元后，先按水平式压头的方向压缩，然后按箭头的运动方向驱动旋动式压头，使废物致密化，最后按水平压头的运动方向将废物压至一定尺寸排出。

（二）固体废物的破碎设备

用外力克服固体废物质点间的内聚力而使大块固体废物分裂成小块的过程称为破

碎，使小块固体废物颗粒分裂成细粉的过程称为磨碎。固体废物破碎设备，通常用作运输、贮存、焚烧、热分解、熔融、压实、磁选、填埋等的预处理，在固体废物处理与资源化过程中应用相当普通。

固体废物破碎和磨碎的目的如下：

第一，使固体废物的尺寸减小，从而增加密度，便于运输和储存；

第二，为固体废物的分选提供所要求的入选粒度，或将原来连接在一起的异种物质分开，以便有效地回收固体废物中某种成分；

第三，使固体废物的比表面积增加，提高焚烧、热分解、熔融等作业的稳定性和热效率；

第四，为固体废物的下一步加工处理做准备，例如，煤矸石制砖、制水泥，都要求把煤矸石破碎和磨碎到一定粒度以下，以便进一步加工制备使用；

第五，当破碎后的生活垃圾进行填埋处理时，压实密度高而均匀，可以加快覆土还原；

第六，防止粗大、锋利的固体废物损坏分选、焚烧和热解等设备。

1.固体废物破碎设备设计原理

目前广泛应用的是机械能破碎，主要有压碎、劈碎、折断、磨碎及冲击破碎等方法。选择破碎方法时，需视固体废物的机械强度，特别是废物的硬度而定。对坚硬废物采用挤压破碎和冲击破碎十分有效；对韧性废物采用剪切破碎和冲击破碎或剪切破碎和磨碎较好；对脆性废物则采用劈碎、冲击破碎为宜。

一般破碎机都是由两种或两种以上的破碎方法联合作用对固体废物进行破碎的，例如压碎和折断、冲击破碎和磨碎等。

选择破碎机类型时，必须综合考虑下列因素：

（1）所需要的破碎能力；

（2）固体废物的性质（如破碎特性、硬度、密度、形状、含水率等）和颗粒的大小；

（3）对破碎产品粒径大小、粒度组成、形状的要求；

（4）供料方式；

（5）安装操作场所情况等。

破碎固体废物常用的破碎机类型有颚式破碎机、锤式破碎机、冲击式破碎机、剪切式破碎机、辊式破碎机和球磨机等。

需要指出的是：选用旋转式破碎机，当处理能力与废弃物初始尺寸成为决定因素时，如果待处理的废弃物初始尺寸大而要求破碎设备的进料口足以允许其通过的话，往往会造成设备的加工能力过大。此时，应选择较小型的设备；对待处理物料则应采用粗加工设备进行预处理。

2. 国内外典型固体废物破碎设备

按破碎固体废物所用的外力，即消耗能量的形式可分为机械能破碎设备和非机械能破碎设备两大类。机械能破碎设备是利用破碎工具（破碎机的齿板、锤子、球磨机的钢球等）对固体施力而将其破碎的。非机械能破碎设备是利用电能、热能等对固体废物进行破碎的，如低温破碎设备、减压破碎设备及超声波破碎设备等。因非机械能破碎设备大多数未达到大规模使用的程度，下面仅介绍几种典型的机械能破碎设备。

（1）冲击式破碎机

冲击式破碎机具有破碎比高、适应性强构造简单、外形尺寸小、操作简便、易于维护等特点，适用于破碎中等硬度、软性、脆性、韧性以及纤维状等多种固体废物。在破碎过程中，固体废物在转子冲击作用下受到第一次破碎，转子获得能量加速抛射到冲击板上，进行第二次破碎，然后被反弹回去，再次受到锤头冲击或与抛射过来的物料对撞，使物料得到反复破碎。

（2）剪切式破碎机

剪切式破碎机是通过固定刀和可动刀（往复式刀或旋转式刀）之间的齿合作用，将固体废物切开或割裂成适宜的形状和尺寸，它是固废处理破碎行业的通用设备，主要结构是由两条刀轴组成，由马达带动刀轴，通过刀具剪切、挤压、撕裂达到减小物料尺寸。这种垃圾破碎机广泛应用于废塑料、废橡胶、木材和其他大体积废弃物的破碎工作上，特别适合破碎低二氧化硅含量的松散物料。

斯瑞德环保设备科技发展有限公司将欧美制造该类设备三十多年的经验引进中国，并根据国内实际情况进行改进、研发，推出技术成熟和设计先进的双轴垃圾破碎机系列，为我国的废物回收利用前期的破碎，减容处理提供质量可靠的设备。

剪切式破碎机的特点是刀轴转速低、高效、节能、噪音低、破碎比大、出料粒度大。剪切式破碎机的相对刀辊上的刀与刀之间的间隙是固定的，如果设计不合理，则可能无法有效地应用于混杂垃圾的粉碎工作，在大块物料的粉碎过程中，剪切时需要很大的力，如果调大刀间隙，那么比较薄的垃圾就会挤在刀的间隙里面剪不到，甚至缠绕在轴上；如果调小间隙，那么大块物料粉碎就很费力，而且摩擦耗能比较高。所以，这种机器看似简单，实际上需要多年的经验积累和巧妙的结构设计，要不然可能会很不好用。

3. 固体废物的分选设备

固体废物分选简称废物分选，是废物处理的一种方法（单元操作），目的是将其中可回收利用的或不利于后续处理、处置工艺要求的物料分离出来。

废物分选是根据物质的粒度、密度、磁性、电性、光电性、摩擦性、弹性以及表面润湿性的不同而在不同的分选设备中进行分选的。固体废物分选设备包括筛分设备、重选设备、磁选设备、电选设备、光电分选设备、摩擦与弹性分选设备以及浮选设备等。

（1）固体废物分选设备设计原理

分选设备的选用主要根据待分选物料的性质，分选目的物的要求及分选设备的性能等三个方面，其中以物料性质与设备性能最为重要，例如，当混合垃圾用钉轮和转刷组合式分选设备分选时，能分成3组情况。

（2）国内外典型固体废物分选设备

筛分是将松散的混合物料通过单层或多层筛面的筛子，按照粒度分成两种或若干个不同粒级的过程。在生产中，根据筛分作业的目的和用途，采用各种筛分机筛分时，通过筛孔的物料称为筛下产品，留在筛面上的物料称为筛上产品。若用多层筛面来筛分物料，则可得到多种产品。筛分常和粉碎合为一个设备。

1）筛分的基本原理。

筛分分离过程可看作是由物料分层和细粒透筛两个阶段组成的，物料分层是完成分离的条件，细粒透筛是分离的目的。为了使粗细物料通过筛分而分离，必须使物料和筛面之间具有适当的相对运动，使筛面上的物料层处于松散状态，即按颗粒大小分层，形成粗粒位于上层、细粒位于下层的规则排列，细粒到达筛面并透过筛孔。同时，物料和筛面的相对运动还可使堵在筛孔上的颗粒脱离筛孔，有利于细粒通过筛子。细粒透筛时，尽管粒度都小于筛孔，但它们透筛的难易程度却不同。粒度小于筛孔尺寸3/4的颗粒，很容易通过粗粒形成的间隙到达筛面而透筛，称为"易筛粒"；粒度大于筛子尺寸3/4的颗粒，很难通过粗粒形成的间隙，而且粒度越接近筛孔尺寸就越难透筛，这种颗粒称为"难筛粒"。

2）筛分效率影响因素

①固体废物性质的影响。固体废物的粒度组成对筛分效率的影响较大，废物中"易筛粒"越多，筛分效率越高；而粒度接近筛孔尺寸的"难筛粒"越多，筛分效率则越低。固体废物的含水率和含泥量对筛分效率也有一定的影响。废物外表水分会使细粒结团或附着在粗粒上而不易透筛。当筛孔较大、废物含水率较高时，造成颗粒活动性的提高。此时水分有促进细粒透筛的作用，但此时已属于湿式筛分法，即湿式筛分法的筛分效率较高。水分影响还与含泥量有关，当废物中含泥量高时，稍有水分就能引起细粒结团。

废物颗粒形状对筛分效率也有影响，一般球形、立方体、多边形颗粒相对而言，筛分效率较高；而颗粒呈扁平状或长方形时，用方形或圆形筛孔的筛子筛分，其筛分效率较低。

②筛分设备性能的影响。常见的筛面有棒条筛面钢板冲孔筛面及钢丝编织筛网 3 种。棒条筛面有效面积小，筛分效率低；编织筛网则相反，有效面积大，筛分效率高；而冲孔筛面介于两者之间。

（2）重选设备

重力分选简称重选，是根据固体废物中不同物质颗粒间的密度差异，在运动介质中受到重力、介质动力和机械力的作用，使颗粒群产生松散分层和迁移分离，从而得到不同密度产品的分选过程。固体废物重选方法按分选介质和作用原理的不同可以分为重介质分选、跳汰分选、风力分选等。固体废物重选常用的设备主要有重介质分选机、跳汰机、风力分选机等。

重介质通常将密度大于水的介质称为重介质，在重介质中使固体废物中的颗粒群按密度分开的方法称为重介质分选。为使分选过程有效地进行，选择的重介质密度（阶）需介于固体废物中轻物料密度和重物料密度之间，凡颗粒密度大于重介质密度的重物料都下沉，集中于分选设备的底部成为重产物；颗粒密度小于重介质密度的轻物料都上浮，集中于分选设备的上部成为轻产物。它们分别排出，从而达到分选的目的。

第六章　大气治理与可持续发展

因为现在的人们对工业高度发达的负面影响的预料不够全面，盲目追求经济的发展，却忽视大自然的生态平衡，导致了全球气候变暖，森林面积急剧减少，大量的土地沙漠化等等一系列环境问题，大自然虽然有较强的环境自净能力，然而人类工业化发展所造成的污染程度已超过了其承受的范围，尤其是近几年的大气污染，发展到现在已演变成全球问题，其危害遍及全人类其产生的不良后果已经开始显现，因此，走出一条保护环境造福子孙后代，可持续发展战略的新路是迫在眉睫的，本章将对大气治理与可持续发展进行分析。

第一节　大气治理与能源转型发展

一、关于包容性能源系统转型的思考

1. 以 3E 能源政策目标、低碳发展与能源转型等思路指导大气污染治理的局限性

1973 年 10 月第四次中东战争爆发后，石油输出国组织（OPEC）为了打击对手以色列及支持以色列的国家，宣布对以美国为首的西方国家石油禁运，造成全球油价上涨并引发了第一次石油危机。为维护自身石油供应安全，部分经合组织国家于 1974 年创立了国际能源署并逐步开始在全球范围倡导实现能源安全（Energy Security）、经济发展（Economic Development）和环境保护（Environmental Protection）这三大政策目标的协调发展。从理论上来说，3E 政策目标中的三个因素都同样重要，每个目标都不可偏废。但由于该理论框架过度简化了复杂的能源决策过程，在实践中很容易出现由于过度偏重某个单一政策目标而影响了能源行业的全面可持续发展。表 1 列举了 3E 理论框架的构成及政策实践中可能出现偏差的部分案例。

日本能源资源匮乏，基本依靠进口能源维持经济发展。第一次石油危机以来，日本大力推行石油替代政策、节能技术以及新能源的开发，力争实现能源结构的多元化和能源进口来源地的多元化，从供需两方面下功夫，保障了能源安全。20 世纪 90 年

代中期以来，日本官方能源政策的基石就是 3E 政策目标（Niquet，2007；张季风，2015）。倘若不发生 2011 年的东日本大地震及由此引发的福岛核危机，日本综合能源战略本应继续基于 3E 政策目标发展。然而，突如其来的东日本大地震和福岛核电站事故彻底打乱了日本既定的能源战略。痛定思痛之余，日本政府终于意识到了过度简化的 3E 政策目标的不足，故而于 2014 年 4 月将安全（Safety）作为一个重要考量因素加入到传统的 3E 政策目标中，并以 3E+S 作为指导原则重新修订了本国的基础能源规划（Ken，2015）。

近些年来，由欧洲倡导的低碳发展与能源转型越来越成为国内能源政策探讨的依据所在。低碳被视作经济新常态下衡量发展的核心指标，从高碳经济发展方式到低碳经济发展方式的转变被看作是实现可持续发展的途径，在此基础上建立安全、高效、清洁、低碳的能源供应与消费体系则是实现经济与环境协同治理的关键。而能源转型强调的是用清洁能源的增长来替代煤炭消费的增长，同时提高能源利用效率。

但是，单纯依靠低碳经济和能源转型的思路来应对诸如空气污染治理这样的重大能源环境政策挑战，如果只涉及能源系统内部不同能源构成的比例调整和能源利用技术的升级，在短期内或许能够实现空气污染排放量的降低，但从中长期看未必能够实现治理投入产出比的优化。能源系统作为支撑国民经济的动力基础，其改革必须站在系统性的高度兼顾经济性、能源安全、环境保护以及其他相关因素。单从某一个燃料品种、某一行业或者某一种技术的角度，都不足以找到实现协同的发力点，且无法适用于中国现阶段空气污染来源广泛、相关利益方纠葛牵制的复杂国情。

另外，虽然能源转型近些年来成了一个非常时髦的词汇，但有关各方迄今无法就能源转型的定义达成全球性共识。除了风、光等波动性可再生能源，能源转型的具体手段难以达成统一的认识。正在积极推动能源转型（Energiew-ende）的德国，已经宣布会在 2022 年全面弃核。而在能源转型过程中，核电、天然气、大型水电及清洁煤的地位问题，有关各方都有不尽相同的解读，这导致了广大发展中国家在相关政策研讨中的无所适从。

相比世界其他主要经济体，中国的能源转型面临着极高的难度和复杂性（朱彤，2015）。第一，中国能源消费体量大。中国在 2009 年取代美国成为世界最大的能源消费国，2017 年又成为最大的石油进口国。2016 年，中国的一次能源消费量为 30.5 亿吨油当量，比美国（全球第二）高三分之一，并相当于印度（全球第三）的 4.2 倍，日本（全球第五）的 6.8 倍，德国（全球第七）的 9.5 倍。第二，中国的工业化和城市化仍在不断发展，能源消费总量在一定时期内仍然有增长的动力，相比之下，德国、日本等后工业化国家已经进入了能源消费总量下降阶段。第三，煤炭在中国能源消费结构中占比极高。2016 年，煤炭在中国的一次能源生产构成中占 69.6%，是世界平均水平的两倍多。此外，中国大部分的火电厂都在近十年内投建，短期内难以退役。相对清洁的天然气在一次能源结构中占比只有 6.2%（国家统计局，2017），远低于世界平均水平。

但中国的经济和能源结构已经到了转型的关键节点。过去的二十年中，中国的经济发展动力来自于基础设施建设、重工业生产和制造业出口。由投资驱动、工业占主导的经济增长模式从 2012 年开始放缓，进入所谓新常态阶段。在 IMF 的预测中，中国 GDP 增长率将从 2020 年起降低至 5% 之下，人均收入将逐步接近发达国家水平。而中国的人口预计将在 2030 年达到 14.5 亿人的峰值（国务院，2016）。

人口老龄化和中产阶级群体的壮大将极大改变中国经济和能源消费的结构。在过去，中国能源消费主要由工业需求拉动，而在未来，中国典型的能源需求模式将由个体消费者驱动。随着中国人均收入水平的提高，中国消费者将更注重能源消费的环境影响。

在上述背景下，简单地将能源转型理解成一次能源主导地位的更替，以新的能源取代旧能源，或是以低碳能源取代高碳排放能源，都只停留在了能源转型的表面，不是从国家层面全面推动能源转型，也无法从根本上解决空气污染问题。

二、"SECTOR"作为能源系统优化的评价体系

要实现能源系统的优化，解决空气污染问题，必须在制定能源政策时综合考虑各种相关因素。传统的能源系统评价体系是建立在实现 3E（经济发展、能源安全和环境保护）政策目标均衡发展的基础上。但 3E 框架结构由于过度简化了高度复杂的能源决策过程。有鉴于此，本文作者提出了新的"SECTOR"评价体系，以综合考虑能源系统安全（Security of energy system）、经济发展（Economic develop-ment）、气候变化（Climate change）、技术成熟度（Technology maturity）、其他环境影响（Other environment impacts）和监管要求（Regulatory requirement）等因素在能源决策过程中的重要作用。

1. 能源系统安全

传统意义上的能源安全是指能够以可承受的价格获得充足的能源供应（Yergin，2006）。自 1973 年的第一次石油危机后，能源安全成为能源政策的重要内容。可能影响能源供应和价格的任何因素都被视作对能源安全的威胁。新兴发展中国家能源需求的扩大、国际油价的上涨、主要石油出口国政治局势的动荡，甚至是恐怖主义的威胁，都是影响能源安全的不稳定因素。

中国政府将能源对外依赖看作是国家安全的软肋（Downs，2000）。在 1993 年，

中国成为石油净进口国，失去了长期以来能源自给自足的地位。2016 年，各种能源进口占能源供应总量的比重为 18.8%，原油对外依存度达 65%，天然气进口量占天然气供应总量的比重为 34%（国家统计局，2017）。

近年来，考虑到能源安全形势的新变化，能源安全的内涵也在不断扩展，能源基础设施和供应链的稳定性（Winzer，2012）、应对能源市场变化的能力、气候变化以及经济对能源的依赖程度都被视为保障能源安全需要考虑的方面（Vi-voda，2015）。

世界能源委员会提出了能源政策抉择的三难困境，即在能源供应的稳定和价格的可承受性的基础上，加上了环境的可持续性。在这一方面，新能源和低碳能源的比重应该成为制定能源安全政策时需要考虑的因素（Wyman，2016）。

具体来说，在能源供应方面，能源安全包括国内外能源储备的充足性；能够保证将来可预计的能源需求的能力；能源种类和供应来源的多样性；与能源供应源之间的基础设施的完备性；能源供应源地缘政治的稳定性。而在能源需求方面，能源安全是指一个经济体能够通过能源效率的提高将经济增长和能源消耗脱钩。在环境层面，能源安全还要求对能源的使用不损害将来满足能源需求的能力，即能源的可持续性（Winzer，2012）。

对政策制定者来说，要兼顾能源供应的可及性、价格的可承受性以及能源系统的可持续性是非常困难的。理想的情况是政策制定者能够取得三方面的平衡，而实际上，某一方面的政策目标总会优先于其他两方面（Vivoda，2015）。国家和市场的相对关系也是影响能源安全政策抉择的重要因素。在中国，政府对能源政策的干预程度很高，因此环境的可持续性能否在能源安全的三难决策中得到重视，很大程度上取决于国家对本国和国际能源安全局势的判断。

2. 经济发展

能源被视作经济发展的氧气（Voser，2012）。从直观经验来看，在过去的几十年中，经济的发展极大地提高了人们的物质生活水平，能源无疑是实现这一过程的基础，它为工业化和城市化提供了动力。能源领域对 GDP 的增长和提供就业都有巨大的贡献。

研究表明，能源的发展能够对经济社会发展起到重要的推动作用。经济史的研究表明，劳动生产率的提高与能源的使用密切相关。能源作为一种投入的要素，直接与生产过程相关。Cleveland 的研究表明，1900 年至 1973 年，美国的燃料实际价格相对于劳动力成本而言不断降低，因此高质量且低价格的能源能够对劳动力产生替代效应，从而实现劳动生产率的提高（Clevelandand Hall，1984）。

尤其是在国家经济发展的早期阶段，能源利用形式的升级能够极大地降低获取和使用能源可能造成的人力和时间成本。能源使用的机会成本的降低能够保证其他发展要素的投入，从而提高总体的劳动生产率（Toman and Jemelkova，2003）。

Jorgenson 的研究表明，技术进步是导致电力和其他形式的能源促成全要素生产率提高的另一大原因（Jorgenson，1984）。该研究分析了美国不同的工业部门，将发展的要素投入分解为资本、劳动力、电力，以及非电力，以及其他要素。1920-1953 年期间，在生产率提高的同时，能源强度反而不断降低，这是因为技术的变迁使得能源转换成电力的效率提高，每单位的能源能够带来更多的产出。相比之下，1973 年和 1979 年的石油危机造成了能源成本上升，因而导致了经济生产率的下降。

能源对经济发展的作用取决于能源的质量和利用的效率。其中，能源的质量是指能源本身能量值的高低以及开采能源需要投入的成本的高低，效率则指的是一个单位的能源能带来更多的产出。如果某一能源的开采和转换需要消耗大量其他能源，那么这种能源本身就是不经济且低质量的。学术界将开采出来的能源与开采和转换该能源消耗的其他能源的比值称作能源投资回报率（energy return on investment，EROI），在其他条件相似的情况下，能够获得更多高质量和高能源投资回报率的能源资源的经济体更能够实现经济的发展（Cleveland and Hall，1984）。

由于化石能源的不可再生性，未来化石能源的能源投资回报率有可能会不断下降，因此，要保证经济生产率的可持续发展，就必须考虑寻找可替代化石能源并且能源投资回报率高的新能源，同时不断提高能源利用效率。总的来说，能源的价格、质量和利用效率是保证能源能够促进经济增长的必需条件。

因此，在能源相关的决策过程中，为了保证能源系统对经济增长起到支持作用而不是负面影响，需要考虑能源强度、能源进口和出口占 GDP 的比重以及能源价格的合理稳定度等方面的指标。目前，中国的能源强度仍然很高，在世界经济论坛 2017 年的全球排名中处于第 107 位（World Economic Forum，2017），说明中国的能源利用效率处于低水平，因此能源对总体经济的贡献指数较低，与主要发达国家存在较大的差距。

三、加快清洁低碳转型发展

深入落实我国碳达峰、碳中和目标要求，推动能源生产和消费革命，高质量发展可再生能源，大幅提高非化石能源消费比重，控制化石能源消费总量，着力提高利用效能，持续优化能源结构。

大力发展非化石能源。研究出台关于促进新时代新能源高质量发展的若干政策。印发《关于 2021 年风电、光伏发电开发建设有关事项的通知》，2021 年风电、光伏发电量占全社会用电量的比重达到 11% 左右。扎实推进主要流域水电站规划建设，按期建成投产白鹤滩水电站首批机组。在确保安全的前提下积极有序发展核电。推动有条件的光热发电示范项目尽早建成并网。研究启动在西藏等地的地热能发电示范工程。有序推进生物质能开发利用，加快推进纤维素等非粮生物燃料乙醇产业示范。增强清洁能源消纳能力。发布 2021 年各省（区、市）可再生能源电力消纳责任权重，加强评估和考核。健全完善清洁能源消纳的电力市场机制，积极推广就地就近消纳的新模式新应用。在确保电网安全的前提下，推进电力源网荷储一体化和多能互补发展，提升输电通道新能源输送能力，提高中东部地区清洁电力受入比重。加快建设陕北—湖北、雅中—江西等特高压直流输电通道，加快建设白鹤滩—江苏、闽粤联网等重点工程，推进白鹤滩—浙江特高压直流项目前期工作。进一步完善电网主网架布局和结构，提升省间电力互济能力。推动新型储能产业化、规模化示范，促进储能技术装备和商业模式创新。完善电力需求侧响应机制，引导市场主体健全完善峰谷分时交易机制，合理规范峰谷价差。

推动能源清洁高效利用。强化和完善能源消费总量和强度双控制度，合理分解能耗双控目标并严格目标责任落实。深入推进煤炭消费总量控制，加强散煤治理，推动煤炭清洁高效利用。大力推广高效节能技术，支持传统领域节能改造升级，推进节能标准制修订，推动重点领域和新基建领域能效提升。积极推广综合能源服务，着力加强能效管理，加快充换电基础设施建设，因地制宜推进实施电能替代，大力推进以电代煤和以电代油，有序推进以电代气，提升终端用能电气化水平。

第二节　大气治理与可持续发展议程

一、山水林田湖草生命共同体与自然资源用途管制路径创新

"山水林田湖草生命共同体"是人与自然关系和谐的具体体现。"我们要认识到，山水林田湖是一个生命共同体"。要"筑牢生态安全屏障，坚持保护优先、自然恢复为主，实施山水林田湖生态保护和修复工程"。"统筹山水林田湖草系统治理，实行最严格的生态环境保护制度，形成绿色发展方式和生活方式，坚定走生产发展、生活富裕、生态良好的文明发展道路"。这是中华民族永续发展、实现千年大计的战略路径。遵循"山水林田湖草生命共同体"这一理念，2018 年 3 月，我国成立了自然资源部，从而从体制上实现了水、土地、林、草原、海洋等各类自然资源的统一管理，也为全面落实自然资源用途管制制度、创新国土空间用途管制提供了体制保障。为此，这里结合关于山水林田湖草生命共同体的科学认知，就如何创新自然资源用途管制路径提

出具体建议。

（一）山水林田湖草生命共同体的科学认知

从自然资源的整体性、系统性特征来看，自然资源各个要素之间是一个有机联系、相互作用的整体（彭补拙等，2014），他们共同支撑着自然资源生产力、生态承载力，维系着人与自然之间的平衡与协调。有研究认为，人的生存环境，可以用水、土、气、生、矿及其间的相互关系来描述，是人类赖以生存、繁衍的自然子系统（王如松，2012），这更多地突出了特定地域系统自然资源要素的相互作用特征。而山水林田湖草生命共同体，则从山、水、林、田、湖等自然资源要素巨系统视角，揭示了多层次国土空间主要自然资源要素的相互作用及其人的协同格局。因此，可以从以下几个方面更进一步地认知山水林田湖草生命共同体的内涵。

1. 深刻阐明了人与自然生命过程之根本

有史以来，人们一直在探讨"自然生命"之根本或"生生不息"的缘由。据《系辞》对《周易》的解释，《周易》是探讨人周围的"天、地、雷、风、水、火、山、泽"八个方面的物质与物质运动（八卦）及其复杂的相互关系（八八六十四卦）："刚柔相摩，八卦相荡"与"在天成像，在地成形，变化见矣"。懂得了这个道理的人，就能"所居而安"与"所乐而玩"，即安居乐业也。

后来，据我国的地理思想传统，又将复杂多变的自然过程演绎为"气、水、土、生、地"的物质与物质运动及其复杂的相互关系和与人类活动的互动。中国的地壳运动比较活跃、山高坡陡、季风气候，多狂风暴雨，又人口众多，开发历史悠久，这导致中国大地地表物质的运动具有一定的特殊性，如速度比较快，变化比较多，且通量与总量都比较大。因此，中国人的安居乐业，必须从实际出发，对中国大地地表的物质与物质运动作更深入的调查研究。

现在，更为清晰的解释是"山水林田湖是一个生命共同体，人的命脉在田，田的命脉在水，水的命脉在山，山的命脉在土，土的命脉在树"，即"山、水、林、田、湖"的物质与物质运动及能量转移的互为依存又相互激发活力的复杂关系，使之有机地构成一个生命共同体。田者出产谷物，人类赖以抚养生命；水者滋润田地，使之永续利用；山者凝聚水分，涵养土壤；山水土地（涵盖气候与地形等）构成生态系统中的环境，而树者、草者承受阳光雨露，郁郁葱葱，它们在生态系统中都是最基础的生产者。

2. 把握因时因地而异与因地制宜

"山水林田湖草"作为生命共同体，其中的"山、水、林、田、湖，草"都是有形有质的实体。凡实体者，其形其质必定具有因时因地而异的变化。因此，由这些实体构成的生命共同体也必定具有因时因地的差别。人人都说自己家乡好，有的是说他家乡的气候好，有的是说他那儿的水质好，或地形起伏和缓交通条件好，或一年四季阳光灿烂天气好，如此等等。我国地域辽阔，要管好用好自然资源，一定要讲究"因地制宜"的基本原则。

北方的夏半年经常有暴雨，冬半年则比较寒冷干燥。在这种情况下，有关部门以防暴雨洪水为重，采用了在河流"上游蓄水、中游疏导、下游排洪"策略，导致有的城市疏干了地下几十米厚蓄水层中的地下水，于是出现了如下困境：暴雨来了"排"字当头，"排"之不及就爆发内涝；将雨水资源排尽后，就严重缺水，有时候出现"有河皆干，有水皆污"危机局面。如果将"地下几十米厚蓄水层"利用起来，地表多水就蓄之，地表无水就抽用之，也许就能减轻内涝与缺水之苦。

（二）自然资源用途管制的机制协同

自然资源管理机制、体制是自然资源用途管制制度作用的基石。经过较长时期的机制、体制变革，我国业已形成了以行政监管为核心、相关法规为支撑、多部门分别管理的自然资源管理机制、体制。但这一体制存在的主要问题在于：

第一，多头、分割管理与自然资源多宜性特征的矛盾，而导致自然资源分类不清的问题。例如有的自然资源空间，国土部门界定为耕地，林业部门界定为疏林地，而对于草业部门可能是荒草地等，从而使得自然资源家底难以摸清；

第二，多头、分割管理与同一类自然资源有不同认定的问题。例如，盐田这一自然资源，在湿地分类系统中是湿地资源，而在土地利用分类中却更多的是建设用地，从而加剧了管理上的冲突与矛盾；

第三，多头、分割管理与自然资源协同、综合利用的矛盾。例如在规划方面，由于各个部门分别规划，对统一的自然资源空间赋予了不同的功能，例如有的区域，可能既是生态红线区，又是基本农田区；

第四，多头、分割管理与自然资源保护责任难以界定的矛盾。例如，2007年江苏省太湖水污染事件就是一个具体体现，由于水污染问题，既有太湖水资源自身开发利用不当，也有上游水资源开发利用不当，还有农业面源污染缺乏管制，工业开发区、城市空间等布局不当等多方面的问题。

因此，要构建支撑人与自然和谐现代化的自然资源管理体制、机制，就需要遵循自然资源整体性、系统性的特征优化自然资源管理体制、机制。而若要基于山水林田湖草生命共同体，从自然资源统一管理的制度建立的角度构建新的自然资源管理体制，还需要注重以下两个方面的协调。

1.行政监管与产权管理的关系

在现行自然资源体制中，当前各个自然资源管理部门既是国有自然资源行政监管者，也是国有自然资源产权管理者，但行政的不当干预，将会造成对产权权益人合理权益的损害；现行各部门是受委托行使各类国有自然资源所有权的，但土地、水、森林等各类集体自然资源所有权者，并未与行政监管部门建立委托行使关系，使行政监管部门成了事实上的强制行使者。因此，成立自然资源部，建立新型自然资源管理体制，就需要实现行政监管与产权管理的分离，以便更有效地保护自然资源产权主体权益，为市场决定作用在自然资源配置中的发挥提供基础。

2.法律产权与经济产权的关系

我国《物权法》以及《土地管理法》、《草原法》等各类法规，对各类自然资源产权作了较为明晰的规定，但随着经济与社会的发展，实际又提出了新的产权内容。例如，《物权法》明确了农村土地承包经营权的内涵，但十八届三中全会提出了承包权与经营权的分离，承包权成了具有永典权性质的"田面所有权"，经营权成了市场流转的主要权能。此外，经济产权，还有长期存在的惯例产权，也需要得到尊重与保护。

二、捍卫天蓝须从地绿做起绿色发展从理念到现实

地球虽小，却是我们已知宇宙中色彩最为斑斓的星体，其中以绿色为基调的大陆正是我们人类生存的家园。在地球家园中，我们人类对绿色有着天生的偏好和热爱。然而，自工业革命以来，对财富积累的过度追求使人类社会的发展越来越偏离原有的绿色发展轨迹。目前人类正在重新审视自己的行为，努力回归绿色发展，以改善不断恶化的家园环境。重新审视地球演进历史，聚焦陆地植被覆盖与大气环境两者变化的基本特征，总结经验，为实现人类绿色发展意识从自发走向自觉的成功转变提供有益借鉴。这正是我们这次交流的初衷所在。

（一）地有多绿，天有多蓝

地球诞生之初，地上火山肆虐，天空浑浊不堪。经过数十亿年演化，先是地壳冷却成型，然后出现了海洋和初级生物，并在大约6亿年陆地逐步被绿色植被覆盖（地绿了），大气环境最终变成了人们今天所见到样子（天蓝了）（Simmons，1996；克里斯蒂安，2007）。然而我们的地球命运多舛。6500万年前一颗小行星撞击地球，几乎完全摧毁了以绿色基调为主的陆地生态体系，致使地表环境再次陷入天昏地暗的境地。此后经历了数百万年的静养，地球陆地的绿色生态系统重获新生，无际的蓝天再次回归（西蒙斯，1993）。遗憾的是，工业革命以来人类大规模的资源环境开发活动，

特别是大规模的矿物燃料使用，再一次威胁到包括大气在内的地表环境的稳定运行。

（二）对草场作用的认识

在陆地表层的绿色植被覆盖中，草场不仅对国家和地区人文社会的发展居功至伟，而且对整个人类文明的诞生和发育更是功莫大焉。

对国家而言，建立在草场基础上的游牧文明与建立在耕地基础之上的农耕文明往往是大陆国家的两大基本组成部分，特别是在亚欧大陆地区。我国的人文历史恰恰就是一部游牧与农耕两大文明长期冲突和融合的过程。作为中国的最后一代封建王朝，清朝虽然在寻求国家工业化发展方面乏善可陈，但在推进游牧与农耕两大文明的国家长期融合上却是功不可没，甚至是历代封建王朝中最为成功的。

从整个人类文明的诞生和发育看，草场的作用更是需要被大书特书的。但遗憾的是，长期以来、特别是工业化革命以来，人们对草场在陆地绿色植被覆盖方面的作用表现出越来越少的关注。

大约在 700 万年前，人类的祖先们还活跃于丛林环境之中。此后，随着全球气候的变化，地表植被发生重大变化。从非洲到欧亚，再到美洲大片草场几乎同时取代了原有的丛林，从而形成了连绵不断的稀树草原景观。为了寻求食物以求生存，人类的祖先们不得不一次次离开大树，以步行姿态（一方面为了防卫食肉动物的袭击，一方面为了准确移动至下一棵大树）游弋于稀树草原之间。对古猿类而言，这种行为变化无异于一场革命。长期的行走，促进了猿类的肢体分工，而"手"的解放则标志着从猿到人的根本性转变，并从此开启了人类文明之旅。

翻阅历史不难发现，从采集游猎（人类文明第一步）到农耕生产（人类文明第二步）大约占据了人类文明发育时期的 99%（Massimo，1992）。而支撑人类文明发育的资源基础就是长期默默无闻的草场。不用说采集游猎时期的食物来源，就说农耕文明时期的主要食物生产，从麦稻五谷到蔬菜果品，从油料糖类到草药香料，从猪马牛羊到各类家禽，无一不是源自草原植物与动物的生物链母本。

上述事实表明，没有全球气候变化所造成的茫茫草场取代大片林地，便没有人类诞生的可能，更不用说人类文明的长期发育了。

第三节 大气治理与污染防控实践

一、背景

细颗粒物和臭氧是城市主要的大气污染物，对空气质量、城市气象、气候变化、人体健康有着重要影响。细颗粒物包括由 SO_2、NO、NH_3 转化而来的硫酸盐、硝酸盐和铵盐气溶胶，是由半挥发性有机物转化而来的二次有机气溶胶以及燃烧直接产生的碳气溶胶，各类扬尘。由于其独特的物理、化学和光学特性，细颗粒物改变了地表—大气系统的辐射平衡，且在大气非均相化学过程中扮演重要角色。臭氧是大气中的氮氧化合物和碳氢化合物等的一次污染物，是在紫外线（290~400nm）强烈照射下发生光化学反应形成的重要产物之一。作为一种强氧化剂，臭氧在对流层大气化学过程中起到十分重要的作用。

长江三角洲是快速城市化和工业化的地区，在燃煤引起的颗粒物污染已经比较严重的同时，又出现汽车尾气引起的光化学烟雾污染过程，再加上各类扬尘带来的污染，使多种类型污染叠加，以细颗粒物和臭氧为特征的大气复合污染日趋严重，尤其是高浓度细粒子与臭氧同时并存，通过不同过程产生相互作用，对科学控制细颗粒物和臭氧产生重要影响。

本文基于数据分析和数值模拟手段，重点探讨长三角地区细颗粒物和臭氧的主要变化特征、相互作用机理和协同控制对策。

二、长三角地区细颗粒物和臭氧的相互作用

细颗粒物和臭氧是边界层内重要的大气污染物，它们之间存在较强的耦合关系。颗粒物与臭氧之间可能存在着多种相互作用的途径，一方面，臭氧作为氧化剂改变了大气中其他气态污染物和颗粒物的浓度；另一方面，细颗粒物通过影响光化学反应速率、参与非均相化学反应以及影响边界层发展等途径影响臭氧浓度变化。

臭氧是一种强氧化剂，在许多大气污染物的转化过程中起重要的作用。作为氧化剂，臭氧可以改变大气中OH等自由基的浓度，促进二氧化硫的氧化及氮氧化物的转化，进一步影响到硫酸（H_2SO_4）、硝酸（HNO_3）、半挥发性有机物（SVOC）等的浓度，对硫酸盐、硝酸盐、铵盐、二次有机气溶胶等的形成产生影响，从而改变了细颗粒物

的组成。臭氧还可以通过液相氧化过程改变云汽中硫酸根、硝酸根离子的浓度，当云消散后这些离子又变成硫酸盐、硝酸盐、铵盐进入到大气中。

细颗粒物可以通过影响到达地面的太阳辐射，改变大气中的光化学反应速率来影响臭氧的浓度。细颗粒物对辐射平衡的影响主要通过以下两种效应：

1. 气溶胶直接效应，即通过对入射太阳辐射的吸收和散射，进而改变到达地表面的辐射量（Dickersonetal，1997）；

2. 气溶胶间接效应，即气溶胶作为云凝、结核改变云的反照率、生命期等性质，进而影响云的生消过程、降水及入射紫外辐射的强度（Twomey，1974；Albrecht，1989）。

这些效应可以通过散射和吸收太阳光，或者改变云的光学特性，影响到达地面的太阳辐射，改变入射紫外辐射的强度。辐射强度的变化会进一步改变光化学反应速率，影响光化学反应的进行，最终影响大气氧化性和臭氧的生成。现有的研究工作表明，大气颗粒物污染会导致臭氧浓度及其生成效率的变化，例如 Dickerson 等人（1997）利用观测分析和 UAM-V 模式模拟指出，边界层内散射性颗粒物可以促进大气光化学反应，利于臭氧的生成，而矿尘、黑炭等吸收性颗粒物则不利于光化学反应的进行和臭氧的生成。Bian 等人（2007）利用天津市观测数据和 NCARMM 模式分析发现，在晴空条件下，高颗粒物浓度对应弱紫外辐射强度和低臭氧浓度。Deng 等人（2011；2012）通过分析地表观测和模式资料，发现紫外辐射与 PM10 呈负相关，大气气溶胶可以削弱紫外辐射，减少臭氧浓度。蔡彦枫等（2013）利用光化学箱模式，结合地面监测资料分析，发现大气颗粒物浓度的升高导致臭氧近地面光解率下降 20%~30%，臭氧净生成率下降 30%~40%，颗粒物对光化学过程的抑制造成了大气氧化能力的降低，进而导致地面臭氧浓度减少。

第七章 水环境与可持续发展

随着社会经济快速发展和城市化进程加快，我国水资源和水环境形势日益严峻，尽管国家投入了大量人力、物力和财力，但水污染问题仍未得到有效控制，水环境现状没有得到明显改善。因此，本章将对水环境与可持续发展进行分析。

第一节 水循环及水资源保护利用

一、水循环

水是地球上最丰富的化合物，约占地球外层五公里地壳中的 50%，覆盖地球 71% 的表面积，其平均深度达到 3.8km，总量约有 $1.36 \times 10^9 km^3$。

（一）世界的水资源及其特点

不能被直接利用的海水占总水量的 97.2%；人类可以利用的河水、淡水湖及浅层地下水，大约为总水量的 0.2%，约为 $3 \times 10^6 km^3$；由于世界各地的水文、气象条件的差异，地区和季节的不同，水的分布也极不均衡，这造成一些地区严重缺水。

（二）水循环

1. 自然循环

传统意义上的水循环即水的自然循环，它是指地球上各种形态的水在太阳辐射和重力作用下，通过蒸发、水汽输送、凝结降水、下渗、径流等环节，不断发生相态转换的周而复始的运动过程。从全球范围看，典型的水的自然循环过程可表达为：从海洋的蒸发开始，蒸发形成的水汽大部分留在海洋上空，少部分被气流输送至大陆上空，在适当的条件下这些水汽气凝结成降水。海洋上空的降水回落到海洋，陆地上空的降水则降落至地面，一部分形成地表径流补给河流和湖泊，一部分渗入土壤与岩石空隙，形成地下径流，地表径流和地下径流最后都汇入海洋。由此构成全球性的连续有序的水循环系统。

水循环的基本动力是太阳辐射和重力作用。在地表温度、压力下水可以发生气、液、固三态转换，这是水循环过程得以进行的必要条件。水循环服从质量守恒定律，地球的水循环可视为是闭合系统，而局部地区的水循环则通常是既有水输入又有水输出的开放系统。局部地区水循环在空间和时间上的不均匀，可能导致某些时段及地区严重旱灾，而另一些时段及地区则出现严重洪涝的情况。

由于水循环的存在，可使地球上的水不断得到更新，成为一种可再生的资源。不同水体在循环过程中被全部更换一次所需时间（更替周期）各不相同，河流、湖泊的更替周期较短，海洋更替周期较长，而极地冰川的更新速度则更为缓慢，更替周期可长达数万年。水的更替周期是反映水循环强度的重要指标，也是水体水资源可利用率的基本参数，从水资源可持续利用的角度看，各种水体的储水量并非全部都适宜利用，一般仅将一定时间内能迅速得到补充的那部分水量计作可利用的水资源量。

2. 水的社会循环

水是关系人类生存发展的一项重要资源，人类社会为了满足生活、生产的需要，从各种天然水体中取用大量的水，经过使用后水被排放出来，最终又流入天然水体中，构成了一个局部的循环体系。人类社会为了生产、生活的需要，抽取附近河流、湖泊等水体，通过给水系统用于农业、工业、生活，在此过程中，部分水被消耗性使用掉，而其他用过的水则成为污废水，但污水需要通过排水系统妥善处理后排放。

给水系统的水源和排水系统的受纳水体大多是邻近的河流、湖泊或海洋，取之于附近水体，还之于附近水体，形成另一种受人类社会活动作用的水循环，这一过程与水的自然循环相对而言，称之为水的社会循环，又称为"循环"，是从天然水的资源效能角度而言的，它可使附近水体中的水被多次更换，被多次使用，在一定的空间和一定的时间尺度上影响着水的自然循环。

二、水资源保护

（一）水资源

1. 水资源含义

地球表层的水包括：大气中的水汽和水滴，海洋、湖泊、水库、河流、土壤、含水层和生物体中的液态水，冰川、积雪和永久冻土中的固态水，以及岩石中的结晶水等。人类可大量直接利用的是大气降水，江河、湖泊、水库、土壤和浅层地下水的淡水（含盐量 <0.1%），冰川和积雪只在融化为液态水后，才容易被利用，海水和其他水体中

的咸水能直接被利用的数量很少，两极冰盖和永久冻土中的水能直接被利用的机会极少，岩石中的结晶水则很难被人类利用。由此可见，天然水量并不等于可利用的水量，水资源则一般仅指地球表层中可供人类利用并逐年得到更新的那部分水资源。随着社会发展和科技的进步，人类可通过对海水淡化、人工降水、极地冰块的利用等手段，逐步扩大水资源的开发范围。

2. 水资源特点

水资源与其他自然资源相比，具有如下一些明显的特点：

（1）作用上的重要性。水资源在维持人类生命、发展工农业生产、维护生态环境等方面具有重要和不可替代的作用。

（2）补给上的有限性。水资源属于可再生资源，地球上各种形态的水一般均可通过水的自然循环实现动态平衡。但随着社会经济的发展，人类对水资源的需求量越来越大，而可供人类利用的水资源量却不会有大的增加，甚至会因人为的污染等因素而使质量变差，导致水资源减少。因此水的自然循环保证的水资源量是有限的，并非"取之不尽、用之不竭"。

（3）时空上的多变性。水是自然地理环境中较活跃的物质，其数量和质量受自然地理因素和人类活动的影响。在不同地区水资源的数量差别很大，同一地区也多有年内和年际的较大变化。这是水资源时空分布的一个重要特点，也是人类对水资源进行开发利用时应考虑的一个重要因素。

（4）利用上的多用性。即水资源具有"一水多用"的多功能特点。水资源的利用方式各不相同，有的需消耗水量（如农业用水、工业用水和城市供水），有的仅利用水能（如水力发电），有的则主要利用水体环境而不消耗水量（如航运、渔业等）。各种利用方式对水资源的质量要求也有很大差异，有的质量要求较高（如城市供水、渔业），而有的质量要求则较低（如航运）。因此应对水资源进行综合开发、综合利用、水尽其用，以同时满足不同用水部门的需要。

农业缺水、城市缺水及生态环境缺水是我国水资源短缺的三大主要问题。

由于中国是农业大国，农业用水占全国用水总量的绝大部分。目前有效灌溉面积约为 $0.481 \times 10^8 h\,m^2$，约占全国耕地面积的 51.2%，因此，近一半的耕地得不到有效灌溉，其中位于北方的无灌溉耕地约占 72%。河北、山东和河南三省缺水最严重；西北地区缺水量也较严重，而且区内大部分地区为黄土高原，人烟稀少，改善灌溉系统的难度较大；宁夏、内蒙古的沿黄灌区以及汉中盆地、河西走廊一带，也亟须扩大农田的灌溉面积。随着社会经济的快速发展，且由于受到工业用水及城市生活用水的挤占，农业缺水的形势将更加严峻。

城市是人口和工业、商业密集的地区，城市缺水在我国表现得十分尖锐。据统计，在我国 668 个建制城市中，约有 400 余座城市缺水，其中严重缺水的城市有 108 个。北方城市更为严重，如天津、哈尔滨、长春、青岛、唐山和烟台等地水资源已全面告急，而大多数南方城市则陷入水质性缺水的困境。据专家统计，2000 年我国城市缺水量达 400 亿立方米，因缺水影响的国民生产总值达 2400 亿元。

缺水不但给人民生产、生活带来严重影响，而且还威胁到生态环境的安全。目前，我国荒漠化面积达 188 万平方千米，接近国土总面积的 1/4。由于地下水超采，我国北方黄淮海地区近年来地下水位不断下降，地下水降落漏斗面积及漏斗中心水位埋深在不断增大；河北、河南豫北地区和山东西北地区的地下水降落漏斗已连成一片，形成了包括北京和天津在内的华北平原地下水漏斗区，面积超过 4 万平方千米。据有关专家统计，我国生态环境用水的总量尚有 110 多亿立方米的缺口，主要分布在黄淮海流域和内陆河流域，需从区外调水补充。生态缺水将直接加剧生态环境的恶化，制约我国整体的可持续发展。

据有关研究报告，到 21 世纪中叶我国人口总量将达到 15 亿~16 亿高峰，人均水资源量将减少到 1760m³，十分接近联合国的人均用水警告线。因此我国未来水资源形势十分严峻。

（二）水资源保护

水资源保护（water resources protection）是指为防止因水资源不恰当利用造成的水源污染和破坏，而采取的法律、行政、经济、技术、教育等措施的总称。

水资源保护工作应贯穿在人与水的各个环节中。从更广泛的意义上讲，正确客观地调查、评价水资源，合理地规划和管理水资源，都是让水资源得到保护的重要手段，因为这些工作是水资源保护的基础。从管理的角度来看，水资源保护主要是"开源节流"、防治和控制水源污染。它一方面涉及水资源、经济、环境三者平衡与协调发展的问题，另一方面还涉及各地区、各部门、集体和个人用水利益的分配与调整。这里面既有工程技术问题，也有经济学和社会学问题。同时，还要让广大群众积极响应，共同参与，就这一点来说，水资源保护也是一项社会性的公益事业。

通过各种措施和途径，使水资源在使用上不致浪费，使水质不致污染，以促进合理利用水资源。主要保护措施有：农业措施、林业措施、水土保持和工程措施。

首先，国家要加强立法，将水资源的污染和治理写入法律。要强化监督和执法，以法律手段控制污染，最终保护我们的水资源，保障水资源的可持续利用。进行水污染控制，要注意防治结合，运用法律、行政、经济、技术和教育的手段，对各行业进行污染监督，预防新的污染产生。加强对经济发展规划和建设项目的环境影响评价，还应包括重要建设政策的评价，防患于未然，对危害环境的策略不得予以通过，不进行危害环境与资源的项目建设。通过科学的评估，积极监督水污染的发生，科学开展治理活动，加强对国家的生态保护。

其次，我们要大力推行清洁生产，预防污染。首先要对工业污染的源头进行控制，实现对资源的合理利用，而不是着眼于废水浓度的达标排放。在水污染物的排放标准制定上面，由单一的浓度和污染指标的控制转向污染总量和各项污染指标严格控制相结合。由于我国的工业经济还是比较落后的，所以要根据我国的实际情况，走可持续发展的道路，走出一条以保护资源与环境为目标的全新的发展道路来。

最后，我们还要大力倡导节水型产业，提高水资源利用率。由于环境的承载力是有限的，因而国家管理机构负责建立水域安全利用指标，对水资源的使用量要加以限定，我们应鼓励企业创新技术，加大水资源的利用率，实现循环利用，节约用水。加快建设城市废水处理厂，城市的废水要在处理的过程中实现循环利用，在缺水地区更应大力实现废水的资源化，利用处理后的废水开展市政建设，城市基础设施建设等，缓解水资源的矛盾。

第二节　水污染及水体自净

一、水污染来源

水污染源可分为自然污染源和人为污染源两大类：自然污染源是指自然界自发向环境排放的有害物质、造成有害影响的场所，人为污染源则是指人类社会经济活动所形成的污染源。水污染最初主要是自然因素造成的，如地表水渗漏和地下水流动将地层中某些矿物质溶解，使水中盐分、微量元素或放射性物质浓度偏高，导致水质恶化，但自然污染源一般只发生在局部地区，其危害往往也具有地区性。随着人类活动范围和强度的加大，人类生产、生活活动逐步成为水污染的主要原因。按污染物进入水环境的空间分布方式，人为污染源又可分为点污染源和面污染源。

（一）点污染源

点污染源的排污形式为集中在一点或一个可当作一点的小范围，实际上多由管道收集后进行集中排放。最主要的点污染源有工业废水和生活污水，由于产生污染的过程不同，所以这些污废水的成分和性质也存在很大差异。

1. 工业废水

长期以来，工业废水是造成水体污染最重要的污染源。

（1）根据废水的发生来源，工业废水可分为工艺废水、设备冷却水、洗涤废水以及场地冲洗水等；

（2）根据废水中所含污染物的性质，工业废水可分为有机废水、无机废水、重金属废水、放射性废水、热污染废水、酸碱废水以及混合废水等；

（3）根据产生废水的行业性质，又可分为造纸废水、石化废水、农药废水、印染废水、制革废水、电镀废水等等。一般来说，工业废水具有以下几个特点：

1）污染量大。工业行业用水量大，其中70%以上转变为工业废水排入环境，废水中污染物浓度一般也很高，如造纸和食品等行业的工业废水中，有机物含量很高，BOD，（生化耗氧量，即微生物分解有机物所耗费的氧）常超过2000mg/L，有的甚至高达30000mg/L以上。

2）成分复杂。工业污染物成分复杂、形态多样，包括有机物、无机物、重金属、放射性物质等有毒有害的污染物。特别是随着合成化学工业的发展，世界上已有数千万种合成品，每周又有数百种新的化学品问世，在生产过程中这些化学品（如多氯联苯）不可避免地会进入废水当中。而污染物质的多样性极大地增加了工业废水处理的难度。

3）感官不佳。工业废水常带有令人不悦的颜色或异味，如造纸废水的浓黑液，呈黑褐色，易产生泡沫，而且具有令人生厌的刺激性气味等。

4）水质水量多变。工业废水的水量和水质随生产工艺、生产方式、设备状况、管理水平、生产时段等的不同而有很大差异，即使是同一工业的同一生产工序，生产过程中水质也会有很大变化。

2. 生活污水

生活污水主要来自家庭、商业、学校、旅游、服务行业及其他城市公用设施，包括厕所冲洗水、厨房排水、洗涤排水、沐浴排水及其他排水。不同城市的生活污水，其组成有一定差异。一般而言，生活污水中99.9%是水，固形物不到0.1%，虽也含有微量金属如锌、铜、铬、锰、镍和铅等，但污染物质以悬浮态或溶解态的有机物（如氮、硫、磷等盐类）、无机物（如纤维素、淀粉、脂肪、蛋白质及合成洗涤剂等）为主，其中的有机物质大多较易降解，但在厌氧条件下易生成恶臭。此外，生活污水中还含有多种致病菌、病毒和寄生虫卵等。

生活污水中悬浮固体的含量一般在200~400mg/L之间，BOD，在100~700mg/L之间。随着城市的发展和生活水平的提高，生活污水量及污染物总量都在不断增加，部分污染物指标（如 BOD5）甚至超过工业废水成为水环境污染的主要来源。

（二）面污染源

面污染源又称非点污染源，污染物排放一般分散在一个较大的区域范围，通常表现为无组织性。面污染源主要指雨水的地表径流、含有农药化肥的农田排水、畜禽养殖废水以及水土流失等。农村中分散排放的生活污水及乡镇工业废水，由于其进入水体的方式往往是无组织的，通常也被列入面污染源。

1. 农村面源。由于过量施加化肥和农药，农田地表径流中含有大量的氮、磷营养物质和有毒的农药。此外，不合理的施用化肥和农药还会改变土壤的物理特性，降低土壤的持水能力，且会产生更多的农田径流并加速土壤的侵蚀。农田径流中氮的浓度为 1~70mg/L，磷的浓度为 0.05~1.1mg/L，在农业发达的地区，已对水环境构成危害。由于农业对化肥的依赖性增加，畜禽养殖业的动物粪便已从一种传统的植物营养物变成了一种必须加以处置的污染物，畜禽养殖废水常含有很高的有机物浓度，如猪圈排水中 BOD，为 1200~1300mg/L，牛圈排水中 BOD5 可达 4300mg/L，这些有机物易被微生物分解，其中含氮有机物经过氨化作用形成氨，再被亚硝酸和硝酸菌作用，转化为亚硝酸和硝酸，常引起地下水污染。目前，农业已成为大多数国家水环境最大的面污染源。

2. 粗放发展的乡镇工业所排废水，在部分地区常成为当地水环境重要的污染源。据统计，1995 年我国乡镇工业废水排放量为 59.1 亿吨，占全国工业废水排放总量的 21.0%；废水中化学需氧量排放量为 611.3 万吨，占全国工业化学需氧量排放总量的 44.3%；氰化物排放量 438.3t，占 14.9%；挥发酚排放量 11958.5t，占 65.4%；石油类排放量 10003.9t，占 13.5%；悬浮物排放量 749.5 万吨，占 47.9%；重金属（铅、汞、铬、铜）排放量 1321.4t，占 42.4%；砷排放量 1875.3t，占 63.3%。散乱排放的乡镇工业废水已成为水环境保护的突出问题和影响人体健康的重要因素。

3. 城市径流。在城市地区，大部分土地为屋顶、道路、广场覆盖，所以地面渗透性很差。雨水降落并流过铺砌的地面，常夹带有大量的城市污染物，如汽车废气中的重金属、轮胎的磨损物、建筑材料的腐蚀物、路面的砂砾、建筑工地的淤泥和沉淀物、动植物的有机废弃物、动物排泄排遗物中的细菌、城市草地和公园喷洒的农药、润滑油、石油、阻冻液以及融雪撒的路盐等等。城市地区的雨水一般排入雨水下水道，或者直接排入附近水体，通常并不经过任何处理。城市径流对受纳溪流、河流或湖泊有较严重的不利影响。经研究发现，城市径流中所含的重金属（如铜、铅、锌等）、氯化有机物、悬浮物，对多种鱼类和无脊椎水生动物具有潜在的致命影响。

4. 大气中含有的污染物随降雨进入地表水体，也可以归入面污染源。例如，酸雨降低了水体中的 pH 值，影响幼鱼和其他水生动物种群的生存，并可使幸存的成年鱼类丧失生殖能力。

由于面污染源量大、面广、情况复杂，故要对其控制要比点污染源难得多。并且随着对点污染源管制的加强，面污染源在水环境污染中所占的比重也在不断增加。据调查，在损害美国地表水的污染源中，面源所作的贡献已分别达到 65%（河流）和 75%（湖泊）。

二、水污染物类型及特征

造成水体污染的来源具有多样性，不同污染源所排放的污染物也具有多样性，这些污染物质的种类和环境效应可概括为：

1. 悬浮物。悬浮物是指悬浮在水中的细小固体或胶体物质，主要来自水力冲灰、矿石处理、建筑、冶金、化肥、化工、纸浆和造纸、食品加工等工业废水和生活污水。悬浮物除了使水体浑浊，影响水生植物的光合作用外，悬浮物的沉积还会窒息水底栖息生物，破坏鱼类产卵区，淤塞河流或湖库。此外，悬浮物中的无机和胶体物较容易吸附营养物、有机毒物、重金属、农药等，从而形成危害更大的复合污染物。

2. 耗氧有机物。生活污水和食品、造纸、制革、印染、石化等工业废水中含有糖类、蛋白质、油脂、氨基酸、脂肪酸、酯类等有机物质，这些物质以悬浮态或溶解态存在于污废水中，排入水体后能在微生物的作用下最终分解为简单的无机物，并消耗大量的氧，使水中溶解氧降低，因而被称为耗氧有机物。在标准状况下，水中溶解氧约 9mg/L，当溶解氧降至 4mg/L 以下时，将严重影响鱼类和水生生物的生存；当溶解氧降低到 1mg/L 时，大部分鱼类会窒息死亡；当溶解氧降至零时，水中厌氧微生物占据优势，有机物将进行厌氧分解，产生甲烷、硫化氢、氨和硫醇等难闻、有毒气体，造成水体发黑发臭，影响城市供水及工农业用水、景观用水。耗氧有机物是当前全球最普遍的一种水污染物，清洁水体中 BOD 的含量应低于 3mg/L，当 BOD 的含量超过 10mg/L 则表明水体已受到严重污染。由于有机物成分复杂、种类繁多，一般常用综合指标如生化需氧量（BOD）、化学需氧量（COD）、总需氧量（TOD）或总有机碳（TOC）等表示耗氧有机物的含量。

3. 植物营养物。植物营养物重点指含氮、磷的无机物或有机物，主要来自生活污水、部分工业废水和农业面源。适量的氮、磷为植物生长所必需，但过多的营养物排入水体，则有可能刺激水中藻类及其他浮游生物大量繁殖，从而导致水中溶解氧下降，水质恶化，鱼类和其他水生生物大量死亡，这被称为水体的富营养化。当水体出现富营养化时，大量繁殖的浮游生物往往使水面呈现红色、棕色、蓝色等颜色，这种现象发生在海域称为"赤潮"，发生在江河湖泊则叫作"水华"。水体富营养化一般都发生在池塘、湖泊、水库、河口、河湾和内海等水流缓慢、营养物容易聚积的封闭或半封闭水域，但像河流流速较大的水体一般影响不大。

4. 重金属。作为水污染物的重金属主要是指汞、镉、铅、铬以及类金属砷等生物毒性显著的元素，也包括具有一定毒性的一般重金属如锌、镍、钴、锡等。从重金属对生物与人体的毒性危害来看，重金属的毒性通常由微量所致，一般重金属产生毒性的浓度范围在 1~10mg/L 之间，毒性较强的金属汞、镉等为 0.01~0.001mg/L；重金属及其化合物的毒性几乎都通过与机体结合而发挥作用，某些重金属可在生物体内转化为毒性更强的有机化合物，如著名的日本水俣病就是由汞的甲基化作用形成甲基汞，破坏人的神经系统所致；重金属不能被生物降解，生物从环境中摄取的重金属可通过食物链发生生物放大、富集的现象，进而在人体内不断积蓄造成慢性中毒，例如淡水浮游植物能富集汞 1000 倍，鱼能富集 1000 倍，而淡水无脊椎动物的富集作用可高达10000 倍；重金属的毒性与金属的形态有关，例如六价铬的毒性是三价铬的 10 倍。作为具有潜在危害的重要污染物质，重金属污染已引起人们的高度重视。

5. 难降解有机物。难降解有机物是指那些难以被自然降解的有机物，它们大多为人工合成的化学品，例如有机氯化合物、有机芳香胺类化合物、有机重金属化合物以及多环有机物等等。它们的特点是能在水中长期稳定地留存，并在食物链中进行生化积累，其中一部分化合物即使在十分低的含量下仍具有致癌、致畸、致突变作用，对人类的健康构成极大的威胁。目前，人类仅对不足 2% 的人工化学品进行了充分的检测和评估，对超过 70% 的化学品都缺乏健康影响信息的了解，而对这些化学品的累积或协同作用的研究则更加缺乏。

6. 石油类。水体中石油类污染物质主要来源于船舶排水、工业废水、海上石油开采及大气石油烃沉降。水体中油污染的危害是多方面的：含有石油类的废水排入水体后形成油膜，阻止大气对水的复氧，并妨碍水生植物的光合作用；石油类经微生物降解需要消耗氧气，造成水体缺氧；石油类黏附在鱼鳃及藻类、浮游生物上，可致其死亡；石油类还可抑制水鸟产卵和孵化。此外，石油类的组成成分中含有多种有毒物质，食用受石油类污染的鱼类等水产品，会危及人体健康。

7. 酸碱。水中的酸碱主要来自矿山排水、多种工业废水或酸雨。酸碱污染会使水体 pH 值发生变化，破坏水的自然缓冲作用和水生生态系统的平衡。例如当 pH 值小于6.5 或大于 8.5 时，水中微生物的生长就会受到抑制。酸碱污染会使水的含盐量增加，对工业、农业、渔业和生活用水都会产生不良的影响。严重的酸碱污染还会腐蚀船只、桥梁及其他水上建筑。

8. 热污染。由工矿企业排放高温废水引起水体的温度升高，称为热污染。水温升高使水中溶解氧减少，同时加快了水中化学反应和生化反应的速度，改变了水生生态系统的生存条件，进而破坏生态功能平衡。

9. 放射性物质。放射性物质主要来自核工业部门和使用放射性物质的民用部门。放射性物质通过污染地表水和地下水影响饮水水质，并且通过食物链对人体产生内照射，可能出现头痛、头晕、食欲下降等症状，继而出现白细胞和血小板减少，超剂量的长期作用可导致肿瘤、白血病和遗传障碍等。

三、水体自净

污染物投入水体后，使水环境受到污染。污水排入水体后，一方面对水体造成污染，另一方面水体本身有一定的净化污水的能力，即经过水体的物理、化学与生物的作用，使污水中污染物的浓度得以降低，经过一段时间后，水体往往能恢复到受污染前的状态，并在微生物的作用下进行分解，从而使水体由不洁恢复为清洁，这一过程称为水体的自净过程（self-purification of water body）。

1. 水体自净机理

水体的自净机理包括：

（1）物理作用。物理作用包括可沉性固体逐渐下沉，悬浮物、胶体和溶解性污染物稀释混合，浓度逐渐降低。其中稀释作用是一项重要的物理净化过程。

（2）化学作用。污染物质由于氧化、还原、酸碱反应、分解、化合、吸附和凝聚等作用而使污染物质的存在形态发生变化和浓度降低。

（3）生物作用。由于各种生物（藻类、微生物等）的活动特别是微生物对水中有机物的氧化分解作用使污染物降解，并且它在水体自净中起非常重要的作用。

水体中污染物的沉淀、稀释、混合等物理过程，氧化还原、分解化合、吸附凝聚等化学和物理化学过程以及生物化学过程等往往是同时发生，相互影响，并相互交织进行的。一般说来，物理和生物化学过程在水体自净中占主要地位。

2. 水体自净过程

废水或污染物一旦进入水体后，就开始了自净过程。该过程由弱到强，直到趋于恒定，使水质逐渐恢复到正常水平。全过程的特征是：

（1）进入水体中的污染物，在连续的自净过程中总的趋势是浓度逐渐下降。

（2）大多数有毒污染物经各种物理、化学和生物的作用，转变为低毒或无毒的化合物。

（3）重金属一类污染物，从溶解状态被吸附或转变为不溶性化合物，沉淀后进入底泥。

（4）复杂的有机物，如碳水化合物：脂肪和蛋白质等，不论在溶解氧富裕或缺氧条件下，都能被微生物利用和分解。先降解为较简单的有机物，再进一步分解为二氧化碳和水。

（5）不稳定的污染物在自净过程中转变为稳定的化合物。如氨转变为亚硝酸盐，再氧化为硝酸盐。

（6）在自净过程的初期，水中溶解氧数量急剧下降，达到最低点后又缓慢上升，逐渐恢复到正常水平。

（7）进入水体的大量污染物如果是有毒的，则生物不能栖息，如不逃避就会死亡，水中生物种类和个体数量就会随之大量减少。随着自净过程的进行，有毒物质浓度或数量下降，生物种类和个体数量也逐渐随之回升，最终趋于正常的生物分布。在进入水体的大量污染物中，如果含有机物过多，那么微生物就可以利用丰富的有机物为食料而迅速的繁殖，溶解氧随之减少。随着自净过程的进行，使纤毛虫之类的原生动物有条件取食于细菌，则细菌数量又随之减少；而纤毛虫又被轮虫、甲壳类吞食，使后者成为优势种群。有机物分解所生成的大量无机营养成分，如氮、磷等，使藻类生长旺盛，藻类旺盛又使鱼、贝类动物随之繁殖起来。

但是，水体自净是有限的，如果我们人为地向水中排入过多的污染物并超过了水环境的容量，就会造成水体严重污染，如果这种状况得不到及时和有效的改变，那么就会导致恶性循环，出现"死水"现象。

因此，控制污染物排入水体是保护水体环境的首要措施，只有这样才能发挥水体的自我净化能力，从而使水体环境和生态系统向一个良性、健康、可持续发展的方向发展。

四、水环境容量

水质的好与不好是相对的，凡是达到水功能区水质目标的，即为达标，认为水质是好的；凡是污染程度超过功能区水质目标的，即为超标，认为水质是不好的。所以在河道整治规划过程中，首先要明确规划河段的水功能区划。我国水功能区划分采用两级体系，即一级区划和二级区划。水功能一级区划分保护区、缓冲区、开发利用区、保留区四类；水功能二级区划在一级区划的开发利用区内进行，分为饮用水源区、工业用水区、农业用水区、渔业用水区、景观娱乐用水区、过渡区、排污控制区七类。一级区划宏观上可解决水资源开发利用与保护的问题，主要协调地区间关系，并考虑可持续发展的需求；二级区划主要协调用水部门之间的关系。区划中确定了各水域的主导功能及功能顺序，制定了为使水域功能不遭破坏的水资源保护目标，将水资源保护和管理的目标分解到各功能区单元，从而使管理和保护更有针对性，通过各功能区水资源保护目标的实现，保障水资源的可持续利用。水功能区划是全面贯彻水法，加强水资源保护的重要举措，是水资源保护措施实施和监督管理的依据。

水环境容量或纳污能力是满足水功能区划确定的水环境质量标准要求的最大允许污染负荷量。水环境承载能力是指在一定的水域，其水体能够被继续使用并仍保持良好生态系统时，所能容纳的污水及污染物的最大能力。影响水环境承载能力的因子有：由水量和流动特性确定的水体自净稀释能力、由水功能区划确定的水环境质量目标、水体污染物背景浓度（现状水质）和污染源的类型和位置。

在规划过程中遇到的主要问题是：

1. 难以得到现状水质，即水体污染物背景浓度的资料。由于条块分割，水质、水环境、污染物排放等属于环保部门的管辖范围，所以跨行业部门收集水质资料难度很大。水利部门虽然也设立了一些水质监测断面，但数量极其有限，只能反映水质的总体情况，很难作为具体河段现状分析计算的依据。

2. 水环境容量的合理分配问题。水环境容量是一种有价值的环境资源，如果上游河道水体被污染就会导致下游某河段水质超标，理论上，下游河段就没有可以受纳污染物的水环境容量了。如果这样，是不是该河段沿岸就不允许排污了呢？人们要生活、社会经济要发展，排污是不可避免的，更何况不能因为上游污染而不允许下游的发展。因此，应分析计算各地的水环境容量，明确责任和权利，协调各地经济发展与环境保护之间的关系。

第三节　水污染控制原理及技术

水环境污染是当今世界各国面临的共同问题。随着经济的发展、人口的递增和城市化进程的加快，全球水污染负荷仍处于日益加重的趋势，另一方面由于人们生活水平的提高，又对水环境质量提出了更高的要求。因此，科学、经济地进行水污染的控制，保证水环境的可持续利用，已成为世界各国特别是发展中国家最紧迫的任务之一。

一、水污染控制原则

工业水污染的防治必须采取综合性对策，从宏观控制、技术控制及管理控制三方面着手，也就是"防"、"治"、"管"三者结合起来，形成一个高效的综合防治体系，才能起到有效的整治效果。

（一）防

"防"是指对污染源的控制，通过有效控制使污染源排放的污染物的量减少到最小。如对工业污染源最有效的控制方法是推行清洁生产。清洁生产是指原料与能源利用率最高、废物产生量和排放量最低、对环境危害最小的生产方式与过程。它着眼于在工业生产全过程中减少污染物的产生量，并要求污染物最大限度资源化。清洁生产采用的主要技术路线有改革原料选择及产品设计，以无毒无害的原料和产品代替有毒有害的原料和产品；改革生产工艺，减少对原料、水及能源的消耗；采用循环用水系统，减少废水排放量；回收利用废水中的有用成分，使废水浓度降低等。

对生活污染源也可以通过有效措施减少其排放量。如推广使用节水用具，提高民众节水意识，可以降低用水量，从而减少生活废水的排放量。

为了有效地控制面污染源，必须从"防"做起。提倡农田的科学施肥和农药的合理使用，可以大大减少农田中残留的化肥和农药，进而减少农田径流中所含氮、磷和农药的量。

（二）治

"治"是水污染防治中不可缺少的一环。通过各种预防措施，污染源可以得到一定程度的控制，但要实现"零排放"是很困难的，或者几乎是不可能的，如生活废水的排放就不可避免。因此，必须对废水进行妥善处理，确保其在排入水体前达到国家或地方规定的排放标准。

应特别注意工业废水处理与城市废水处理的关系。工业废水中常含有酸、碱、有毒、有害物质、重金属或其他污染物等。由于在不同工业废水中所含的污染物的性质各不相同。对于这些特殊性质的废水，应在工厂内或车间内就地进行局部处理，这在技术上是容易办到的，在经济上也是比较合理的。而对于与城市废水相近的工业废水，或经局部处理后不致对城市下水道及城市废水的生物处理过程产生危害的工业废水，单独设置废水处理设施是不必要的，也是不经济的，应该优先考虑排入城市下水道与城市废水共同处理，这样做既节约费用，又提高了处理效果。

（三）管

"管"是指对污染源、水体及处理设施的管理。"管"在水污染防治中也占据十分重要的地位。科学的管理包括对污染源的经常监测和管理，对废水处理厂的监测和管理，以及对水体卫生特征的监测和管理。应建立统一的管理机构，颁布有关法规，并按照经济规律办事。应分别制订出工业废水排入城市下水道的排放标准及城市废水、工业废水排入水体的排放标准。在国家标准范围内，对不同地区应根据当地情况使标准不断完善化。对于"管"除应注意其科学性外，在当前中国的现实状况下，也应该注要做到"有法可依，有法必依；执法必严，违法必究"，加大执法力度。施行三级控制模式。

第一级，污染源头控制（上游段）。源头控制主要是利用法律、管理、经济、技术、宣传教育等手段，对生活污水、工业废水、农村面源和城市径流等进行综合控制，防止污染发生，削减污染排放。控源的重点是工业污染源和农村面源，进入城市污水截流管网的工业废水水质应满足规定的接管标准。

第二级，污水集中处理（中游段）。对于人类活动高度密集的城市区域，除了必要的分散控源外，还要有计划、有步骤地重点建设城市污水处理厂，进行污水的大规模集中处理。污水处理厂的建设较为普遍，其特点是技术成熟，占地少，净化效果好，但工程投资甚大。同时应重视城市污水截流管网的规划及配套建设，适当改造已有的雨水／污水合流系统，努力实现雨污分流。

第三级，尾水最终处理（下游段）。城市尾水是指虽经处理但尚未达到环境标准的混合污水。一般而言，城市污水处理厂对去除常规有机物具有优势，但对引起水体富营养化的氮、磷和其他微量有毒难降解化学品的去除效果不佳。尾水并不等于清水（例如尾水中氮、磷负荷一般占原污水的60%~80%），如果直接排入与人类关系密切的清水水域，仍然存在极大的危险，在发达国家日益受到重视的微量有毒污染问题就是例证。此外，城市污水处理厂基建投资和运行成本甚高，在经济较为落后的发展中国家，大规模地普建污水处理厂存在困难，城市尾水中实际上含有大量未经任何处理的污水（例如我国目前城市污水集中处理率仅为13.65%）。因此，在排入清水环境前，加强对污水处理厂出水为主的城市尾水的处置，无论是对削减常规有机污染或是微量有毒污染而言都殊为重要。三级深度处理可进一步解决城市尾水的处置问题，但因费用高昂，一般难以推广。国内外的研究及实践表明，以土壤或水生植物为基础的污水生态工程是较理想的尾水处理技术，甚至可以作为一般城市污水集中处理的重要技术选择。此外，利用水体自净能力的尾水江河湖海处置工程也较为普遍，而污水的重复利用也是一个重要的发展方向。

"三级控制"是一个从污染发生源头到污染最终消除完整的水污染控制链，在控制过程中，实行清污分流，污水禁排清水水域，以保障区域水环境的长治久安。

二、水处理技术单元分类

污水处理一般来说包含以下三级处理：一级处理是它通过机械处理，如格栅、沉淀或气浮，去除污水中所含的石块、砂石和脂肪、铁离子、锰离子、油脂等。二级处理是生物处理，污水中的污染物在微生物的作用下被降解和转化为污泥。三级处理是污水的深度处理，它包括营养物的去除和通过加氯、紫外辐射或臭氧技术对污水进行消毒。由于根据处理的目标和水质的不同,有的污水处理过程并不是包含上述所有过程。

（一）机械处理工段

机械（一级）处理工段包括格栅、沉砂池、初沉池等构筑物，以去除粗大颗粒和悬浮物为目的，处理的原理在于通过物理法实现固液分离，将污染物从污水中分离，这是普遍采用的污水处理方式。机械（一级）处理是所有污水处理工艺流程的必备工程（尽管有时有些工艺流程省去初沉池），城市污水一级处理 BOD，和 ss 的典型去除率分别为 25% 和 50%。在生物除磷脱氮型污水处理厂一般不推荐曝气沉砂池，以避免快速降解有机物的去除；在原污水水质特性不利于除磷脱氮的情况下，初沉的设置与否以及设置方式需要根据水质特殊的后续工艺加以仔细分析和考虑，以保证和改善除磷除氮等后续工艺的进水水质。

（二）污水生化处理

污水生化处理属于二级处理，以去除不可沉悬浮物和溶解性可生物降解有机物为主要目的，其工艺构成多种多样，可分成活性污泥法、AB 法、A/O 法、A2/0 法、SBR 法、氧化沟法、稳定塘法、土地处理法等多种处理方法。目前，大多数城市污水处理厂都采用活性污泥法。生物处理的原理是通过生物作用，尤其是微生物的作用，完成有机物的分解和生物体的合成，将有机污染物转变成无害的气体产物（CO_2）、液体产物（水）以及富含有机物的固体产物（微生物群体或称生物污泥）；多余的生物污泥在沉淀池中经沉淀池固液分离，从净化后的污水中除去。

在污水生化处理过程中，影响微生物活性的因素可分为基质类和环境类两大类：

1.基质类。基质类包括营养物质，如以碳元素为主的有机化合物,即碳源物质、氮源、磷源等营养物质，以及铁、锌、锰等微量元素；另外，还包括一些有毒有害的化学物质，如酚类、苯类等化合物；也包括一些重金属离子，如铜、镉、铅离子等。

2. 环境类：

（1）温度。温度对微生物的影响是很广泛的，尽管在高温环境（50~70℃）和低温环境（-5~0℃）中也活跃着某些种类的细菌，但污水处理中绝大部分微生物最适宜生长的温度范围是 20~30℃。在适宜的温度范围内，微生物的生理活动旺盛，其活性随温度的增高而增强，处理效果也越好。超出此范围，微生物的活性变差，生物反应过程就会受影响。一般地，控制反应进程的最高和最低限值分别为 35℃ 和 10℃。

（2）pH 值。活性污泥系统微生物最适宜的 pH 值范围是 6.5~8.5，酸性或碱性过强的环境均不利于微生物的生存和生长，严重时会使污泥絮体遭到破坏，菌胶团解体，处理效果急剧恶化。

（3）溶解氧。对好氧生物反应来说，保持混合液中一定浓度的溶解氧至关重要。当环境中的溶解氧高于 0.3mg/L 时，兼性菌和好氧菌都进行有氧呼吸；当溶解氧低于 0.2-0.3mg/L 接近于零时，兼性菌则转入厌氧呼吸，绝大部分好氧菌基本停止呼吸，而有部分好氧菌（多数为丝状菌）还可能生长良好，在系统中占据优势后常导致污泥膨胀。一般地，曝气池出口处的溶解氧应保持 2mg/L 左右为宜，过高则会增加能耗，经济上不合算。在所有影响因素中，基质类因素和 pH 值决定于进水水质，对这些因素的控制，主要靠日常的监测和有关条例、法规的严格执行。对一般城市污水而言，这些因素大都不会构成太大的影响，各参数基本能保持在适当范围内。温度的变化与气候有关，对于万吨级的城市污水处理厂，特别是采用活性污泥工艺时，对温度的控制难以实施，在经济上和工程上都不是十分可行的。因此，一般是通过设计参数的适当选取来满足不同温度变化的处理要求，以达到处理目标。因此，工艺控制的主要目标就落在活性污泥本身以及可通过调控手段来改变的环境因素上，控制的主要任务就是采取合适的措施，克服外界因素对活性污泥系统的影响，使其能持续稳定地发挥作用。

实现对生物反应系统的过程控制关键在于控制对象或控制参数的选取，而这又与处理工艺或处理目标密切相关。

前已述及溶解氧是生物反应类型和过程中一个非常重要的指示参数，它能直观且比较迅速地反映出整个系统的运行状况，运行管理方便，仪器、仪表的安装及维护也较简单，这也是近十年我国新建的污水处理厂基本都实现了溶解氧现场和在线监测的原因。

（三）深度处理

深度处理又称三级处理，是对水生化处理后的出水进行的深度处理，现在我国的污水处理厂投入实际应用的并不多。它将经过二级处理的水进行脱氮、脱磷处理，用活性炭吸附法或反渗透法等去除水中的剩余污染物，并用臭氧或氯消毒杀灭细菌和病毒，然后将处理水送入中水道，作为冲洗厕所、喷洒街道、浇灌绿化带、工业用水、防火等水源。由此可见，污水处理工艺的作用仅仅是通过生物降解转化作用和固液分离，在使污水得到净化的同时将污染物富集到污泥中,包括一级处理工段产生的初沉污泥、二级处理工段产生的剩余活性污泥以及三级处理产生的化学污泥。由于这些污泥含有大量的有机物和病原体,而且极易腐败发臭,所以很容易造成二次污染,消除污染的任务尚未完成。污泥必须经过一定的减容、减量和稳定化、无害化处理并妥善处置。污泥处理处置的成功与否对污水处理厂有重要的影响,因而必须重视。如果污泥不进行处理,污泥将不得不随处理后的出水排放,污水处理厂的净化效果也就会被抵消掉。所以在实际的应用过程中,污水处理过程中的污泥处理也是相当关键的。

三、常用物化水处理技术

常用的水处理方法有:沉淀物过滤法、硬水软化法、活性炭吸附法、去离子法、逆渗透法、超过滤法、蒸馏法、紫外线消毒法等。

(一)沉淀物过滤法

沉淀物过滤法的目的是将水源内悬浮颗粒物质或胶体物质清除干净。这些颗粒物质如果没有清除,会对透析用水或其他杂质的过滤膜造成破坏甚至水路的阻塞。这是最古老且最简单的净水法,所以这个步骤常用在水纯化的初步处理中,或有必要时,在管路中也会多加入几个过滤器(filter)以清除体积较大的杂质。过滤悬浮的颗粒物质所使用的滤器种类很多,例如网状滤器,沙状滤器(如石英砂等)或膜状滤器等。只要颗粒大小大于这些孔洞的大小,就会被阻挡下来。但对于溶解于水中的离子,就无法阻拦下来。如果滤器太久没有更换或清洗,堆积在滤器上的颗粒物质会愈来愈多,则水流量及水压会逐渐减少。人们就是利用入水压与出水压差来判断滤器被阻塞的程度。因此滤器要定时逆冲以排除堆积其上的杂质,同时也要在固定时间内更换滤器。

沉淀物过滤法还有一个问题值得注意,因为颗粒物质不断被阻拦而堆积下来,这些物质面就会有细菌在此繁殖,并释放毒性物质通过滤器,造成热原反应,所以要经常更换滤器,原则上进水与出水的压力落差升高达到原先的五倍时,就需要换掉滤器。

(二)活性炭吸附法

活性炭是由木头、残木屑、水果核、椰子壳、煤炭或石油底渣等物质在高温下干馏炭化而成的,制成后还需以热空气或水蒸气加以活化。它的主要作用是清除氯与氯氨以及其他分子量在 60 到 300 道尔顿的溶解性有机物质。活性炭的表面呈颗粒状,内部是多孔的,孔内有许多约 10~0.1nm 大小的毛细管,1g 的活性炭内部表面积高达 700~1400 ㎡,而这些毛细管内表面及颗粒表面就具有吸附作用。影响活性炭清除有机物能力的因素有活性炭本身的面积，孔洞大小以及被清除有机物的分子量及其极性（polarity），它主要靠物理的吸附能力来排除杂物，当吸附能力达到饱和之后，吸附过多的杂质就会掉下来污染下游的水质，所以必须定时利用逆冲的方式来清除吸附其上的杂质。

这种活性炭滤器如果吸附能力明显下降，就必须更新。测定进水及出水的 TOC 浓度差（或细菌数量差）是考量更换活性炭的依据之一。有些逆渗透膜对氯的耐受性不佳，所以在逆渗透之前要有活性炭的处理，使氯能够有效地被活性炭吸附，但是活性炭上的孔洞吸附的细菌容易繁殖滋长，同时对于分子较大有机物的清除，活性炭的功效有限，所以必须使用逆渗透膜在后面补强。

（三）逆渗透法

逆渗透法可以有效地清除溶解于水中的无机物、有机物、细菌、热原及其他颗粒等，是透析用水处理中最重要的一环。在了解"逆渗透"原理之前，要先解释渗透（osmosis）的观念。所谓渗透是指以半透膜隔开两种不同浓度的溶液，其中溶质不能透过半透膜，则浓度较低的一方水分子会通过半透膜到达浓度较高的另一方，直到两侧的浓度相等为止。在还没达到平衡之前，可以在浓度较高的一方逐渐施加压力，则前述水分子移动状态会暂时停止，此时所需的压力叫作渗透压（osmotic pressure），如果施加的力量大于渗透压时，则水分的移动会反方向进行，也就是从高浓度的一侧流向低浓度的一侧，这种现象叫作"逆渗透"。逆渗透的纯化效果可以达到离子的层面，对于单价离子（monovalent ions）的排除率（rejection rate）可达 90%-98%，而双价离子（divalent ions）可达 95%~99% 左右（可以防止分子量大于 200 道尔敦的物质通过）。

逆渗透水处理常用的半透膜材质有纤维质膜（cellulosic），芳香族聚酯胺类（aromatic poly amides），polyimide 或 poly fur an es 等，它的结构形状有螺旋形（spiral wound），空心纤维型（hollow fiber）及管状型（tubular）等。这些材质中纤维素膜的优点是耐氯性高，但在碱性条件下（pH≥8.0）或细菌存在的状况下，使用寿命会缩短。Polyamide 的缺点是对氯及氯氨耐受性差。至于采用哪一种材质较好，目前还没有定论。

如果逆渗透前没有做好前置处理，则渗透膜上容易有污物堆积，例如钙、镁、铁等离子，造成逆渗透功能的下降；有些膜（如 polyamide）容易被氯与氯氨破坏，因此在逆渗透膜之前要有活性炭及软化器等前置处理。逆渗透虽然价钱较高，因为一般逆渗透膜的孔径约在 1nm 以下，它可以排除细菌，病毒及热源甚至各种溶解性离子等，所以准备血液透析用水时最好准备这一步骤。

（四）超过滤法

超过滤法与逆渗透法类似，也使用半透膜，但它无法控制离子的清除，因为膜之孔径较大，约处于 10~200A 之间。只能排除细菌、病毒、热源及颗粒状物等，对水溶性离子则无法滤过。超过滤法主要的作用是充当逆渗透法的前置处理以防止逆渗透膜被细菌污染。它也可用在水处理的最后步骤，以防止上游的水在管路中被细菌污染。一般是利用进水压与出水压差来判断超滤膜是否有效，其消除方法与活性炭类似，平时是以逆冲法来清除附着其上的杂质。

（五）蒸馏法

蒸馏法是古老却也是有效的水处理法，它可以清除任何不挥发性的杂质，但是无法排除可挥发性的污染物，它需要很大的储水槽来存放，这个储水槽与输送管却是造成污染的重要原因，所以目前血液透析用水不用这种方式来处理。

（六）紫外线消毒法

紫外线消毒法是目前常用的方法之一，它的杀菌机理是破坏细菌核酸的生命遗传物质，使其无法繁殖，其中最重大的反应是核酸分子内的 pyrimidine 盐基变成双合体（di-mer）。一般是使用低压水银放电灯（杀菌灯）的人工 253.7nm 波长的紫外线能量。紫外线杀菌灯的原理与日光灯相同，只是灯管内部不涂荧光物质，灯管的材质是采用紫外线穿透率高的石英玻璃。除此之外一般紫外线装置依用途可分为照射型、浸泡型及流水型。

在血液透析稀释用水使用的紫外线是安放在储水槽到透析机器之间的管路上，也就是所有的透析用水在使用之前都要接受一次紫外线的照射，以达到彻底杀菌的效果。对紫外线的感受性最大的是绿脓菌、大肠菌；相反的，耐受性较大的则是枯草菌芽孢体。因为紫外线消毒法安全、经济，对菌种的选择性少，水质也不会改变，所以近年已被广泛使用，例如船上的饮用水就常使用这种消毒法。使用此法水中依哥拉菌、巴斯拉菌、沙门氏菌等等全被杀光，其能潜入水中心 360° 杀菌，功效等于水面杀菌灯的三倍。能消除水中绿藻，效果显著，使用方便，紫外线杀菌灯适用于各种大小渔场过滤，水处理，大小型水池，游泳场、温泉。杀菌效率可达 99%~99.99%。

第四节　水的循环使用与可持续发展

中水一词从 20 世纪 80 年代初在国内叫起，现已被业内人士乃至缺水城市、地区的部分民众认知。开始时称"中水道"，其称来于日本，因其水质及其设施介于上水道和下水道之间。随着国外中水技术的引进，国内试点工程的实验研究，中水工程设施建设的推进，中水处理设备的研制，中水应用技术的研究、发展和有关规范、规定的建立、施行，已逐渐形成一整套的工程技术，如同"给水"、"排水"一样，称之为中水。

水的循环使用包括源头控制，中水回用和尾水处理三方面的内容。

一、水污染的源头控制

污染源头控制的实质是污染预防。事实证明，水污染预防要比通过"末端治理"试图消除水污染更加经济、有效。1990年通过的《美国污染预防法》强调：在任何可行的情况下都要优先考虑污染的预防，并指出污染预防"与废物管理和污染控制截然不同，而且比它们要理想得多"。此外，对于并非来自单一、可确定的水污染源，如农村面源、城市径流以及大气沉降等，"末端治理"的办法并不适用，因此加强水污染预防尤为必要。根据水污染发生源的不同，有不同的污染源头控制对策。

1. 工业水污染

工业废水排放量大，成分复杂，因此工业水污染的预防是水污染源头控制的重要任务。工业水污染的预防应当从合理布局、清洁生产、就地处理以及管理性控制等多方面着手，采取综合性整治对策，才能达到良好的效果。

（1）优化结构、合理布局。在产业规划和工业发展中，应从可持续发展的原则出发制定产业政策，优化产业结构，明确产业导向，限制发展能耗物耗高、水污染严重的工业，降低单位工业产品的污染物排放负荷。工业的布局应充分考虑对环境的影响，通过规划引导工业企业向工业区集中，为工业水污染的集中控制创造条件。

（2）清洁生产。清洁生产是采用能避免或最大限度减少污染物产生的工艺流程、方法、材料和能源，将污染物尽可能地消灭在生产过程之中，使污染物排放减小到最少。在工业企业内部推行清洁生产的技术和管理，不仅可从根本上消除水污染，获得显著的环境效益和社会效益，而且往往还具有良好的经济效益。

（3）就地处理。城市污水处理厂一般仅能去除常规有机污染，但工业废水成分复杂，含有大量难降解有毒有害的物质，对污水处理厂的正常运行构成威胁，因此必须加强对工业企业污染源的就地处理或工业小区废水联合预处理，达到污水处理厂的接管标准。工业废水中的许多污染物往往可以通过处理、回收，获得一定的经济效益。

（4）管理措施。进一步完善工业废水的排放标准和相关控制法规，依法处理工业企业的环境违法行为。建立积极的刺激和激励机制，如通过产品收费、税收、排污交易、公众参与等方法来控制污染，通过提高环境资源投入的价格，促使工业企业提高资源的利用效率。

2. 生活水污染

随着生活水平的提高，城镇生活用水量日益增长，生活污水问题逐渐突出。在世界发达国家及我国的发达地区，生活污水已逐步取代工业废水成为水环境主要的有机污染来源。

（1）合理规划。由于生活污水具有源头分散、发生不均匀的特点，很难从源头上对城市生活污水进行逐个治理，因此从规划入手实现居民入小区，引导人口的适度集中，既符合社会经济的发展需要，又有利于生活污水的集中控制。

（2）公众教育。现代水输系统使公众逐渐对废物产生一种"冲了就忘"的态度，所以应将加强"绿色生活"教育、提高公众环保意识，作为减少家庭水污染物排放、降低城市污水处理负担的重要内容，例如节约用水，鼓励选用无磷洗衣粉，避免将危险废物，如涂料、石油等产品随意冲入下水道等等。

3. 面源污染

（1）农村面源

农村面源种类繁多，布局分散，难以采取与城市区域"同构"的集中控制措施以消除污染。农村面源控制的首要任务就是控源，具体措施包括：

1）发展节水农业。农业是全球最大的用水部门，农业节水不仅可以减少对水资源的占用，而且"节水即节污"，从而降低农田排水，减少对水环境的污染。

2）减少土壤侵蚀。富含有机质的土壤持水性能好，不易发生水土流失，因此减少土壤侵蚀的关键是改善土壤肥力，具体措施包括调整化肥品种结构，科学合理施肥，增加堆肥、粪便等有机肥的施用，实行作物轮作，减少土壤肥力的消耗等等。此外，研究表明，中等坡度土地的等高耕作（沿自然等高线耕作）较之直行耕作可减少土壤流失 50% 以上，所以应重视开展土地的等高耕作。当然，有时解决高侵蚀区（如大于25° 的坡地）水土流失的唯一的办法是将土地从农业耕作中解脱出来，实行退耕还林(森林)、还草（草地）、还湿（湿地）。

3）合理利用农药。推广害虫的综合管理（IPM）制度，最大限度地减少农药施用量，该模式包括各种物理技术、栽培技术和生物技术，例如使用无草无病抗虫品种，实行不同作物的间种和轮作，利用昆虫抑制害虫，选用低毒、高效、低残留的多效抗虫害新农药，合理施用农药等等。

4）截流农业污水。恢复多水塘、生态沟、天然湿地、前置库等，以储存农村污染径流，目的是实现农村径流的再利用，并在到达当地水道之前，对其进行拦截、沉淀、去除悬浮固体和有机物质。

5）畜禽粪便处理。现代畜禽饲养常常会产生大量的高浓缩废物，因此需对畜禽养殖业进行合理布局，有序发展，同时加强畜禽粪尿的综合处理及利用，鼓励科学的有机肥还田。此外，应严格控制高密度水产养殖业的发展，防止水环境质量恶化。

6）乡镇企业废水及村镇生活污水处理。对乡镇企业的建设应统筹规划，合理布局，积极推行清洁生产，对高能耗、高污染、低效益的乡镇企业实施严格管制。在乡镇企业集中的地区以及居民住宅集中的地区，逐步建设一些简易的污水处理设施。

（2）城市径流

在城市地区，暴雨径流所携带的大量污染物质是加剧水体污染的一个重要原因。工程技术人员和城市规划者们提出了许多减少和延缓暴雨径流的措施。

1）充分收集利用雨水。通过设立雨水收集桶、收集池等设施，将雨水收集用于城市的道路浇洒或绿化，既有利于减轻城市供水系统的压力，而且由于雨水不含自来水中常有的氯，也有利于植物的生长。此外，在平坦的屋顶上建造屋顶花园，不仅能减少暴雨径流，还可在冬季减少楼房的热损失，在夏季保持建筑物凉爽，提高城市环境的舒适度。

2）减少城市硬质地面。大面积的铺筑地面会加剧城市径流，用多孔表面（如砾石、方砖或其他更复杂的多孔构筑）取代某些水泥和沥青地面，则有利于雨水的自然下渗，减少径流量。据研究，多孔铺筑地面能去除暴雨水中80%~100%的悬浮固体、20%~70%的营养物和15%~80%的重金属。但多孔表面没有传统铺筑地面耐用，因此从经济角度看，多孔表面更适合于交通流量少的道路、停车场和人行道。

3）增加城市绿化用地。一般说来，城市中绿地越多，径流就越少。目前，国外很多城市通过暴雨滞洪地或湿地的建设，以延缓城市径流并去除污染，这些系统可去除约75%的悬浮物及某些有机物质和重金属。这些地区往往建设成为城市公园，还可为某些野生动植物提供生存环境。

二、中水回用技术

（一）中水概述

中水（reclaimed water）是指各种排水经处理后，达到规定的水质标准，可用在生活、市政、环境等范围内杂用的非饮用水。中水回用技术系指将小区居民生活废（污）水（沐浴、盥洗、洗衣、厨房、厕所）集中处理后，达到一定的标准后回用于小区的绿化浇灌、车辆冲洗、道路冲洗、家庭坐便器冲洗等，从而达到节约用水的目的。

再生水（recycling water）。建设部制定了再生水回用分类标准，对再生水的释义是：指污、废水经二级处理和深度处理后作回用的水。当二级处理出水满足特定回用要求，并已回用时，二级处理出水也可称为再生水。显然，中水就是再生水。

中水设计本着充分利用微生物处理有机废水的稳定性，采用二级氧化处理方式，对洗浴废水进行处理。实践证明洗浴废水在低浓度 BOD 下生长的改性轮虫对低浓度洗浴废水具有很好的处理功效，同时稳定性及耐冲击性都得到了验证。采用该工艺同时可以大量节省洗浴废水处理的物化过程，例如节省混凝段和活性炭保护段，从而可以减少混凝剂的投加及减小劳动强度，而活性炭作为中水保护剂，由于水中有机物的大量存在，会使得活性炭快速板结从而失效，需要更换活性炭，而活性炭的造价较高，这就造成经济的浪费及劳动强度的加大。

中国落后于国外的主要原因是存在投资渠道和管理体制问题，但技术方面和国外相差不是太大。我国污水回用主要是靠政府投资，而单靠政府很难把这件事情做好，应该靠民间集资或多方面、多渠道集资。另一方面，我们污水利用需要考虑的主要是环境效应和缺水，而不是经济效应，以后应该多考虑经济效应。企业、生活小区、大的旅馆都应该有中水设施，虽然成本增加，但可以缓解缺水问题，北京石景山区就有家庭这样做。同时还可以考虑收取公民的污水处理费和污水回用费，探索适合我国的新模式，寻求适合我们的实用技术。

城市可根据污水处理能力的大小和当地情况，选择不同的回用方式。大体有以下几种：

1. 选择式回用方式，即在污水处理厂周围的一些居民区铺设管道，实行分质供水回用；

2. 分区回用方式，即根据城市状况，分区实行污水再生利用；

3. 全城回用方式，即全城铺设中水管道，适用于新建城市和有污水处理能力的小城镇。

（二）中水回用的常规工艺

中水处理工艺的选择工作必须在大量资料调研和系统试验研究的基础上慎重进行，如果中水处理工艺标准选择过高，会增加中水处理设施的初期投资、运行费用和日常维护费用，导致中水处理成本和中水用户的负担费用增加；但如果中水处理工艺标准选择过低，会使中水水质不能达到相关规定的标准，影响中水的正常使用。

国内中水处理基本工艺有：二级处理＋消毒；二级处理后＋砂过滤→消毒；二级处理→混凝→沉淀（澄清、气浮）→砂过滤→消毒；二级处理→微孔过滤→消毒。中水回用按处理方法一般分为 3 种类型。

1. 物理处理法

膜滤法，适用于水质变化大的情况。采用这种流程的特点是：装置紧凑，容易操作，以及受负荷变动的影响小。

膜滤法是在外力的作用下，被分离的溶液以一定的流速沿着滤膜表面流动，溶液中溶剂和低分子量物质、无机离子从高压侧透过滤膜进入低压侧，并作为滤液排出；而溶液中高分子物质、胶体微粒及微生物等被超滤膜截留，溶液被浓缩并以浓缩形式排出。

2. 物理化学法

适用于污水水质变化较大的情况。一般采用的方法有：砂滤、活性炭吸附、浮选、混凝沉淀等。这种流程的特点是：采用中空纤维超滤器进行处理，技术先进，结构紧凑，占地少，系统间歇运行，管理简单。

3. 生物处理法

适用于有机物含量较高的污水。一般采用活性污泥法、接触氧化法、生物转盘等生物处理方法。或是单独使用，或是几种生物处理方法组合使用，如接触氧化＋生物滤池；生物滤池＋活性炭吸附；转盘＋砂滤等流程。这种流程具有适应水力负荷变动能力强、产生污泥量少、维护管理容易等优点。

（三）其他中水处理技术

中水的处理工艺首先取决于对中水水质的要求，参照国外经验，中水用于城市杂用水时应分为非限制性接触与限制性接触两种用水，在中水使用中，应尽可能地避免再生水与人体的直接接触，但在某些场所不可避免且又确实存在着与人体接触的机会，把其中可能会与人体接触的用水定为非限制性接触再生水，而不可能与人体接触的用水定为限制性接触再生水。非限制性接触的含义并不是鼓励人们让再生水与人体接触，而是在确定再生水水质时要考虑到再生水有与人体直接接触的可能，而制定更安全的水质标准。

用于城镇杂用的非限制性中水应包括居民和公共设施冲厕、建筑消防用水、商业性洗车用水等用途，因为这些用水场所均存在用户或工作人员直接与再生水接触的机会，为确保安全用水，就要求水质较高，则需要相应的中水处理工艺。在对示范工程及其他相关工程的处理工艺全面、系统的跟踪监测的基础上，作为城镇杂用的非限制性接触再生水，宜采用三级（深度）处理和严格的消毒，以提高出水水质，增加中水回用的可靠性。

限制性接触再生水严格禁止用户人体与再生水的接触，而且要求对操作工人进行必要的防护。作为城镇杂用水的限制性接触再生水包括非建筑消防用水、混凝土搅拌、街道路面清洗、园林绿化和高速公路绿化带浇灌等，限制性接触再生水的用水场所不存在或极少存在中水与人体的直接接触的机会，因此可采用二级强化处理、常规三级处理和消毒处理，以保障再生水水质达标和使用的安全性及经济合理性。

三、尾水的生态处理与资源化

由于经济、技术等原因，城市生活污水及工业废水的有效处理难以一步到位，即使是城市污水处理厂的出水，其中仍含有不少有毒有害的污染物，因此加强城市尾水的最终处理是实现区域水环境长治久安的必要条件。尾水最终处理常与污水的资源化相结合，其主要途径包括尾水的生态处理及重复利用。

1. 尾水的生态处理

尾水人工三级处理的基建投资大，运行费用高，需要消耗大量的能源及化学品，因而较少大规模使用。相比之下，尾水生态处理技术则依赖水、土壤、细菌、高等植物和阳光等基本的自然要素，利用土壤—微生物—植物系统的自我调控机制和综合自净能力，完成尾水的深度处理，同时通过对尾水中水分和营养物的综合利用，实现尾水无害化与资源化的有机结合，具有基建投资小、运行费用低、净化效果好的特点，是尾水深度处理的主导技术。尾水生态处理的主要类型包括稳定塘系统和土地处理系统。稳定塘也称污水塘或氧化塘，它对尾水的净化作用与生物处理法对污水的净化过程相似，主要包括好氧过程和厌氧过程。稳定塘分好氧塘、兼性塘和厌氧塘，其中兼性塘的顶层以好氧过程为主，好氧细菌和真菌将有机物质分解成二氧化碳和水，二氧化碳以及稳定塘中的氮、磷和有机物则被藻类利用，底层一般以厌氧过程为主，厌氧菌将有机物质分解为甲烷和二氧化碳。土地处理系统则是利用土地以及其中的微生物和植物根系对污染物的净化能力来净化尾水，同时利用其中的水分和肥分促进农作物、牧草或林木生长，尾水中的污染物在土地处理系统中通过多种渠道去除，包括土壤的过滤截留，物理和化学的吸附，化学分解和沉淀，植物和微生物的摄取，微生物氧化降解以及蒸发等。

2. 尾水的重复利用

尾水重复利用的优势在于将尾水的净化和尾水的回用结合起来，既可以消除尾水对水环境的污染，又可以缓解部分地区水资源短缺的问题，若水质控制得当，可获得良好的经济和环境效益。但大规模的尾水回用涉及社会、经济、技术等诸多因素：首先从社会发展角度来看，当地水资源的供需矛盾应确实亟须进行尾水的回用；从经济角度来看，尾水的回用应当经济合理可行；从技术角度来看，应能实现对尾水中常规污染物和潜在微量有毒有害物质的有效去除，以保证废水回用的水质安全。因此，根据不同回用对象的要求，严格进行水质控制是关系到尾水重复利用成败的关键。

根据尾水处理程度和出水水质，净化后的尾水有多种回用途径，主要包括城市回用、工业回用、农业回用、地下水回灌以及生态回用等。

（1）工业回用。经妥善处理的城市尾水和工业废水，一般可回用作冷却水、生产工艺用水、锅炉补给水以及其他油井注水、矿石加工用水等，其中以回用作冷却水最为普遍。在回用之前应根据不同用途对水质提出不同的要求，例如回用作冷却水的再生水水质应满足冷却水循环系统补给水的水质标准，回用作工艺用水时，往往需要经过补充深化处理后才能使用。我国北京、大连、太原等地先后开展了将污水处理厂出水作为冷却水的尝试，但规模较小。

（2）农业回用。再生水的农业回用主要为农田灌溉农田，利用尾水灌溉农田已有久远的历史。实践证明，尾水灌溉能净化尾水、提供肥源，但也存在环境卫生及土壤盐碱化等问题。在国外一般严禁采用未经处理的城市污水灌溉，也不主张经过一级处理就用于灌溉农田，大多数要求进行二级处理后才可使用。为此，世界卫生组织及许多国家均制定了污水灌溉农田的水质标准。我国北方地区长期以来也有利用尾水灌溉农田的经验，并先后开发了 10 多个大型污灌区，总面积达 1950 万 ~2100 万亩，但由于一些污灌区选址不当，设计不合理，尾水预处理不够，出现了土壤、农作物甚至地下水严重污染的现象，需要进一步加强农田回用水的水质控制。

（3）城市回用。经一定处理的尾水还可作为城市低质给水的水源，如厕所用水、空调用水、消防用水、绿化用水、景观用水等。例如日本为了发展城市尾水的再利用，建立了专门的"中水道系统"，以区别上、下水道，并制定了相应的中水道水质标准。在南非和以色列，目前已有将处理过的城市尾水用作饮用水的先例，但关于利用尾水作饮用水源的问题，需谨慎对待。

（4）地下水回灌。再生水回灌地下蓄水层作饮用水源时，其水质必须满足或高于生活饮用水的卫生标准，美国加利福尼亚州卫生署于 1976 年制定了再生水回灌地下水的建议水质标准，1977 年进一步对水质标准进行了修订。考虑到难生物降解的有机物会对地下水质造成影响及对人体健康产生危害，除一般常规监测指标外，还需加强微量有毒有害物质的专门监测和控制。

（5）生态回用。主要是指将经过必要的水质控制的城市尾水导流回用于生态林地、滩涂湿地等，以充分利用尾水中的水分及营养物，重塑生态环境。

四、水资源的可持续利用

1. 水资源可持续利用的内涵

早在 20 世纪 80 年代中期，罗马召开的世界粮食会议就已发出了呼吁：对水资源开发要注意不破坏开发其赖以生存的资源本身，要进行"没有任何破坏作用的开发"，几十年来全世界都在为早期没有考虑环境因素的水资源开发决策付出代价，那就是破坏了自然资源的基础以及使环境恶化，自 1988 年来，国际上围绕这一问题召开了多次会议，明确提出了所谓"持久的利用和开发水资源"的口号，几十年的经验和教训使人类达成的共识是：合理的水资源开发利用。为了达到这样的目标，水资源工程必须采用有利于环境的方法来规划、实施和运作，从而能长期保持和改善资源的基础，保证后人也能够拥有祖先留下的、质量较高的水资源。

水资源可持续虽有各种不确定的解释，但它的内涵至少应包括：

（1）适度开发。对资源的利用不应破坏资源的固有价值，并且尽可能地避免开发措施对资源的不利影响；

（2）不妨碍后人未来的开发，为后来开发留下各种选择的余地；

（3）不妨碍其他地区人类的开发利用及其水资源的共享利益；

（4）水的利用效率和投资效益是策略选择中的主要准则；

（5）不能破坏因水而结成的地理系统。

2. 实现水资源可持续利用的机理

实现水资源可持续利用的机理包括：

（1）水的循环规律是水资源得以循环利用的保证。水资源优越于大多数其他自然资源在于其可通过太阳能的作用使陆地上的水源不断得到更新和补充，从而使维持一切生命活动的水源不断更新。但是随着人类社会的不断发展和人口的增长，人类对水资源开发利用和治理的广度及深度越来越大，对水的需要不断增加，而自然界所能提供的可以得到更新和补充的新鲜水量却有一定限度，因而在一些地区出现了水资源的供需失衡；有些地区因过度开发和污染破坏了当地的水源，直接威胁人类生存的环境。因而人们要求保持水资源的持续利用并改善人类的生存环境，从而引出水资源承载能力的概念，相应而言，各个地区均需拥有水资源承载能力所能维持的承载水量，该水量必须能在水循环的条件下得以持续维持。

（2）水量守恒原理是水资源得以持续利用的客观现实。水量守恒原理就是指一定量的水在其循环运动过程中，可以变换形态和存在空间，但其数量不变。具体来说，在循环中能够在一年或多年之间可以得到恢复的水量，该部分水量可以由人类控制、调节并能按照需要供应，并以它作为分析水供需关系的依据。

作为该部分水量应具有以下特征：

（1）能按照社会的需要提供或可能提供的水量；

（2）该水量拥有可靠的来源，且该来源通过水循环不断能得到更新和补充；

（3）该水量可由人工加以控制；

（4）该水量和水质能够适应用水要求；

（5）该水量主要功能系供水，兼具生态功能。

3. 我国水资源可持续利用的实现条件

我国水资源可持续利用的实现条件是：

（1）更新水资源观念、建立节水型社会是实现水资源可持续利用的先决条件。长期以来，人们对水资源的认识存在两种模糊观念：一是无限可用论，认为水是"取之不尽，用之不竭"的天赐之物，不存在危机问题；二是有值无价论，认为水不具备资产特征，其所有权不明确，人们可以自由的索取。由于上述观念的影响，人们惜水、爱水、节水意识十分淡薄，对水资源的浪费已成为一种社会痼疾。据统计，仅北京市一年的洗车用水就相当于 6 个北海的水量。鉴于此，笔者认为解决中国缺水问题的根本出路在于节水，而节水的基础在于社会。因此，建立"节水型社会"的历史使命已责无旁贷地摆在当代人面前。何谓"节水型社会"？全国政协副主席、著名水利专家钱正英同志做出了明确的阐释。她认为节水型社会是指要增强社会的节水意识，把节水的政策贯彻到社会的各行业，让节水的观念落实到全社会的每个人。其核心是提高用水效率，促使水资源的利用符合可持续发展的原则。根据上述观点，建立节水型社会的关键在于增强社会的节水意识。节水意识的基础来自于水的忧患意识，而水忧患意识的建立则需要对国民，特别是青少年进行水资源知识的宣传教育。为此，全国节水办公室专家建议编写生动有趣的水资源科普读物，对广大小学生进行潜移默化的水资源教育；在中学阶段则应开设水资源选修课，借以普及水资源知识；在大学生、干部、职工中则要将水安全教育与时事教育结合起来，树立水安全是国家经济安全基础的思想，增强保护水资源的责任感，把节水贯穿于每一次用水的行动之中，逐步建立适合我国水环境的节水工业、节水农业、节水城市的全方位的节水社会格局。

（2）调整我国水资源格局是实现水资源可持续利用的基础条件。早在新中国成立之初，毛泽东就提出："南方水多，北方水少，如有可能，借点水来也是可以的。"毛泽东的这一"借"水构想是调整我国水资源格局，实现我国 21 世纪水资源优化配置的战略选择。经过近两代人的努力，这一"借"水构想的总体框架—南水北调工程已日渐清晰，即分别从长江流域上、中、下游向北方调水，形成南水北调西、中、东三条引水线路。一个世纪的水利建设工程已经拉开帷幕，2003 年南水北调工程中线和东线已开工建设。南水北调工程将分别从长江下、中、上游取水 70 亿~192 亿立方米、145亿~200亿立方米和50亿~100亿立方米，总计调水量每年将达265亿~500亿立方米，相当于北方五片平均水资源的 4.9%~9.3%，这无疑将给干涸的北方带来福音。

（3）协调好生产、生活和生态用水是实现水资源可持续利用的保证条件。长期以来，我国在水资源的配置和使用上缺乏生态观念。在水行政管理体制上存在着部门单目标管理与水资源的多功用相矛盾的局面。水资源配置和管理的"次优化"问题一直得不到有效解决。以北方"三河"流域为例，黄河从1972年开始出现断流，直至1997年断流时间长达266天，断流区直达距河口780km的开封市；我国最长的内陆河塔里木河，从1974年开始，下游自大西海子水库以下363km的河段全部断流，下游绿色走廊岌岌可危；发源于青海祁连山、纵贯甘肃河西走廊、蜿蜒于内蒙古草原的我国第二大内陆河黑河，也连续10个汛期出现断流，导致下游地区的胡杨林大片死亡。由此可见水资源生态恶化引发的环境及社会问题日渐突出。

"生态用水"新概念的提出标志着我国对水资源的配置与管理在理论与实践的结合上已上升到了一个新的层次。值得肯定的是，我国以"三河"调水和引黄济津成功为标志，已在河流水量统一调度，实现流域（乃至跨流域）水资源统一规划、统一管理、统筹解决各种用水需要，在有限水资源得到优化配置方面迈开了可喜的一步，积累了相当的经验。但是，随着西部大开发的推进，我国水资源供需矛盾将日益加剧，"生态用水"问题将日趋严峻。因此，从现在起到今后一个很长的时期内，我们必须通过加强流域水资源管理，调整产业结构和种植结构，节约用水和建设必要的工程设施，严格控制上游用水，让河水沿着河道不断流向下游，维护和逐步恢复生态系统。只有这样，才能实现真正意义上的水资源可持续利用。

第八章 固体废物与可持续发展

我们所述的"废物"中含有许多可利用的资源,将它们分离出来并加以充分利用,实现固体废物的资源化才是解决固体废物污染环境的根本途径。固体废物资源化是指对固体废物进行综合利用,使之成为可利用的二次资源的过程。不少国家都通过经济杠杆和行政强制性政策来鼓励和支持固体废物资源化技术的开发和应用,从消极的污染治理转为回收利用,向废物索取资源,使之成为固体废物处理的替代技术措施。本章将对固体废物与可持续发展进行分析。

第一节 工业固体废物的资源化利用

一、概况

工业固体废物是指工业生产、加工过程中产生的废渣、粉尘、碎屑、污泥等废物。按行业可分为以下几类:

1. 煤系固体废物

煤系固体废物,其主要包括燃煤电厂产生的粉煤灰、炉渣、烟道灰,以及采煤和洗煤过程中产生的煤矸石。

2. 冶金工业固体废物

冶金工业固体废物,主要包括各种金属冶金或加工过程中产生的废渣,如高炉炼铁产生的高炉渣,平炉、转炉、电炉炼钢产生的钢渣,铜、镍、铅、锌等有色金属冶炼过程产生的有色金属渣、铁合金渣,以及提炼氧化铝时产生的赤泥等。

3. 化工工业固体废物

化工工业固体废物,主要包括石油及其加工工业产生的油泥、焦油页岩渣、废催化剂、废有机溶剂等;化学工业生产过程中产生的硫铁矿渣、酸渣、碱渣、盐泥、釜底泥、精馏残渣;以及医药和农药生产过程中产生的医药废物、废药品、废农药等。

4. 矿业固体废物

矿业固体废物，主要包括采矿废石和尾矿。采矿废石是指各种金属、非金属矿山开采过程中从主矿上剥离下来的废弃岩石；尾矿是指在选矿过程中提取精矿以后剩下的尾渣。

5. 轻工业固体废物

轻工业固体废物，主要包括食品工业、造纸印刷工业、纺织印染工业、皮革工业等工业加工过程中产生的污泥、动物残渣、废酸、废碱，以及其他废物。

6. 其他工业固体废物

其他工业固体废物，主要包括机械加工过程产生的金属碎屑、电镀污泥、建筑废料，以及其他工业加工过程产生的废渣等。

工业固体废物的成分与产业性质密切相关。多年来我国工业废物的组成比较稳定，但产量和堆积量逐年增加。2003 年工业废物产量为 10.04 亿吨，比上年增加 6.3%，其中综合利用量为 5.60 亿吨，利用途径主要为筑路筑坝、工程回填、生产建材原料和化工产品、提炼金属和有用物质、土壤改良等。

目前，我国工业固体废物的综合利用率仅为 55.8%，目前仍有上百亿吨累积的工业废物散乱堆积在河滩荒地、农田或工业区，不仅浪费资源、污染水体、大气和周围土壤，还侵占了大量耕地，这需花费巨额资金加以维护管理。

二、工业固体废物的资源化利用

近年来，我国工业固体废物的资源化方面获得了长足发展，如化工碱渣回收技术、磷石膏制硫酸联产水泥技术、煤矸石硬塑和半硬塑挤出成型砖技术、煤矸石和煤泥混烧发电、纯高炉煤气发电等的水平不断提高。总体来说，工业固体废物的资源化途径主要集中在以下几个方面：

1. 生产建材。其优点是耗渣量大、投资少、见效快、产品质量高，市场前景好；能耗低、节约原材料、不产生二次污染；可生产的产品种类多、性能好、如用做水泥原料与配料、掺和料、缓凝剂、墙体材料、混凝土的混合料与骨料、加气混凝土、砂浆、砌块、装饰材料、保温材料、矿渣棉、轻质骨料、铸石、微晶玻璃等。

2. 回收或利用其中的有用组分，开发新产品，取代某些工业原料。如煤矸石沸腾炉发电，洗矸泥炼焦作工业或民用燃料、钢渣作冶炼熔剂，硫铁矿烧渣炼铁，赤泥塑料，开发新型聚合物基、陶瓷基与金属基的废物复合材料，从烟尘和赤泥中提取镓、钪等，能起到节约原材料、降低能耗、提高经济效益的目的。

3.筑路、筑坝与回填。投资少、用量大、技术成熟、易推广。如修筑 1 千米公路可消耗粉煤灰上万吨，有的地方回填后覆土，还可开发为耕地、林地或进行住宅建设。

4.生产农肥和土壤改良。许多工业固体废物含有较高的硅、钙以及各种微量元素，有的还含有磷和其他有用组分，因此改性后可作为农肥使用。如利用粉煤灰、炉渣、钢渣、黄磷渣和赤泥及铁合金渣等制作硅钙肥、铬渣制造钙镁磷肥等，施于农田均具有较好的肥效，不但可以提供农作物质所需的营养元素，而且有改良土壤的作用。

三、冶金工业固体废物的综合利用

冶金工业废渣是指从金属冶炼到加工制造所产生的冶金渣、粉尘、污泥和废屑等统称为冶金工业废渣。

1.高炉渣

高炉渣是冶炼生铁时从高炉中排出的废渣，炼铁的主要原料由助溶剂、铁矿石和焦炭。当炉温达到 1400~1500℃时，炉料熔融，助溶剂与铁矿石发生高温反应生成铁和矿渣，而矿石中的脉石、焦炭中的灰分、助溶剂和其它不能进入生铁的杂质形成以硅酸盐和铝酸盐为主的熔渣，称为高炉渣。

高炉渣的产量与矿石的品位有关，一般为生铁产量的 25%~100%，目前我国冶炼 1 t 生铁大约排出高炉渣 0.6~0.7 t。据统计，我国渣场积存的高炉渣约 2.2 亿 t，占地约 100 万 h㎡，为了处理这些废渣，国家每年要花费巨资修筑排渣场和铁路线，浪费了大量人力物力；同时由于高炉渣属于硅酸盐质材料，又是高温下形成的熔融体，因而可以加工成多品种、高质量的建筑材料。

2.钢渣的加工处理工艺

钢渣的处理工艺主要有以下几种：

（1）热泼法

热泼法是将熔融钢渣坡倒在具有一定坡度的渣床上，渣层厚度在 30cm 以下，经空气冷却使渣表面固化，温度降至 350~400℃时再进行喷淋适量的水，使高温炉渣遇急冷破碎，并加速冷却至表面温度 50~100℃，可用推土机堆集。然后进行破碎筛分、磁选，回收其中金属，渣块则综合利用。

（2）盘泼水冷（ISC）法

在钢渣车间设置高架泼渣盘，利用吊车将渣罐内流动性好的钢渣泼入高架浅盘上放流、喷水冷却，使钢渣温度急速降至 700℃，产生自然龟裂，再将浅盘上的钢渣翻入排渣车内，二次淋水冷却，降温至 200℃左右时倒入水池第三次冷却，降温至 100℃

以下时捞出，渣的粒度一般为5~100 mm，最后送至钢渣处理车间进行磁选、破碎、筛分、精加工。

（3）水淬法

热熔钢渣在流出、下降过程中，被压力水分割、击碎，再加上熔渣遇水急冷收缩产生应力集中而破碎，使熔渣粒化。由于钢渣比高炉矿渣碱度高、黏度大，其水淬难度也大。为防止爆炸，有的采用渣罐打孔在水渣沟水淬的方法，并通过渣罐孔径限制最大渣流量。

（4）风淬法

渣罐接渣后，运到风淬装置处，倾翻渣罐，熔渣经过中渣罐流出，被粒化器内喷出的高速气流击碎，加上表面张力的作用，使击碎的液渣滴收缩凝固成直径为2mm左右的球形颗粒，洒落在水池中。最后在罩式锅炉内回收高温空气和微粒中所散发的热量并收集渣粒。

（5）粒化轮法

液态钢渣均匀流入轮式粒化器，被高速旋转的粒化轮强制粒化后，落入脱水器转鼓内，形成渣水混合物，由于转鼓转动使渣粒提升脱水后，翻落到料溜槽，进入磁选皮带，实现渣铁分离，由汽车外运。

3. 钢渣的处理与利用

目前钢渣利用的主要途径是用作冶金原料、建筑材料、农业应用和工程应用等。

（1）用作冶金材料

1）作烧结剂：在烧结矿石中适当配加 5%~15% 粒度小于 8 mm 的钢渣以代替部分溶剂，可改善烧结矿石的宏观结构和微观结构。由于钢渣软化温度低，且物相均匀，可使烧结矿液相生成的早，并能促进其与周围物质反应且迅速向周围扩散，使黏结相增多又分布均匀，有利于烧结造球和提高烧结速度。而且烧结气孔大小分布均匀，故应力容易分散，气孔周围黏结不易破碎、烧结强度高、粒度组成改善、生产运行顺利，对提高铁产量、降低焦比都有利。

2）作高炉溶剂：将热泼法处理得到的钢渣碎石碎到 8~30mm，直接返回高炉用以代替石灰石，并回收利用其中有用成分，这样可以节省溶剂消耗，改善高炉渣的流动性能，增加生铁产量。

3）作炼钢返回渣：转炉钢渣每吨使用高碱度的返回钢渣 25kg 左右，并配合使用白云石，可使炼钢成渣早，减少初期渣对炉衬的侵蚀，有利于提高炉龄、降低耐火材料的消耗或减少萤石使用量。

4）回收废钢铁：钢渣一般含有 7%~10% 的废钢铁，加工磁选后，可回收其中约

90%的废钢铁。

（2）用做建筑材料

1）生产钢渣水泥：钢渣中含有与硅酸盐水泥熟料相似的硅酸二钙（C_2S）和硅酸三钙（CgS），高碱度转炉钢渣中二者的质量分数在50%以上，中、低碱的钢渣中主要为硅酸二钙（CS）。钢渣的生成温度在1 560℃以上，而硅酸盐水泥熟料的烧结温度在1 400℃左右。

由于钢渣的生成温度高，结晶致密，晶粒较大，水化速度缓慢。因此可将钢渣称为烧结硅酸盐水泥熟料，以钢渣为主要成分，加入一定量的其他掺和料和适量石膏，经磨细而制成的水硬性凝胶材料为钢渣水泥。生产钢渣水泥的掺和料可用矿渣、沸石、粉煤灰等。为了提高水泥硬度和强度，有时还可以加入质量不超过20%的硅酸盐水泥熟料。根据掺和料的种类，钢渣水泥可分为钢渣矿渣水泥、钢渣浮石水泥和钢渣粉煤灰水泥等。钢渣水泥的生产工艺简单，由原料破碎、磁选、烘干、计量配料、粉磨合包装等工序组成。

2）作筑路与回填工程材料：钢渣容重大、表面粗糙、耐蚀与沥青结合牢固，因而特别适于在铁路、公路、工程回填，修筑堤坝、填海造地等方面替代天然碎石使用。但由于钢渣内可能含有游离CaO，它的分解会造成钢渣碎石体积膨胀，出现碎裂、粉化，所以不能作为混凝土骨料使用。用做路材时，也必须对其安全性进行检验并采取适当措施，促使游离CaO的完全分解。

3）生产建材制品：把具有活性的钢渣与粉煤灰或炉渣按一定比例混合、磨细、成型、养护，即可生产出不同规格的砖瓦等建筑材料，其生产的钢渣砖与黏土制成的红砖强度和质量差不多，但生产建材制品的钢渣一定要控制好f-CaO的含量和碱度。

（3）钢渣用作农肥和酸性土壤改良剂

钢渣是一种以钙、硅为主含有多种养分的具有速效和后劲的复合矿质肥料，由于钢渣在冶炼过程中经高温煅烧，其溶解度已大大改变，所含各种主要成分易容量达全量的1/3~1/2，有的甚至更高，但容易被植物吸收。含磷高的钢渣还可以生产钙镁磷肥、钢渣磷肥。实践证明：不仅钢渣磷肥肥效显著，即使是普通钢渣也有肥效；不仅施用于酸性土壤中效果好，在缺磷碱性土壤中施用也可增产；不仅在水田施用效果好，即使在旱田，钢渣肥效仍起作用。我国许多地区土壤缺磷或呈酸性，充分利用钢渣资源，将促进农业发展，一般可增产5%~10%，除用作农肥外，钢渣还可用做酸性土壤改良剂。含Ca、Mg高的钢渣细磨后可用做土壤改良剂，同时也达到利用钢渣中P、Si等有益元素的目的。

4.赤泥

（1）赤泥的来源

赤泥是炼铝过程中生产氧化铝时形成的残渣，其成分以钙、硅、铁的氧化物为主。我国每年排放约200万吨，但由于其含水量大，碱性强，所以综合利用率不高。

（2）赤泥的利用

赤泥的矿物组成主要包括硅酸二钙和硅酸三钙，在激发剂的激发下，有水硬胶凝性能，因此可以用它为原料生产水泥。赤泥在水泥工业上的应用主要有两个方面：一方面是代黏土烧制普通硅酸盐水泥，其生产工艺与普通硅酸盐水泥相同；另一方面是生产赤泥硫酸盐水泥，这种水泥的生产工艺简单，只需将赤泥烘干，然后按一定配比与其他原料混合磨细即可。

赤泥还可用来制赤泥硅钙肥，作填充剂生产塑料制品，以及用作筑路材料、填充土方等。不少国家还在研究从赤泥中回收铝、钛、钒等金属以及作净水剂、气体吸收剂等。

第二节　化工废渣的综合利用

化学工业固体废物简称"化工废物"，是指化学工业生产过程中产生的固体、半固体或浆状废弃物，包括化工生产过程中进行化合、分解、合成等化学反应时产生的不合格产品、副产品、失效催化剂、废添加剂、未反应的原料及原料中夹带的杂质，以及直接从反应装置排出的粉尘、废水处理产生的污泥、设备检修和事故泄露产生的固体废物，当然还涉及报废设备、化学品废旧容器等。

一、化学工业废渣的种类与特性

1.化学工业废渣的分类

（1）按行业和工艺过程分：可分为无机盐工业废物（铬渣、氰渣、磷泥等）、氯碱工业废物（盐泥、电石渣等）、氮肥工业废物（主要为炉渣）、硫酸工业废物（主要为硫铁矿烧渣）、纯碱工业废物等。

（2）按废物主要组成分：可分为催化剂、硫铁矿烧渣、铬渣、氰渣、盐泥、各类炉渣、碱渣等。

2. 化学工业废渣特性

（1）固体废物产量大，每生产 1 吨产品产生 1~3 吨固体废物，有的生产 1 吨产品可产生高达 12 吨废物，是较大的工业污染源之一。

（2）危险废物种类多，成分复杂，主要有硫铁矿烧渣、铬渣、磷石膏、汞渣、电石渣等，这些危险废物中有毒物质含量较高，对人体健康和环境会构成较大威胁，若得不到有效处置，将会对环境造成较大影响。

（3）废物资源化潜力大，化工废物中有相当一部分是反应的原料和副产物，通过加工就可以将有价值的物质从废物中回收利用，获得较好的经济、环境双重效益。

二、化工废渣的综合利用

1. 硫铁矿烧渣的处理和利用

（1）烧渣炼铁

硫铁矿烧渣中含铁约 30%~45%，可以作为炼铁原料使用，但由于铁的品位低，并含有硫、砷、锌等有害杂质，直接用于炼铁效果不理想，必须先进行预处理以提高含铁量以及降低杂质含量，这里的预处理过程包括选矿和造块烧结两个步骤。

选矿是利用烧渣中各矿物成分的物理性质（磁性、密度等）的不同，采用磁选或重选等方法，将烧渣中含铁矿物与脉石分离，达到提高铁的品位和去除有害杂质的目的。

1）烧渣重力分选

对于以弱磁性铁矿物为主的烧渣，只能用重选法提高烧渣中 Fe 的品位。因为氧化铁与 SiO_2 密度相差较大，重选可使其分离。氧化铁的相对密度在 4.84~5.24 之间，SiO_2 相对密度约为 2.2~2.65。南通磷肥厂对小于 0.5 mm 的细粒级烧渣进行两次摇床分选，烧渣铁含量从 28.25%，提高到 48.30%。

2）烧渣磁选

对于以强磁性铁矿物为主的黑色烧渣采用弱磁性磁选机可将强磁性铁矿物选出。其工艺流程为：将水配入烧渣经搅拌机搅拌成均匀矿浆，然后送入磁场的湿式圆筒形永磁磁选机中进行一次粗选和精选，即可得到铁精矿，Fe 品位可提高到 58% 以上，S 降到 1% 以下，脱硫率达 45% 左右，铁回收率为 70%~85%。

对于由弱磁性和强磁性铁矿物组成的棕黑色烧渣采用磁选—重选联合分选工艺。即用磁选方法选出其中的强磁性矿物，再用重选方法选出磁选尾矿中的弱磁性铁矿物。其工艺流程是先将烧渣配成矿浆送入磁选机磁选，磁选尾矿再送入摇床或螺旋溜槽选别。此法脱水率在 60% 以上，Fe 回收率达 68%~75%。

造块烧结一般可有两种方法，一种是将选矿后的烧渣精矿代替铁精粉配入烧结料中生产烧结矿。另一种是在烧渣中配入一定量的熔剂和黏合剂，经混料后造粒成球，再经干燥，焙烧制成炼铁球团即可送入高炉炼铁。

（2）回收有色金属

硫铁矿烧渣中除含有大量的氧化铁外，还含有一定数量的有色金属，如 Cu、Pb、Zn、Ni、Au、Ag 等。可用氯化焙烧法将它们回收，同时也提高了烧渣含铁的品位。氯化焙烧是利用氯化剂（一般为 NaCl 或 $CaCl_2$）与烧渣在一定温度下加热焙烧，使有色金属转化为氯化物而加以回收。氯化焙烧工艺可分为中温氯化焙烧（500~650℃）和高温（1 000~1 200℃）氯化焙烧两种。

第三节　矿业固体废物的处理与资源化

我国是一个煤炭资源丰富的国家，在可燃矿产资源中，煤炭占 88%。由于这种特殊的资源条件和我国的经济发展水平，致使多年来我国的能源结构中一直以煤炭为主，目前全国一次能源消费中 60% 以上是煤炭，而在煤炭开采和燃烧使用过程中，将会排出大量的煤炭系固体废物，其中主要的是煤矸石、煤渣和粉煤灰，它们的排放量约占工业固体废物排放量的 20%~30%。因此，对于煤炭系固体废物的综合利用日益引起人们的广泛重视。

一、煤矸石的处理与资源化

在工业废渣中煤炭部门的工业废渣排放量居第一位，其中主要是煤矸石。煤矸石的排放量达到原煤产量的 30%，目前，我国煤矿每年排出煤矸石达 1 亿吨左右，加上历年来已积存的数十亿吨，数量相当大。煤矸石弃置不用，占用了大片的土地；煤矸石中的硫化物逸出会污染大气、农田和水质；煤矸石还会自燃，发生火灾或在雨季崩塌，淤塞河流，造成危害。所以煤、矸石的处理与利用是亟待解决的环境问题之一。

1. 煤矸石的定义

煤矸石是夹在煤层中的岩石，是煤的共生资源，成煤过程中与煤伴生，是采煤和洗煤过程中排出的固体废弃物，灰分通常大 50%、发热量一般在 3.5~8.3MJ/kg 范围内的一种碳质岩石。

煤矸石是聚煤盆地煤层沉积过程中的产物，是成煤物质与其他沉积物质相结合而成的可燃性矿石。煤炭开采时带出来的碳质泥岩、碳质砂岩叫作煤矸石；同时煤矸石也是煤矿建井和生产过程中排出来的一种混杂岩体，主要包括在井巷掘进时排出的矸石、露天煤矿开采时剥离的矸石和分选加工过程中排出的矸石。

2. 煤矸石的形成途径

煤矸石的形成途径主要有以下两个方面：

（1）在煤层沉积过程中成煤物质与其他沉积物质相结合而生成的热值不高的可燃性矿石。

（2）在煤层的开采过程中以及后续的分选和加工等过程中产生的煤与废弃岩石混合形成纯度不高的混合物。

3. 煤矸石的组成

煤矸石的化学成分决定了煤矸石的特性，也在煤矸石的综合利用中具有指导作用。通常所说的化学成分是矸石煅烧以后的灰渣的成分。一般煤矸石的普氏硬度为 2~3，自然含水率为 4%~5%，一般发热量在 1 600~7 200 kJ/kg，煤矸石中所含元素多达数十种，其中氧化硅和氧化铝为主要成分。

4. 煤矸石的分类

煤矸石实际上是含碳岩石和其他岩石的混合物。依煤层地质年代、地区、成矿地质环境、开采条件不同，煤矸石的岩石类型也不尽相同，成分复杂，变化范围较大。

如果以矿物组成为基础，结合岩石的结构、构造等特点，煤矸石一般可分为黏土岩矸石、砂岩矸石—粉砂岩矸石、钙质岩矸石和铝质岩矸石等，而每一大类又可分为若干亚类。

（1）黏土岩矸石：组成以黏土矿物为主的矸石为黏土岩矸石，又可分为碳质页岩、泥质页岩、粉砂质岩、碳质泥岩、泥岩、粉砂质页岩等。黏土岩矸石在煤矸石中占有相当大的比重，尤其碳质页岩、泥质页岩、粉砂质页岩最为常见。碳质页岩和碳质泥岩中，一般均含有较多的炭粒。

（2）砂岩矸石—粉砂岩矸石：一般在岩巷矸和剥离矸中较多。主要由碎屑矿物和胶结物两部分组成，首先以石英屑为主，其次是长石、云母矿物；胶结物一般为被碳质浸染的黏土矿物或含碳酸盐的黏土矿物以及其他化学沉积物。按颗粒大小又可分为粗砂岩细砂岩、粉砂岩等。

（3）钙质岩矸石：主要矿物以方解石、白云石为主的矸石为钙质岩矸石。以方解石矿物为主的称为灰岩，以白云石为主的称为白云岩。在钙质岩中常常含有菱铁矿，并混有较多的黏土矿物或少量石英、长石等碎屑矿物。

（4）铝质岩矸石：是一种富含 Al_2O_3 较高的矸石，主要由黏土矿物和富铝矿物（如一水硬铝石）组成，往往混有石英、玉髓、方解石、白云石等矿物。上述煤矸石岩石类型和矿物组成，基本上概括了所有煤矸石，初步反映了煤矸石特征，大致标志出工业利用分类途径。按碳含量的多少，煤矸石可分为四类：一类碳含量 ≤4%、二类 4%~6%、三类 6%~20%、四类 >20%。一、二类煤矸石的热值低（≤2090 kJ/kg），可作路基材料，或塌陷区复垦和采空区回填；三类煤矸石（热值 2090~6 270 kJ/kg）可用做生产水泥、砖瓦、轻骨料和矿渣棉等建材制品；四类煤矸石热值较高（6270~12550kJ/kg），可从中回收煤炭或作工业用燃料。

煤矸石中的铝硅比（Al_2O_3/SiO_2）也是确定煤矸石综合利用途径的主要因素。铝硅比大于 0.5 的煤矸石铝含量高、硅含量低，其矿物含量以高岭石为主，有少量伊利石、石英，质点粒径小，可塑性好，有膨胀现象，可作为制造高级陶瓷、煅烧高岭土及分子筛的原料。煤矸石中的全硫含量决定了其中的硫是否具有回收价值，以及煤矸石的工业利用范围。

按硫含量的多少可将煤矸石分为四类：一类 ≤0.5%，二类 0.5%~3%，三类 3%~6%，四类 ≥6%。全硫含量大于 6% 的煤矸石即可回收其中的硫精矿，用煤矸石作燃料要根据环保要求，采取相应的除尘、脱硫措施，减少烟尘和 SO_2 的污染。

5. 煤矸石的危害

（1）对对生产出的煤矸石存在的危害是，导致煤层的应力分布的改变，降低开掘效率，减少开采量，提高成本。

（2）大气污染

煤矸石造成的大气污染可分为固体微粒悬浮物污染和有毒有害气体污染。由于煤矸石易于风化，堆积的矸石表面在半年到一年后产生约 10cm 厚的风化层，长期的风化效果使颗粒及粉尘更细，极易飘散到大气中。在有风的天气下，粉尘大量飘散，空气中的悬浮微粒增加，造成大气污染；另外近 1/3 的煤矸石由于硫铁矿和含碳物质的存在经堆放后在一定条件下发生自燃，自燃煤矸石每燃烧 1 m³ 将向大气排出 10.8 kg 一氧化碳，6.5 kg 二氧化硫，2kg 的硫化氢和氮氧化物，释放的大量有毒气体会严重污染环境，使周围地区常常尘雾蒙蒙，造成大气污染及生态破坏。

（3）对水的影响

长期露天堆放于地表的煤矸石，表面的颗粒在雨水的冲刷作用下形成的黑色淤泥流进附近的河道湖泊中，导致河道湖泊的淤积使河床抬高、通航能力下降、行洪能力减弱、调蓄能力降低、水体严重污染、直接影响生产生活。

水体的污染主要是由于煤矸石在大气、雨雪的共同风化淋滤作用下，生成了大量的无机盐物质。这些物质一部分随着地表径流、大气环流进入矿区附近的地面水体，污染地表水；另一部分随着水体流动进入地下含水层，污染地下含水层，采矿造成的裂隙加剧了地下水的污染。检测表明，经污染的地下水 pH 值可达到 3，呈现高矿物化度、高硬度、硫酸盐、镁、钠、钾离子及铅、砷、铬等有害重金属离子含量升高，造成严重的区域性的地表水与地下水污染。特别是煤矸石内硫化物的氧化产生酸性矿山废水（AMD），因其较强的酸性及高浓度的重金属等有毒元素，对矿区及周围居民和动、植物生命带来直接危害。

（4）对人体生物的危害

煤矸石对人和动物的影响主要是由于其含有大量微量元素，如 As，Cu，Sn，Cr，Pb，Zn，Fe，Mn，F，Hg，Se，Cl，Ga，U 等，通过被污染的饮用水、食物进入人或动物体内，扰乱了体内微量元素平衡，造成慢性中毒、癌症、婴儿畸形等相关病症。

由煤矸石释放的有害气体污染了大气环境，使附近居民慢性气管炎和气喘病患者增多，周围树木落叶庄稼减产。矸石山内的可燃气体在富集到一定浓度而得不到释放的情况时，还会发生可燃气体爆炸，这将威胁附近群众的生命安全。矸石中含有的微量重金属被生物摄取后不易被生物降解，重金属就会通过食物链发生生物放大、富集，最后在人体内积蓄造成慢性中毒。煤矸石中的放射性元素的含量均高于土壤，对生活在其附近的居民和动物的安全是潜在的威胁。

（5）对土壤的危害

煤矸石的大量堆存必然要占用大量的很难再生的耕地资源。土壤是由多种细菌、真菌组成的生态系统。煤矸石中多种重金属元素，如铅、锡、汞、砷、铬等有害成分运至地表被土壤吸附而富聚到表土层中，从而破坏土壤的有机养分，杀死土壤中的微生物，使土壤腐解能力降低或丧失、土地生产力下降，甚至草木不生。煤矸石山溢流水的污染使土壤盐分升高，导致土地盐碱化，使农作物生长发育受到影响甚至无法耕种。

（6）地质灾害

矸石山多为自然松散堆积，由于风化作用，其结构稳定性很差，在强降水或人工挖掘等外因破坏作用下极容易发生崩塌、滑坡、泥石流等地质灾害。特别是矸石山的自燃加剧了滑坡崩塌的可能性。国内外都曾发生煤矸石堆滑坡事故，以致埋没村庄，造成多人伤亡事故。

（7）其他影响

煤矸石引起地面高温。煤矸石一般呈黑色或红色，表面吸热极强，夏天中午煤矸石地表温度常可达 40℃，使得矿区气温增高，影响居民正常生活。自燃产生的二氧化硫、粉尘和烟雾与空气中的水分接触会形成酸雨，酸雨会腐蚀建筑物，破坏自然景观。

6.煤矸石的综合利用

（1）煤矸石作填筑材料

1）煤矸石采空区充填。煤矸石用于采空区回填，通常采用水力和风力两种充填方法。水力充填（也称水沙充填），是利用煤矸石进行矿井回填的常用方法。如果煤矸石的岩石组成以砂岩和石灰岩为主，在进行回填时则需加入适量的黏土、粉煤灰或水泥等胶结材料，以增加充填料的黏结性和惰性；当煤矸石的岩石组成以泥岩和炭质泥岩为主时，则需加入适量的沙子，以增加充填料的骨架结构和惰性。水力充填所需的水，可采用废矿井或采煤过程中排出的废水，回填后分离渗出的水还可以复用。

2）煤矸石塌陷区复垦。煤矸石用于塌陷区复垦，主要利用煤矸石及粉煤灰充填煤田塌陷区，一方面，避免了煤矸石大量堆积占用土地和自燃等造成的环境污染等危害；另一方面，又可以为塌陷区充填解决填料，复垦后的土地可用来作为矿区或城镇生活或生产基建用地。可缓解人口密集、耕地紧张、基建用地矛盾突出的矿区，其关键技术是采取合理的充填方式和地基加固处理措施。

3）煤矸石作路基材料。煤矸石是一种良好的路基材料，结合煤矸石的理化特性（如颗粒组成、膨胀性及崩解性、压密性、水稳性，渗透性、剪切强度等）混合其他材料，使煤矸石用于公路、铁路等路基建设中，不仅解决了煤矸石的环境污染问题及占地问题，而且能够降低工程造价、节约投资、缩短工期、提高路基工程质量，具有一定的经济效益、环境效益和生态效益。

4）煤矸石发电

煤矸石发电或煤矸石掺中煤或煤泥发电是煤矸石利用的重要途径。煤矸石作为燃料发电是当前应用较广泛的方法。建设煤矸石电厂是实现资源综合利用的有效途径，也是我国发展洁净煤技术的重要内容。它不仅减少了煤矸石的堆放，也带来了巨大的经济效益、环保效益和社会效益。但是这种方法存在一定的弊端，煤矸石发电排出的大量灰渣如果不能及时治理，不仅占用大量土地，还带来二次污染，如果废渣不利用，也是对再生资源的一种浪费。利用煤矸石综合利用电厂排放的灰渣，配套建设相应规模的建材项目，如生产新型建筑材料粉煤灰水泥、粉煤灰砌块、粉煤灰砖、墙板、彩色混凝土瓦、粉煤灰陶粒等技术已经成熟可靠，在国内已经成功地运行。不仅处理了大量的工业废弃物，节约了土地，而且变废为宝，保护了环境，为企业带来良好的经济效益。

我国煤矸石的发热量多在 6300 kJ/kg 以下，其中 3 300~6 300 kJ/kg，1 300~3 300kJ/kg 和低于 1 300 kJ/kg 的三个级别各占 30%，高于 6300 kJ/kg 的仅占 10%。各地煤矸石的热值差别很大。根据国家相关文件规定用于发电的煤矸石的热值应达到 5 000 kJ/kg 以上，这使得煤矸石作为燃料发电的推广受到限制。

（2）煤矸石生产建筑材料及制品

目前技术成熟、利用量比较大的煤矸石资源化途径是生产建筑材料。

1）煤矸石制砖包括用煤矸石生产烧结砖和作烧砖内燃料。煤矸石砖以煤矸石为主要原料，一般占坯料质量的 80% 以上，有的全部以煤矸石为原料，有的外掺少量黏土。煤矸石经破碎、粉磨、搅拌、压制、成型、干燥、焙烧这个过程，制成煤矸石砖。焙烧时基本上无须再外加燃料。

2）煤矸石生产轻骨料。适宜烧制轻骨料的煤矸石主要是碳质页岩和选矿厂排出的洗矸。

3）煤矸石生产空心砌块。煤矸石空心砌块是以自燃或人工煅烧煤矸石为骨料，以磨细生石灰和石膏作胶结剂，经转动成型、蒸汽养护制成的墙体材料。

4）煤矸石作水泥混合材料。煤矸石经自燃或人工煅烧后具有一定活性，可掺入水泥中作活性混合材，需要与熟料和石膏按比例配合后入水泥磨磨细。煤矸石的掺入量取决于水泥的品种和标号，例如在水泥熟料中掺入 15% 的煤矸石，可制得 325 号~425 号普通硅酸盐水泥；掺量超过 20% 时，按国家规定为火山灰硅酸盐水泥。

5）煤矸石生产微孔吸音砖。将破碎后的煤矸石，晒干的锯木、白云石和半水石膏混合送入硫酸溶液中混合搅拌，白云石（碳酸盐矿物）与硫酸反应发泡，使混合料膨胀，然后浇注入模，经干燥、焙烧而制成。产品具有质量轻、吸音效果好的优点。根据煤矸石的矿物组成，还可作为硅质原料或铝质原料，应用于许多烧结陶（瓷）类建材产品的生产，并充分利用其所含的发热量。在建筑陶瓷、建筑卫生陶瓷等陶瓷制品生产中，一般采用以煤矸石为部分原料替代材料的生产技术。

6）煤矸石生产混凝土。煤矸石生产混凝土，利用自燃煤矸石或烧煤矸石作为混凝土掺和料使用，它能降低水泥使用量，从而降低能源消耗；它能利用工业废渣，降低对环境的污染；它能改善混凝土的性能，增加混凝土的抗碳化和抗硫酸腐蚀的能力，提高混凝土制品质量和工程质量。

（3）煤矸石的农业利用

1）煤矸石有机复合肥。由于煤矸石一般含有大量的炭质页岩或炭质粉砂岩，15%~20% 的有机质，以及高于土壤 2~10 倍，植物生长所需的 B，Zn，Cu，Co，Mo，Mn 等微量元素，因此煤矸石经粉碎磨细后，按一定比例与过磷酸钙混合，同时加入适量活化剂与水，充分搅匀后堆沤，即可制得新型农肥，该肥掺入氮、磷、钾元素后，可得到全营养矸石复合肥。实践证明，它具有丰富的有机质和微量元素、吸收性好、适应性强兼具速效和长效的特点，且生产加工简单、原料易得，回收周期短、产品多样、成本低廉。

2）煤矸石微生物肥料。煤矸石和风化煤中含有大量有机物，是携带固氮、解磷、解钾等微生物最理想的基质和载体，因而可以作为微生物肥料，又称菌肥。以煤矸石和廉价的磷矿粉为原料基质，外加添加剂等可制成煤矸石生物肥料，其主要以固氮菌肥、磷肥、钾细菌肥等为主。与其他肥料相比，它是一种广谱性的生物肥料，施用后对农作物有奇特效用。煤矸石微生物肥料生产工艺简单、耗能低、投资少、生产过程不排渣，进厂是煤矸石等废品，出厂即是成品肥。目前煤炭系统共建有煤矸石微生物肥料厂50余座，年产微生物肥料约40万吨，有很好的经济效益和社会效益。

3）煤矸石改良土壤。针对某一特定土壤，利用煤矸石的酸碱性及其中含有的多种微量元素和营养成分，适当掺入一些有机肥料，可有效地改良土壤结构、增加土壤疏松度和透气性，提高土壤含水率，促进土壤中各类细菌新陈代谢、丰富土壤腐殖质，从而使土地得到肥化，促进植物的生长。

（4）回收煤炭对混在煤矸石中的煤炭资源可以利用现有的选煤技术加以回收，这也是煤矸石能源化利用和其他资源化再生利用的预处理工作。在煤矸石资源化再生利用前，回收其中的煤炭既节约能源，又增加经济效益。目前，回收煤炭的分选工艺主要有两种：水力旋流器分选和重介质分选。水力旋流器分选是将含碳量高的煤矸石经定压水箱后进入旋流器，进行煤炭颗粒和矸石的分离，再经过脱水后形成精煤。该工艺特点是机动灵活，可根据需要把全套设备搬运到适当地点。

（5）煤矸石制气

利用煤矸石造气，选择灰分在70%~80%、发热量为4187~5 224 kJ/kg的煤矸石，煤气炉造气原理与一般煤气发生炉基本相同，所得煤气的发热量可达2931~4 605 J/m³，利用矸石造气的特点是燃料不需破碎、一次投煤、一次清渣，能减少烟尘、改善环境，并且构造简单，投资小、制作容易、效益可观。

二、粉煤灰的处理与资源化

粉煤灰是目前排量较大、较集中的工业废渣之一。现阶段我国年排渣量已达3 000万吨，随着电力工业的发展，燃煤电厂的粉煤灰、灰渣和灰水的排放量逐年增加。大量的粉煤灰如果不加处理，会产生扬尘，污染大气；排入水系会造成河流淤塞，而其中有毒的化学物质还会对人体和生物造成危害。因此粉煤灰的处理和利用问题引起了人们广泛的注意。

（一）粉煤灰的概念

从煤燃烧后的烟气中收捕下来的细灰称为粉煤灰，粉煤灰是燃煤电厂排出的主要固体废物。

粉煤灰的燃烧过程即煤粉在炉膛中呈悬浮状态燃烧，燃煤中的绝大部分可燃物都能在炉内烧尽，而煤粉中的不燃物（主要为灰分）大量混杂在高温烟气中。这些不燃物因受到高温作用而部分熔融，同时由于其表面张力的作用，形成大量细小的球形颗粒。在锅炉尾部引风机的抽气作用下，含有大量灰分的烟气流向炉尾。随着烟气温度的降低，一部分熔融的细粒因受到一定程度的急冷呈玻璃体状态，从而具有较高的潜在活性。在引风机将烟气排入大气之前，上述这些细小的球形颗粒经过除尘器，被分离、收集，即为粉煤灰。

（二）粉煤灰的形成

粉煤灰的形成过程大致可以分为三个阶段：

第一阶段，粉煤在开始燃烧时，其中气化温度低的挥发分，首先从矿物质与固定碳连接的缝隙间不断逸出，使粉煤灰变成多孔性碳粒。此时的煤灰，颗粒状态基本保持原粉煤灰的不规则碎屑状，但因多孔性，使其比表面积增大。

第二阶段，伴随着多孔性碳粒中的有机质完全燃烧和温度的升高，其中的矿物质也将脱水、分解、氧化变成无机氧化物，此时的炭灰颗粒变为多孔玻璃体，尽管其形态大体上仍与多孔碳粒相同，但比表面积明显得小于多孔碳粒。

第三阶段，随着燃烧的进行，多孔玻璃体逐步熔融收缩而形成颗粒，其孔隙率不断降低，圆度不断提高，粒径不断变小，最终由多孔玻璃体转变为密度较高、粒径较小的密实球体，颗粒比表面积下降为最小。不同粒度和密度的灰粒具有明显的化学和矿物学方面的特性差别，小颗粒一般比大颗粒更具有玻璃性和化学活性。

最后形成的粉煤灰（其中 80%~90% 为飞灰、10%~20% 为炉底灰）是外观相似、颗粒较细而不均匀的复杂多变的多相物质。

1. 粉煤灰的矿物组成

粉煤灰的矿物组成是粉煤灰品质的重要指标，特别在用于土木建筑材料上时。认识粉煤灰的矿物相的特点、形成机理有利于提高粉煤灰的资源化程度。粉煤灰中的矿物组成主要是由煤中的矿物而来的。纯净的煤中是不含任何矿物的，一般的都含有一些无机物成分。

粉煤灰中主要物质的是玻璃体，其他的是晶体物质（含量一般在 11%~48%），主要为莫来石、石英、赤铁矿、磁铁矿、铝酸三钙、黄长石、默硅镁钙石、方镁石、石灰等。其中莫来石占最大比例，可达到总量的 6%~15%，此外还有未燃烧的碳粒。

2. 粉煤灰的粒度组成

粉煤灰是由各种大小不一，形貌各异的颗粒组成的。

（1）球形颗粒。球形颗粒表面光滑，有的圆球上还嵌有前面提到的晶体一微小的石英和莫来石析晶。在我国粉煤灰中，此类颗粒含量多的达 25%，少的仅 3%~4%，粒径一般从数微米到数十微米，密度和容重较大，在水中可以下沉，故也称"沉珠"。

"沉珠"依其化学成分可以分为富钙玻璃微珠和富铁玻璃微珠。前者富集了氧化钙，化学活性好；后者富集了氧化铁，实际上是由铝硅酸盐将赤铁矿和磁铁矿包裹起来的球体，具有磁性，故叫作"磁珠"。

（2）不规则多孔颗粒。不规则多孔颗粒包括多孔碳粒和多孔铝硅玻璃体。多孔碳粒有的呈球状，有的为碎屑，密度和容重较小，粒径和比表面积较大，对粉煤灰性能有不良影响。许多研究指出粉煤灰制品的强度和性能均随着含碳量的增加而下降。

多孔铝硅酸玻璃体富含氧化铝和氧化硅，是我国粉煤灰中为数最多的颗粒，有的多达 70% 以上。这类玻璃体在形成过程中，有的因部分气体溢出而具有开放性孔穴，表面呈蜂窝状结构；有的因部分气体未溢出而被包裹在颗粒内，形成封闭性孔穴，内部呈蜂窝状结构。多孔玻璃体颗粒就有较大的比表面积，粒径从数十微米到数百微米。在具有封闭性孔穴的颗粒中还有一种相对密度很小（密度 <1）的颗粒，能浮在水面上，成为"漂珠"。其含量可以高达粉煤灰体积的 15%~20%，重量为粉煤灰的 4%~5%，是一种多功能的新材料。漂珠内封闭气体形成的最佳温度是 1 400℃，其中氧化铁含量关系到生成漂珠的数量，当氧化铁含量低于 5% 时，生成的漂珠很少，氧化铁含量超过 8% 时，生成的漂珠显著增加。

3. 粉煤灰活性的评定

如何迅速、定量地评定粉煤灰的活性是粉煤灰应用中的重要问题。比较常用的评定方法如下：

（1）石灰吸收法

此法是将定量粉煤灰浸泡在石灰的饱和溶液中，测定每克粉煤灰在一定时间内的石灰吸收值。通常，石灰吸收值越大，粉煤灰活性越好。此法能较快地确定粉煤灰活性，并能在一定程度上反映出粉煤灰的活性优劣，特别是对低碳细灰有较好参考价值，故一直作为传统方法沿用至今。

（2）溶出度试验法

此法主要使用酸或碱处理粉煤灰，将其中可溶 SiO_2 和 Al_2O_3 溶出，并测定其溶出度，作为评定粉煤灰活性指标。通常，可溶物越多，粉煤灰活性越好。此法也能在一定程度上反映出粉煤灰的活性，故国内外仍在使用。但因其不能很好地表达粉煤灰的活性，故有的国家已将其废止。

（3）砂浆强度试验法

此法是在粉煤灰中掺入一定比例的石灰或水泥熟料，磨细到一定比表面积，配成石灰或水泥砂浆，做成一定尺寸的试件，测定试件强度或与此试件的强度比，作为衡量粉煤灰活性指标。由于强度是粉煤灰的火山灰反应能力与其最终形成的水泥石结构情况的综合反映，故能较真实地反映粉煤灰的活性，且比较接近生产实际，实验操作比较简便，是迄今为止国内外公认的粉煤灰活性的最佳评定方法。

（三）粉煤灰对环境危害

1. 粉煤灰对大气的污染

在煤烟型污染城市，大气气溶胶是主要污染物，在我国大多数城市，燃煤飞灰是悬浮颗粒物的主要贡献，在冬季因燃煤上升，导致空气中飞灰的增加，煤中有危害元素的富集问题。大于 $2p\mu m$ 的颗粒沉积在鼻咽区，小于 $2\mu m$ 的沉积在支气管、肺泡区被血液吸收，进而被送到人体各个器官，对人体健康的危害也更大。另外，细颗粒能长时间漂浮在大气环境中（一般 7~10d），随气流进行远距离输送，造成区域环境污染。

2. 粉煤灰对地表水及地下水的污染

被除尘器捕获的飞灰，若采用湿排，飞灰中有害元素会溶于冲灰水中，造成污染。堆放在储灰池中的粉煤灰，因雨水淋滤，会污染地表水及地下水。

粉煤灰是冶炼厂、化工厂和燃煤电厂排放的非挥发性煤残渣，包括漂灰、飞灰和炉底灰三部分。根据煤炭灰分的不同，粉煤灰的产生量相当于电厂煤炭用量的 2.5%~5%。

（四）粉煤灰的综合利用

1. 粉煤灰在建材工业中的应用

（1）粉煤灰生产水泥及其制品。粉煤灰与黏土成分类似，并具有火山灰活性，在碱性激发剂下，能与 CaO 等碱性矿物在一定温度下发生"凝硬反应"，生成水泥质水化凝胶物质。作为一种优良的水泥或混凝土掺和料，它减水效果显著、能有效改善和易性、增加混凝土最大抗压强度和抗弯强度、增加延性和弹性模量，提高混凝土抗渗性能和抗蚀能力，同时具有减少泌水和离析现象、降低透水性和浸析现象、减少混凝土早期和后期干缩、降低水化热和干燥收缩率的功能。因此，在各种工程建筑中，粉煤灰的掺入不仅能改善工程质量、节约水泥，还降低了建设成本、使施工简单易行。

（2）粉煤灰砖。粉煤灰烧结砖是以粉煤灰、黏土为原料，经搅拌成型，干燥、焙烧而制成的砖。粉煤灰掺加量为30%~70%，生产工艺与普通黏土砖大体相同，可用于制烧结砖的粉煤灰要求含SO_2量不大于1%，含碳量10%~20%左右，用粉煤灰生产烧结砖既消化了粉煤灰，节省了大量土地，同时还降低燃料消耗。

粉煤灰蒸养砖是以粉煤灰为主要原料，掺入适量生石灰、石膏，经坯料制备、压制成型，常压或高压蒸汽养护而制成的砖。粉煤灰蒸养砖配比一般为：粉煤灰88%、石灰10%、石膏2%，掺水量20%~25%。

（3）小型空心砌块。以粉煤灰为主要原料的小型空心砌块可取代砂石和部分水泥，具有空心质轻、外表光滑、抗压保暖、成本低廉、加工方便等特点，是近年来有较大发展的绿色墙体材料，其进一步的发展方向是：

1）加入复合无机凝胶材料，充分激发粉煤灰活性，提高早期强度；

2）利用可替换模具的优势使产品多样化，亦可生产标砖；

3）采用蒸养工艺生产蒸养制品，必须控制胶骨比和单位体积的胶凝材料用量；

4）提高原料混合的均匀度，减少砌块强度的离散性，提高成型质量。

（4）粉煤灰陶粒。它是以粉煤灰为原料，加入一定量的胶结料和水，经成球、烧结而成的人造轻骨料，具有用灰量大、质轻、保温、隔热、抗冲击等特点，用其配制的轻混凝土容重可达13530~17260N/m³、抗压强度可达20~60MPa，适用于高层建筑或大跨度构件，其质量可减轻33%、保温性可提高3倍。

2. 粉煤灰用于筑路和回填

粉煤灰的成分及结构与黏土相似，可代替砂石，应用在工程填筑上，如筑路筑坝、围海造田、矿井回填等。这是一种投资少、见效快、用量大的直接利用方式，既解决了工程建设的取土难题和避免粉煤灰堆放污染，又大大降低了工程造价。

（1）用做路基材料。将粉煤灰、石灰和碎石按一定比例混合搅拌，即可制作路基材料。掺入粉煤灰后路面隔热性能好，防水性和板体性好，利于处理软弱地基。粉煤灰的掺加量最高可达70%，且对其质量要求不高。铺设此种道路技术成熟、施工简单、维护容易，可节约维护费用30%~80%。

（2）用于工程回填。煤矿区因采煤后易塌陷，形成洼地，利用粉煤灰对矿区的煤坑、洼地等进行回填，既降低了塌陷程度，用掉了大量粉煤灰，还能复垦造田，减少农户搬迁，改善矿区生态。

3. 粉煤灰在农业上的应用

粉煤灰农用投资少、用量大、需求平稳、发展潜力大，在农业应用是适合我国国情的重要利用途径。目前，粉煤灰农用量已达到5%，主要方式为土壤改良剂、农肥和造地还田等。

（1）改良土壤。粉煤灰松散多孔，属热性砂质，细砂约占80%，并含有大量可溶性硅、钙、镁、磷等农作物必需的营养元素，因此有改善土壤结构、降低密度、增加空隙率、提高地温、缩小膨胀率等功效。可用于改造重黏土、生土、酸性土和碱盐土，弥补其黏、酸、板、瘦的缺陷。上述土壤掺入粉煤灰后，透水与通气得到明显改善，酸性得到中和，团粒结构得到改善，并具有抑制盐、碱作用，从而利于微生物生长繁殖，加速有机物的分解，提高土壤的有效养分含量和保温保水能力，增强了作物的防病抗旱能力。

（2）堆制农家肥。用粉煤灰混合家禽粪便堆肥发酵比纯用生活垃圾堆肥慢，但发酵后热量散失也少，雨水不易渗下去，这对防止肥效流失有利；另外粉煤灰比垃圾干净，无杂质、无虫卵与病菌，有利于田间操作及减少作为病虫害的传播；把粉煤灰堆肥施在地里不仅能改良土壤、增加肥效，还可以增加土壤通气与透水性，有利于作物根系的发育。

（3）粉煤灰肥料。粉煤灰含有丰富的微量元素，如 Cu、Zn、B、Mo、Fe、Si 等。可作一般肥料用，也可加工成高效肥料使用。粉煤灰含氧化钙2%~5%，氧化镁1%~2%，只要增加适量磷矿粉并利用白云石作助溶剂，即可生产钙镁磷肥。粉煤灰含氧化硅50%~60%，但可被吸收的有效硅仅1%~2%，在用含钙高的煤高温燃烧后，可大大提高硅的有效性，作为农田硅钙肥施用，对南方缺钙土壤上的水稻有增产作用。除此以外，还以粉煤灰为原料，配加一定量的苛性钾、碳酸钾或钾盐生产硅钾肥或钙钾肥。

4.粉煤灰在环保上的应用

粉煤灰粒细质轻、疏松多孔、表面能高，具有一定的活性基团和较强的吸附能力，在环保领域中已被广为应用，主要用于废水治理、废气脱硫、噪声防治及用作垃圾卫生填埋的填料等。

（1）在废水处理工程中的应用粉煤灰本身已具有较强的吸附性能，经硫铁矿渣、酸碱、铝盐或铁盐溶液改性后，辅以适量的助凝剂，可用来处理各类废水，如城市生活污水、电镀废水、焦化废水、造纸废水、印染废水、制革废水、制药废水、含磷废水、含油废水、含氟废水、含酚废水、酸性废水等。

（2）在烟气脱硫工程中的应用电厂烟气脱硫的主要方法是石灰—石灰石法，此法原料消耗大、废渣产量多，但在消石灰中加入粉煤灰，则脱硫效率可提高5~7倍。除此之外，粉煤灰脱硫剂还可用于处理垃圾焚烧烟道气，以去除汞和二唔英等污染物，如在喷雾干燥法的烟气脱硫工艺中，将粉煤灰和石灰浆先反应，配成一定浓度的浆液，再喷入烟道中进行脱硫反应，或将石灰、粉煤灰、石膏等制成干粉状吸收剂喷入烟道。

（3）在噪声防治工程中的应用粉煤灰可按粗、细进行分类，细灰作为水泥与混凝土的混合材料，而粗灰因强度差难以再利用，可用于水泥刚体多孔吸声材料上，具有良好的声学性能。将70%粉煤灰、30%硅质黏土材料以及发泡剂等混配后，经二次烧成工艺制得粉煤灰泡沫玻璃，具有耐燃、防水、保温、隔热、吸声和隔声等优良性能，可广泛应用于建筑、石油、化工、造船、食品和国防等工业部分的隔热、保温、吸声和装饰等工程中。而用电厂 70% 的干灰和湿灰加黏合剂、石灰、黏土等制成直径 80~100 mm 料球，放入高温炉内熔化成玻璃液态，经过离心喷吹制成粉煤灰纤维棉，再经深加工，可制作新型保温吸声板等建材。

5. 回收工业原料

（1）回收煤炭。一般粉煤灰中含碳量约 5%~16%。粉煤灰中含碳量太多，对粉煤灰建材的质量和从粉煤灰中提取漂珠的质量有不良影响，同时也浪费了宝贵的煤炭资源。回收煤炭的方法主要有两种：一种是用浮选法回收湿排粉煤灰中的煤炭，回收率约为 85%~94%，尾灰含碳量小于 5%，浮选回收的精煤灰具有一定的吸附性，可直接作吸附剂，也可用于制作粒状活性炭。另一种是干灰静电分选煤炭，静电分选工艺的炭回收率一般在 85%~90% 之间。

（2）分选空心微珠。空心微珠的密度一般只有粉煤灰的 1/3 粒径大小为 0.3~300 pμm。目前，国内主要用干法机械分选和湿法分选两种方法来分选空心微珠。空心微珠具有质量小、强度高、耐高温和绝缘性能好等多种优异性能，现已成为一种多功能的无机材料，主要用作塑料的填料、轻质耐火材料、高效保温材料，以及石化工业的催化剂，填充剂、吸附剂和过滤剂等。

6. 生产功能性新型材料

粉煤灰可作为生产吸附剂、混凝剂、沸石分子筛与填料载体等功能性新型材料的原料，广泛用于水处理、化工、冶金、轻工与环保等方面。如粉煤灰在作为污水的调理剂时有显著的除磷酸盐能力；作为吸附剂时可从溶液中脱除部分重金属离子或阴离子；作为混凝剂时，COD 与色度去除率均高于其他常用的无机混凝剂；而利用粉煤灰制成的分子筛，质量与性能指标已达到或超过由化工原料合成的分子筛。

三、矿山废石与尾矿的处理与资源化

冶金矿业固体废物是指金属和非金属矿石开采过程中所排出的固体废物，包括废石和尾矿。矿山生产过程中排出的固体废物的数量十分惊人，这些废石和尾矿堆放在地面，占用了大量土地，废物中所含的有害组分还会对周围的环境造成污染。另外，由于废石堆、尾矿库的不稳定还会产生滑坡、岩堆移动、泥石流等意外事故，造成巨大的生命财产损失。随着科学技术的发展和人们环境保护意识的提高，矿山废石与尾矿的综合利用已日益被人们所重视。目前对于废石和尾矿的利用主要有以下几个方面：

1. 回收有价金属

我国共生、伴生矿产多，矿物嵌布粒度细，以采选回收率计，铁矿、有色金属矿、非金属矿分别为 60%~67%、30%~40%、25%~40%，尾矿中往往含有铜、铅、锌、铁、硫、钨、锡等，以及钪、镓、钼等稀有金属及金、银等贵金属。尽管这些金属的含量甚微、提取难度大、成本高，但由于废物产量大，从总体上看这些有价金属的数量相当可观。

2. 生产建材

利用尾矿作建筑材料，既可防止因开发建筑材料而造成对土地的破坏，又可使尾矿得到有效的利用，减少土地占用，消除对环境的危害。但用尾矿作建筑材料要根据尾矿的物理化学性质来决定其用途。

有色金属尾矿按其主要成分可分为 3 类：

（1）以石英为主的尾矿：该类尾矿可用于生产蒸压硅酸盐砖矿；石英含量达到 99.9%，含铁、铬、钛、氧化物等杂质低的尾矿可用做生产玻璃、碳化硅等的原料。

（2）以含方解石、石灰石为主的尾矿：该类尾矿主要用作生产水泥的原料。

（3）以含氧化铝为主的尾矿：二氧化硅和氧化铝含量高的尾矿可用做耐火材料。

3. 采空区回填、覆土造田

用来源广泛的尾砂、废石、尾矿代替砂石进行地下采空区回填，耗资少、操作简单，可防止地面沉降塌陷与开裂，减少地质灾害的发生。回填采空区有两种途径：一是直接回填法，即上部中段的废石直接倒入下部中段的采空区，这可节省大量的费用，但需对采空区有适当的加固措施；二是将废石提升到地面，进行适当破碎加工，再用废石、尾矿和水泥拌和后回填采空区，这种方法安全性好，又可减少废石占地，但处理成本较高。如铜陵某铜矿利用全水速凝胶结充填工艺进行回填，充填成本可减少 13% 左右；某金矿分矿采用高水固结围砂充填采矿法，比原来水泥河沙胶结充填工艺优势明显，不仅提高了生产能力，还节省了费用。

四、煤泥水的综合利用技术

随着煤炭工业的不断发展，产生的煤泥水也愈来愈多，如果得不到很好的治理，就会经济损失巨大，对环境的污染也愈来愈严重。作为选煤过程中必不可少的副产物，煤泥水大量排放不仅造成了严重的环境污染而且也引起了宝贵煤炭资源的巨大浪费。初步调查表明，我国现有的重点煤矿选煤厂不少于 170 座，年生产煤泥水 2 800 万吨，煤泥流失 20 万吨，约需水量 20 亿 m^3，相当一部分煤泥水被当作废物流失到河道中去，我国境内 532 条河流中，32% 的河流受到污染，其中 30 条 500 km 以上的河流中，有

18 条受到煤泥水污染。因此，对煤泥水进行有效治理已刻不容缓。

1. 煤泥水的产生

煤炭在我国能源结构中占有极大的比重，因此我国国民经济的发展能否取得预期的效果和目的，在一定程度上取决于煤炭。但是从地下开采出的原煤通常含有大量的矿物质和有害杂质，所以，原煤在许多情况下不能直接被利用，而先要在选煤厂进行洗选。煤炭洗选的目的是去除原煤中所含的杂质，提高煤炭的发热量和结焦性，降低灰分、硫分，并为减轻燃煤地区的大气污染创造条件。选煤方法有许多种，概括起来可以分为两大类：一类是湿选，即利用水或水与矿物组成的悬浮液选煤；另一类是干选，这种方法不用水，利用煤与矸石等物理性质的差异实现分选的。但目前广泛采用的是湿选，湿法选煤约占 94%。湿法选煤用水量较大，以跳汰洗煤为例，每入选 1 吨原煤需要用水 3~5 m³，而这些水经过洗选过程后就含有了大量的细小颗粒，通常把这种含有粒径小于 1 mm 悬浮粒子的洗煤水叫煤泥水。煤泥水是由原生煤泥、次生煤泥和水混合的多相体系，其性质与煤泥性质相关，也与水的性质相关。煤泥水有两种，一种是煤质较好的原煤洗选所产生的煤泥水，这类废水所含的颗粒粒度较大，浓度较低，处理相对比较容易。另一种是高泥质原煤洗选所产生的煤泥水，这类废水悬浮物浓度高，颗粒细小，且表面带有较强的负电荷，是一种稳定的胶体体系，难于处理。我国有相当数量的原煤是年轻煤种，属于高泥质化原煤，洗选所产生的煤泥水浓度高，处理难度大。

2. 煤泥水的危害

随着煤炭工业的不断发展，产生的煤泥水也愈来愈多，如得不到很好的治理，经济损失巨大，对环境的污染也愈来愈严重。根据统计，2000 年底我国有选煤厂 1 584 座，年入选原煤能力约 52199 万吨。选煤厂的大型化愈加明显，以及水资源的愈加珍贵和环境保护标准的愈加严格，煤泥水处理已经变成了整个选煤工艺中涉及面最广、投资最大、最复杂、最难管理的工艺环节。选煤厂煤泥水的直接排放，不仅严重污染了周围环境，而且还会造成大量煤泥的流失。如果煤泥水经恰当处理后回用于沉煤，不仅解决了环境污染问题，而且还会为企业带来显著的经济效益，其中包括回收煤泥所得、节省沉煤用水的税费和免交的排污费。

3. 煤泥水特点

煤泥水主要表现为悬浮液的性质，它的沉降性不仅受固相煤泥的影响，还受液相水的影响。在固相煤泥性质中，煤泥的粒度及灰分对絮凝、沉降性质影响最大；而煤泥的矿物组成较为复杂，随产地、煤种不同而不同，主要有石英、方解石、黏土和黄铁矿等，对煤泥水的处理及产品的脱水影响较大的是黏土矿物。由于黏土矿物遇水极易泥化且粒度微细，大大增加了煤泥水中细粒级的含量，这些微细颗粒物本身难以沉降而且还使煤泥水的黏度大大增加。因此黏土类矿物含量越高，意味着煤泥水处理越困难。另外，泥化的黏土矿物还能在煤粒表面形成覆盖层。由于黏土矿物亲水且灰分高，这不仅加大脱水作业的难度，还导致产品煤灰分增高。在液相水的性质中，煤泥水的矿化度、硬度及 pH 值对煤泥的絮凝和沉降特性影响较大。正常情况下，在水的 pH 值较低时，硬度和矿化度越大越有利于煤泥水的沉降。

4. 煤泥水的粒度组成

煤泥的粒度组成在很大程度上决定了煤泥水的固液分离净化处理的难易程度。同时也决定了煤泥水的热解效果和产氢能力。通常，选煤厂的煤泥可按其粒度粗细划分为粗煤泥和细煤泥，前者的粒度范围大致为 0.5~1 mm，后者为 0~0.5 mm。煤泥水中的粗粒煤泥较易沉降，因此对这类煤泥的处理不困难，而细煤泥的处理比较困难，尤其极细粒含量较高时，煤泥水的固液分离难以达到令人满意的效果。煤泥的粒度与粒度组成对煤泥水的黏度也产生很大影响。煤泥的粒度越细小，细粒级含量越高，则煤泥水的黏度大幅度增高。

5. 煤泥水主要的处理方法

煤泥水治理的目标就是泥水分离。采用工业上成熟的固液分离技术，从煤泥水中分离、回收不同品质的细粒产品和适合选煤厂循环的用水，做到洗水闭路循环；在煤泥水必须排放时能符合环境保护的排放要求，不污染环境。我国近几年对一些选煤厂的煤泥水系统也进行了改造，基本形成了闭路循环，但由于各种原因以及各种因素的影响，煤泥水的处理还存在许多问题，有些技术方面的问题还有待进一步研究和解决。此外，鉴于用燃烧法处理和利用能充分地回收能量，大批量地处理煤泥，减少对环境的污染。因此，近些年来国内外一些研究所和大专院校及企业开展了煤泥燃烧利用技术的研究，均取得了较好的成效。目前来看，现行的煤泥水处理技术主要是固液分离技术，煤泥水治理的目标就是泥水分离，即不仅要得到清洁的水，而且还要得到含水率低的煤泥。关于煤泥水的处理方法概括起来有以下几种：

（1）自然沉淀法

过去选煤厂采用煤泥水直接排入煤泥沉淀池中进行自然沉淀处理，澄清水循环使用或者外排。由于煤泥水中的细煤泥颗粒、黏土颗粒很难自然沉降，煤泥颗粒在循环过程中不断细化，造成循环水悬浮固体（SS）浓度提高，影响甚至破坏选煤工艺。这时就不得不外排一部分高浓度煤泥水或加入大量的清水进行稀释，从而造成洗水不平衡，无法实现洗水的闭路循环，即造成环境污染又导致煤泥流失、资源浪费等。

（2）重力浓缩沉淀法

重力浓缩沉淀法也叫自然沉淀法，常选用沉淀池、浓缩机等工艺。这是目前大多数选煤厂采用的煤泥水处理方法。其特点是全部煤泥水（包括捞坑溢流、角锥池和旋流器溢流、煤泥回收筛下水等）都进入大面积浓缩机浓缩，溢流作为循环水，底流经稀释后浮选，浮选尾矿或排出厂外处置或混凝沉淀处理。长治煤气化总公司选煤车间煤泥水处理工艺中，煤泥水通过捞坑进入浓缩机后，其溢流固体含量不超过 10g/L，南票矿务局水凌矿水煤泥水系统使用斜管沉淀池，处理煤泥水流量为 350 m³/h，使用了 3 个 29 m³ 的方形池，表面负荷 4m³/（㎡·h），煤泥水 ss 浓度 26.67g/L。由此可见，采用重力浓缩沉淀法处理洗煤废水，其表面负荷低、占地面积大，废水处理后悬浮物浓度依然较高，不能达到废水排放标准。

（3）混凝沉淀方法

煤泥水混凝的基本原理是通过向煤泥水中投加各种混凝剂而使分散胶体颗粒与溶解态絮凝剂间产生固、液相间的化学吸附、电中和脱稳以及黏结架桥作用。同时在流体力学作用下进行强化脱稳颗粒间的碰撞结合，形成大的絮体颗粒而迅速沉降，从而达到加速煤泥水澄清的目的。

1）絮凝

絮凝机理主要是有机大分子的"桥连"作用，其机理有机高分子聚合物的分子链较长，并在链上带有多个能与矿物表面亲固的极性基，对悬浮颗粒有很强的亲和力，能使每个颗粒联合起来形成絮团而沉降。有机高分子絮凝剂是煤泥水处理最常用的药剂，常用的是非离子型的聚丙烯酰胺。对于粗颗粒含量多的煤泥水，只要投加一种有机高分子絮凝剂就可以保证煤泥水达到闭路循环的标准。对于细颗粒含量多、黏土含量高的煤泥水，只投加有机高分子絮凝剂难以保证煤泥水的处理效果最佳。在这种情况下，需将无机盐类混凝剂和有机高分子絮凝剂配合使用。常用的有机高分子絮凝剂主要是聚丙烯酰胺或其衍生物的高聚物或共聚物，具体可分为非离子型、阴离子型和阳离子型。根据李少章等人研究结果表明，对于一般煤泥水的处理来说，阴离子的效果好。

2）混凝

混凝过程则包含了凝聚和絮凝两种过程。凝聚是通过固液相间的吸附电中和脱稳作用使离散胶粒失去稳定性过程；絮凝是通过脱稳胶粒间的碰撞结合形成较大絮体颗粒的过程。混凝过程中主要存在以下四种作用机理：压缩双电层、吸附电中和作用、黏结架桥和网捕卷扫。

（4）气浮浓缩法

气浮浓缩法是根据不同矿物表面疏水性的不同，使疏水性的矿物黏附在气体上，随气泡一起上浮，从而达到分离的目的。与浓缩机（或煤泥沉淀池）相比，浮选具有占地面积小，煤泥水停留时间短，适应性强，结构及管理简单，无动力部件等优点。于尔铁等人对鸡西矿务局杏花洗煤厂原有系统进行改造，采用气浮—二次澄清工艺处理煤泥水使浓度降到 50mg/L 以下，取得了可观的经济效益和社会效益。

（5）电化学法

这是一种新方法，即利用电化学使带负电荷的煤泥微粒在电场力的作用下向阳极定向移动，在阳极失去电子，消除煤泥颗粒间的电斥力，降低了电势能，从而有利于煤泥絮团的形成，达到使稠密的煤泥水进一步脱水的目的。这种方法特别适用于粒度小、亲水性强、脱水性能差的黏稠物料。但脱水机本身还存在一些问题，因此应用不广泛，需要进一步研究和提高。

（6）磁处理法

煤泥水的磁处理技术是一门跨学科的综合技术，它是利用磁处理器处理煤泥水，它能使抗磁性离子的水合作用减少，增加离子的疏水性，使水对离子的附着力减少，颗粒在运动中结合概率越大，聚合颗粒团就越多。同时在外加磁场作用下，将水分子搅动起来，使颗粒的外层电量变小，颗粒间的斥力减弱，在碰撞中产生凝聚。薛玺罡等人在双鸭山矿务局七星选煤厂现场试验中发现磁处理装置可以实现固液分离，使煤泥水合作用降低，从而使脱水设备的效率提高，产品水分降低。对细颗粒较多的煤泥水澄清更显其特殊效果。

（7）土地治理法

利用土地治理污水一般要采用审慎态度，必须考虑污水治理和防止土地污染双重因素。平庄矿务局红庙矿利用煤泥水浇灌土地经济合理，工艺简单，即综合利用了污水，化害为利，又促进林木生长，配合植树工程，增加了植被覆盖率，抑制风力侵蚀，减少扬沙，改善了土地的土质，起到了改善环境的作用。这是一个经济效益、社会效益、生态效益、环境效益相统一的好办法。

（8）结团絮凝法

结团絮凝作为一种新型水处理技术，主要是通过提高絮凝体的密度实现固液的高速分离。结团凝聚工艺是以絮凝动力学为原理的一种水处理技术，此工艺通过控制物理化学条件、动力平衡条件使洗煤废水中的煤泥颗粒在实验装置中或在实际工艺的设备中形成结构紧密的结团絮体，从而达到高效去除悬浮物的目的。此工艺可省去预处理构筑物的过程，处理后的水质可达到澄清要求，水力停留时间短，表面负荷高，处理效果好。

（9）煤泥燃烧技术

由于现行的煤泥水处理技术存在较多问题，很多选煤厂将其排放，造成了严重的环境污染和资源浪费，为此，我国研究人员开展了煤泥燃烧实验和研究工作。燃烧方式包括：煤泥水流化床锅炉燃烧技术、混烧煤泥、煤矸石的循环流化床发电锅炉和煤泥挤压送料技术、浮洗尾煤制浆沸腾炉燃烧发电技术、选煤厂煤泥水浓缩制浆燃烧技术，高灰煤泥浆直接喷燃技术等。

第四节　城市生活垃圾的综合利用

城市生活垃圾（Municipal Solid Waste，MSW）是指在城市日常生活中或者为城市日常生活提供服务的活动中产生的固体废物以及法律、行政法规规定归为城市生活垃圾的固体废物。城市垃圾主要来自城市居民家庭、城市商业、餐饮业、旅馆业、旅游业、服务业、市政环卫、交通运输、工业企业单位及给水排水处理污泥等。

一、餐厨垃圾的资源化

改革开放以来，我国国民经济长足进步，城市人口迅速增长，人民生活水平不断提高，城市餐饮业不断繁荣，以至于餐厨垃圾的产生量空前增长。2011 年餐饮业零售额达到 20 543 亿元且每年在大幅度增长。

1. 餐厨垃圾的特点

餐厨垃圾具有一定的物理、化学及生物特性。含水率较高，80% 左右脱水性能较差，高温易腐蚀，发出难闻的异味。同时油腻腻、湿淋淋的外观对人和周围环境造成不良影响。餐厨垃圾具有高的挥发分，化学元素组成中氮元素含量较高。从化学组成上看有淀粉、纤维素、蛋白质、脂类和无机盐等。其中以有机组分为主，且含有大量淀粉和纤维素等，无机盐中 NaCl 的含量较高，同时含有一定的钙、镁、钾、铁等微量元素。与其他垃圾相比，餐厨废弃物中有机物含量较高，含有较丰富的营养物质。

2. 餐厨垃圾的饲料化处置

餐厨垃圾是食品废物的一种，营养成分丰富，餐厨垃圾的饲料化处置能充分利用餐厨垃圾中的有机营养成分，餐厨垃圾的饲料化处置主要有以下三种形式：

第一种方式，餐厨垃圾直接作为动物饲料。由于其不能达到环境安全的要求，国外多数国家均严格禁止餐厨垃圾的这种处置利用方式。

第二种方式，通过高温干化灭菌、高温压榨等处理手段对餐厨垃圾中的细菌、病毒等污染物的控制，然后制成动物饲料进行资源化利用。日本对餐厨垃圾采用明火加热煮沸的方式，进行餐厨垃圾的消毒；M、N、Nijeh 等采用太阳能干化器处理食品废物制造饲料；国内赫东青等亦采用分选、蒸煮、压榨、脱油工序进行了餐厨垃圾处理生产蛋白质饲料的激素研究工作。高温、压榨等处理手段对减少餐厨垃圾的细菌、病毒污染具有明显的效果，但仍然存在安全隐患。

第三种方式，是采用餐厨垃圾饲料特定非食物性生物，然后进行转化物质的提取应用。耿土锁等人 20 世纪 80 年代机进行了餐厨垃圾等食品垃圾饲养蚯蚓提取动物蛋白的生产性试验。该方法通过餐厨垃圾得到动物蛋白，应该说相比餐厨垃圾直接应用为动物饲料，进入食品循环，具有较高的环境安全性，但在蚯蚓饲养过程中存在环境影响，蚯蚓蛋白的进一步利用途径的安全性等，尚需进一步的研究确认。

3. 餐厨垃圾堆肥

餐厨垃圾高温机械堆肥工艺包括餐厨垃圾的前处理、一次发酵、二次发酵和后处理等工序。

（1）餐厨垃圾的前处理

餐厨垃圾的含水率高，堆肥前需要调节水分到堆肥要求的最佳水分 50%~60%，然后进行破碎、配料。配料时加入一定量的填充料，保证堆肥的颗粒分离以及一定的孔隙率、营养比，并进行微生物接种。

前处理系统可简单表示为：餐厨垃圾—自然渗漏—离心脱水—破碎—配料。另外，有研究表明，餐厨垃圾经过厌氧处理(1~2d)后，再进行好氧堆肥，可明显缩短堆肥周期，提高堆肥效率。

（2）一次发酵和二次发酵

餐厨垃圾堆肥的一次发酵和二次发酵与其他原料的堆肥工艺类似。在餐厨垃圾堆肥过程中，由于餐厨垃圾的有机含量很高，对氧的需求量大，在运行参数上有一定区别。

（3）后处理

餐厨垃圾中杂物少，后处理主要有造粒、储存等系统，旨在提高堆肥品质及利用价值。餐厨垃圾进入厂区后首先称重计量，取样测定水分后进行脱水、配料处理，调节含水率到 50%~60%。水分调节后通过破碎机对餐厨垃圾中粗大物料进行破碎处理，再有装载机送入地面带有通分装置的一次发酵池内,强制通分 12~15 d 后进行二次发酵。二次发酵产物可作为成品非直接销售，为了提高堆肥产品的品质，可对堆肥产品进行精加工，制成精品堆肥销售，可获得较好的经济效益。

4.餐厨垃圾的其他资源化技术

（1）生物发酵制氢技术；

（2）蚯蚓处理技术；

（3）真空炸油技术；

（4）提取生物性降解塑料技术。

二、建筑垃圾的资源化

建筑废弃物（即建筑垃圾）是指建设、施工单位或个人对各类建筑物、构筑物等进行建设、拆迁、修缮及居民装饰房屋过程中产生的余泥、余渣、泥浆及其他废弃物。按照来源分类，建筑废弃物可分为土地开挖、道路开挖、旧建筑物拆除、建筑施工和建材生产五类。建筑废弃物通常包括水泥基材料陶瓷基材料、天然石材、金属和其他（如木材塑料）等。

建筑物拆除和建筑物施工产生的建筑废弃物中，组成变化则比较大。根据国外统计资料显示，建筑废弃物主要组成中混凝土约占 63.3%、木材占 20%、瓷砖占 15%、金属占 17%。

1.建筑垃圾的风选

对于建筑垃圾的风选一般分两大阶段：现场分选和处理厂分选。

现场分选主要是旧建筑物拆除之前或拆毁过程中，先卸载门窗、瓦片等已拆除部件。一般情况下，这些拆除物只要成色较新，往往会流入二级建材市场；不能出售的也可以方便地被拆分，易回收碎玻璃和废木料。

处理厂分选是当建筑垃圾送至处理厂后进行的分类处理过程。由于建筑垃圾的经济价值不高，对其回收和再利用率的要求不能过高。因此，建筑垃圾的处理厂，宜建立在填料厂附近或有充足量的沟、坑边缘。

2.建筑废物的循环利用

国内目前建筑废物的资源化途径，任意再生建材产品为最佳选择。

（1）废弃物再生粒片板。利用废木梁柱、废胶合板、废木制家具、废粒片板、废MDF 板等建筑废物，引用树脂聚合、配比混拌、热压塑合、饰面处理等技术，生产再生粒片板建材产品，经检测，其抗弯强度、密度、吸水率、甲醛释出等主要性能均能达到产品性能要求。

（2）废物再生塑化木建材。再生塑化木建材是一塑性塑料废弃物（包括 HDPE、PE、PP 等）作为复合原料与胶结剂，结合木质建筑废弃物提供板材韧性及补强功能。

再生塑化木建材的产品特性包括抗盐害、耐酸碱侵蚀、防虫蛀、防水耐候性佳、可锯刨钉加工、施工容易等，并可依据模具的大小，生产制造成市场上销售的板条产品。产品主要用途包括制造室内的楼梯板、装饰壁板、楼梯扶手、地板、桌椅、墙板等，以及室外的栈道板、仿木景观构造、凉亭、栏杆、步道板等建材产品。

（3）废弃物再生高压地砖。再生高压地砖是以石质建筑废弃物作为主要再生原料，可生产制造成各种尺寸的高压地砖，主要用途包括应用于室外的步道砖、植草砖、围墙砖、空心砖、路缘石等产品。再生高压地砖可根据不同规格及颜色与周边建筑物搭配成多样化的设计，创造美丽的地面景观，成为目前室外营建工程使用量最大的产品。再生高压地砖的生产制造是将石质建筑废弃物经过粉碎、筛选等，处理成 1~2 cm 的再生骨材。再生骨材经筛分处理后，根据配比分别添加水泥胶结剂，硅砂与水，在混合机中经过充分混拌后，再经制砖机高压振动成型，铺装与压合成型，可制成各种尺寸的再生高压地砖产品。

（4）废弃物再生水泥粒片板。再生水泥粒片板是利用废木材、废家具、废水泥块、废陶瓷，以水泥为胶结剂，结合木质废弃物与石质废弃物作为主要的再生原料制成的。木质废弃物加工成木粒片，以利用板材的补强功能。石质废弃物加工成粉体，增强板材的刚硬性补强功能。再生水泥粒片板产品具有防火性，可被广泛应用于室内的隔间板、灌浆模板、装饰壁板、铺面板、衬板、天花板等防火建材产品及室外的外墙板等。

（5）废弃物再生树脂补强复合建材。再生树脂补强复合建材是以高分子聚酯树脂（pol-yester resin）取代传统的水泥胶结剂，再结合木质、石质及塑料等建筑废弃物为再生原料，精油聚合键结合而制成的高分子复合材料。此间才具有普通混凝土的成型性，可制造成各种复杂的形状，并有尺寸精确、结构特性稳定、高强度 / 重量比、低吸水率及环境稳定性佳等优点，属于新一代具永续性的材料。

三、废旧塑料的再生利用

塑料作为合成材料之一，已被广泛应用于人们的生活生产中。随着我国塑料产品的使用，废旧塑料也急剧增加，如各种塑料包装物、购物袋、农膜、编织袋、车辆保险杠、家用电器外壳、计算机外壳、工业废旧塑料制品、塑料门窗、聚酯制品（聚酯薄膜、矿泉水瓶、可乐瓶等）以及塑料成型加工过程中的废料等，形成了严重的"白色污染"，这种状况也已成为社会的突出问题。2011 年，我国仅一次性塑料饭盒及各种泡沫包装就多达 9500 万吨，田间的农膜达 1900 万吨，加上其他的废弃塑料，总量已达亿吨以上。而目前我国的总体回收率还达不到 18%，大量废弃塑料给环境造成了严重污染。由于它们不能自行分解，若不进行处理或处理不当，将对生态环境产生不利的影响。因此必须采取积极措施，加强对废旧塑料的回收利用，促进塑料工业的健康发展。

常采用的回收利用方式有：

第一，原形利用：废旧塑料经简单清洗后重新利用，这种方式的应用有局限性；

第二，化学利用：包括高温裂解、气化、降解方式；

第三，加工利用：包括简单的机械回收、改性回收等方式；

第四，燃烧利用：粉碎废旧塑料作为燃料使用。尤其适用于那些因为过度污染、分离困难或塑料性质恶化等因素不能被加工回收的废旧塑料。

1. 废旧塑料的直接利用

废旧塑料的直接利用是指不需进行各类改性，将废旧塑料经过清洗破碎、塑化，直接加工成型，或与其他物质经简单加工制成有用制品。国内外均对该技术进行了大量研究，并且制品已广泛应用于渔业、建筑业、工业和日用品等领域。例如，将废硬聚氨酯泡沫经细磨碎后加到手工调制的清洁糊中，可制成磨蚀剂；将废热固性塑料粉碎、研磨为细料，再以30%的比例作为填充料掺加到新树脂中则所得制品的物化性能无显著变化；废软聚氨酯泡沫破碎为所要求尺寸碎块，可用作包装的缓冲料和地毯衬里料；粗糙、磨细的皮塑料用聚氨酯黏合剂黏合，可连续加工成板材；把废塑料粉碎、造粒后可作为炼铁原料，来代替传统的焦炭，可大幅度减少二氧化碳的排放量。

2. 改性生产新材料

以废旧塑料为原料生产新材料，如建筑材料、涂料等，这是当前研究的热门领域，开发应用前景十分广阔。

（1）生产建筑材料

以废弃的泡沫塑料为原料，生产出一种绿色环保砌筑砂浆，有望取代普通砂浆，恢复和完善加气混凝土的保温功能。试验结果表明，该砂浆保温性和抗压强度都满足要求，工程实践证明可作为加气混凝土砌筑砂浆。是值得广泛推荐的建筑材料。改性沥青是废旧塑料作为建筑材料的另一种用途，随着废旧塑料的加入，道路沥青的抗变形能力大大增加。在减少环境污染的同时，废旧塑料的附加值得以体现，变"废"为"宝"。且废旧塑料改性道路沥青试验条件并不苛刻，如温度条件在室温和200℃之间。废旧塑料大幅度改善了基质沥青的高温性能，对于道路沥青有着良好的改性效果。如废旧塑料沥青混合料试件的制备：采用的 Walmart 超市废旧购物塑料袋为高密度聚乙烯塑料（high density polyethylene 简称 HDPE），是一种结晶度高、非极性的热塑性树脂。原态 HDPE 的外表呈乳白色，在微薄截面呈一定程度的半透明状。其特点是分子链上没有支链，因此分子链排布规整，具有较高的密度，一般在 0.940g/c ㎡以上。使用切碎机将废旧塑料袋切碎成大小 2.36~4.75mm 的碎屑。在拌和时加入已加热至规定温度的沥青中搅拌 20 s，然后倒入拌和锅与集料拌和。沥青 PG 分级为 58~34，混合料拌和温度 160~167℃，压实温度 147~153℃。采用旋转压实机 SGC 成型试件。

（2）生产涂料

目前市场上流通的乳胶漆、绝缘漆、清漆等五花八门的涂料，都能够利用废旧塑料生产出来。在消除白色污染的同时，可创造很好的经济效益。以废旧的聚苯乙烯泡沫塑料等为原料在大量对比实验的基础上得出了最佳的涂料生产配方，生产的涂料为乳白色粘稠液体，常温下速干，漆面平整光滑，而且涂料的防水性、防腐性、稳定性指标符合涂料生产要求。还有根据聚苯乙烯比重轻、耐水、耐光、耐化学腐蚀等特点，将回收的废聚苯乙烯泡沫塑料经过加工、溶剂改性、乳化等工序，制成用于内外墙使用的乳胶漆涂料。利用废旧塑料除了来生产建筑材料外，还可以生产色漆、绝缘漆、复合材料等。

3. 废旧塑料热解转化利用

废旧塑料的裂解转化利用技术是将已清除杂质的废旧塑料通过热裂解或催化热裂解等方式，使其转化成低分子化合物或低聚物。这些技术可用于以废旧塑料为原料，生产燃料油、燃气、聚合物单体及化学、化工原料。裂解无须对废旧塑料进行严格分选，前期处理过程有所简化，特别适合混合废塑料的处理，既能净化环境，又能开发新能源，能废旧塑料成为有价值的工业原料，实现了材料再循环，提高了经济效益，是大有前途的开发项目。

4. 废旧塑料的燃烧处理与热能利用

废旧塑料的燃烧也是一种常用的处理办法。由于塑料具有很高的燃烧热值，聚乙烯为 46.63 GJ/kg，通过控制燃烧温度，可以充分利用废塑料燃烧产生的热量。废旧塑料燃烧回收热能不需要繁杂的预处理，也不需要与生活垃圾分离，焚烧后废塑料的质量和体积能分别减少 80% 和 90% 以上，焚烧后的残渣密度较大，再掩埋处理也很方便。因此，废旧塑料的热能利用具有极大的潜力，热能回收利用技术在国内外日益受到重视，在国际上已成为新的投资热点。在日本，利用焚烧热能的废旧塑料约占回收废旧塑料总量的 38%，日本有焚烧炉近 2000 座，德国有废塑料焚烧厂 40 多家，他们将回收的热能用于火力发电，发电量占火力发电总量的 6% 左右。由于我国废旧塑料回收再利用的综合技术比较落后，所以焚烧废旧塑料利用其热能也很适合我国国情。

废旧塑料能量回收的关键问题：一是焚烧技术，二是燃烧废气的处理。前者因塑料的热值较高以及废旧塑料种类不同，所以对焚烧炉的设计有一定的要求；后者由于环境保护的要求，排出的废气要无公害，所以必须进行处理。

四、废旧橡胶的资源化利用

随着交通事业的日益发达，各种汽车的数量急剧增加。随之而来的不仅是堵车和尾气的污染问题，每年产生的大量废旧轮胎已成为人们亟待解决的问题。大量的废旧轮胎若任意堆放，不仅影响景观，还会因积水而滋生蚊虫和病菌，也埋下了发生重大火灾的隐患，被称为"黑色污染"。另一方面，废旧轮胎全身是宝，被誉为"黑色黄金"，含有尼龙纤维、钢丝、橡胶等，资源化前景广阔。废旧轮胎资源化主要有以下途径：

1. 废旧轮胎直接利用

（1）旧轮胎翻新利用

旧轮胎翻新是轮胎循环利用产业链中的重要环节，是直接利用最主要的方式，发达国家都要求新轮胎生产商的产品必须能多次翻新再利用。其优点主要是节约资源，减少生产成本，翻制新胎的过程较少产生污染。在欧盟，载重车翻胎替换新胎占57%，轿车占23%，且多数应用世界新水平的预硫化胎面翻新技术。在我国，轮胎翻新率较低，据报道2005年轮胎翻新量1100万条，只占新胎产量的3.2%，其原因主要包括：

1）翻新技术落后于先进国家，大多以热翻为主，预硫化胎面翻新和冷翻等新技术应用不广；

2）翻新管理体制不健全，我国应尽快出台《废旧轮胎回收利用管理条例》；

3）翻新不严格执行《翻新与修补轮胎》等标准，废、旧轮胎都用来翻新，造成翻新轮胎质量较差；

4）安全检测措施不足，造成大多数翻新轮胎安全性能较差，不能较高效地保证轮胎的安全行驶。因此，为提高我国翻新轮胎质量，达到环保、节能、高效和低消耗，在翻新技术、设备及生产方面仍需协调。

（2）废旧轮胎在其他方面的直接利用

废旧轮胎属于不熔或难熔的高分子弹性体材料，因此在码头的护舷、游乐玩具、轨道、树木保护等方面可作缓冲材料应用，这样的利用方式不需要高技术，实行起来比较容易，但是受轮胎形状、使用地点变化和许多系统的现代化限制，使用量比较有限，对解决废旧轮胎产量大等问题起到的作用较小。

2. 废旧轮胎材料化再生间接利用

（1）生产再生胶

再生胶是指把硫化过程中形成的硫交联键切断，但仍保留其原有成分的橡胶。因材质的不同大体可以分为普通再生胶和特种再生两种。传统油法和水油法生产再生胶存在耗能大，工艺流程长、投入成本高和污染严重等问题，近年来世界各国相继开发了多种污染较少的脱硫方法，如动态脱硫、微波脱硫、超声波脱硫、生物脱硫等，大大减少了污染物的排放。我国董诚春采用微波脱硫混炼工艺生产再生胶，其表面质量与未加再生胶的产品无差异。目前，在许多发达国家并不热衷于将废旧轮胎转化成再生橡胶，而更加注重转换成热能和胶粉的技术；然而对于再生胶资源缺乏且劳动力成本又不高的我国，生产再生胶仍然是我国废旧轮胎的主要手段。

（2）加工成胶粉再利用

胶粉加工过程简单，应用范围广泛，是集环保和资源再利用为一体的环境友好型资源化利用方式。胶粉的主要生产方法有常温粉碎法、低温粉碎法、湿法或溶液法三种，产品主要为粗胶粉、细胶粉和超细胶粉，主要用于轮胎胎面生产、新型建筑材料、装饰材料、沥青改性材料和废水处理等。由于废旧轮胎来源、成分不同及经过使用后夹带许多杂质等原因，粉碎前必须经过分拣与去除、切割、洗涤等预加工处理。随着橡胶工业的发展，陆续又出现了许多新的方法，如旧轮胎热气体（氧气离子）爆破法等。

3.废旧轮胎热化学分解资源化间接利用，

（1）热分解资源化利用

热分解就是利用高温加热废旧轮胎，得到液体油（气体冷却），不可冷却的可燃气体（由氢和甲烷等组成），可代替炭黑使用的炭粉和可用于炼钢的废钢丝。液体油可用于直接燃烧或与石油提取的燃油混合后使用，也可以用作橡胶加工软化剂。据2001年中国知识产权报报道，美国用旧轮胎热解产物炭粉与开心果壳制备的碳活性吸附剂效果相同，成本更低。热分解主要有热裂解、催化降解和微波结聚等三种工艺。催化降解加入催化剂后一方面可以提高反应速度；另一方面通过催化剂，能改变产物组成。微波结聚热分解所需要的能量由微波发生装置提供，可对整个轮胎进行热解。目前催化降解和微波结聚热分解还处在实验室研究阶段。

热裂解技术主要包括常压惰性气体热解技术，真空热解技术和熔融盐热解技术。常压惰性气体热解技术获得的液体产物主要是芳烃油和粗石脑油，固体则主要为粗炭黑。中国科学院广州能源研究所采用真空催化热裂解技术，得到的热解油中柠檬油精度达到11%，高于国际上柠檬油精产量（8%）。此项技术为废旧轮胎的处理开辟了一条新的资源化道路。

（2）作燃料利用

废旧橡胶燃烧值较高（比煤高约5%~10%），成本低，对环境影响不大，能大量消耗废胎。一般用废旧轮胎作燃料时先将橡胶和钢丝分离破碎后作燃料。目前在国外应用最多的是水泥厂，工业试验表明，水泥厂直接进行了采用废旧轮胎作燃料，可省略分离和破碎两道工序，降低了替代燃料的加工成本，与未烧轮胎时相比，煤粉限量实际减少 7.1%。据统计 2006 年欧洲的废旧轮胎中，用来作为水泥厂的替代燃料已占总量的 30.5%，奥地利和德国用于水泥厂替代燃料的废旧轮胎已高达 63% 和 53%，但我国目前还没有工业应用的报道。废旧轮胎作为水泥厂的替代燃料有三方面优点：一是节煤，1 kg 重的废旧轮胎相当于 11 kg 的烟煤；二是废旧轮胎燃烧后的废渣进入水泥熟料，没有废渣的二次污染，且轮胎中的钢丝帘线和胎圈钢丝可代替制造水泥所需的铁矿石成分，降低原材料成本；三是轮胎中的硫结合固定在熟料中，减少了 SO_2 排放。但也存在一些问题：一是燃烧不完全时释放有毒气体会污染大气；二是需要采取系统的环境保护措施。

五、废纸的资源化利用

由于当今世界环境日趋恶化，人们的环保意识日益增强，为了节约能源减少污染负荷，减少森林砍伐，废纸的回收利用近十年来引起了越来越大的重视。特别是废纸回收利用带来的节省投资，降低成本以及减少废水治理等方面的好处，更是给废纸的回收利用带来了巨大的推动力。按照国内外有关数据统计，每 1 吨废纸浆可以生产再生纸 850 kg，节约木材 3 m³，节省化工原料（碱）300 kg，标准煤 1.2 吨，电耗 600 kW·h，用水量约 100 m³。可节省大量用于处理废渣的资金。此外，再生纸生产使用的化学药剂量比原生纸少，对河流的污染也要比原生纸少得多。可见，废纸再生与利用对减少污染、改善环境、节约能源及木材、保护森林资源等方面是非常有益的。

目前我国造纸工业所用的废纸分两大类：一类是国内废纸，主要有旧瓦楞纸箱、书刊杂志纸、旧报纸、纸箱厂的边角料、印刷厂的白纸切边、水泥袋、混合废纸及杂废纸等；另一类是进口废纸，主要有美国废纸、欧洲废纸及日本废纸、华南沿海部分纸厂使用一些香港废纸。

1. 回收生产再生纸产品

纸张的原材料主要是木材、草、芦苇、竹等植物纤维，废纸又被称为"二次纤维"，主要的用途是回用生产再生纸产品，用废纸作为造纸原料。废纸回用、再生新纸或纸板，可以节约资源、减少污染。如按生产 1 吨纸或纸板平均大约需要 3 m³ 或 2 吨非木材原料计算，则生产 100 吨可节约 300m³ 或 200 吨非木材原料。另外，废纸再生过程所产生的污染明显低于化学纸浆，尤其是不进行高温蒸煮处理的废纸浆，污染负荷显著降低。因此，废纸再生利用是造纸工业发展的重要途径。由于利用原木造浆的传统造纸消耗大量木材、破坏生态，并造成严重污染。因此，利用废纸的"城市造纸"已和造林、造纸一体化的"林浆纸一体化"成为现代造纸业的两大发展趋势。城市造纸同时还起到消纳城市垃圾的作用，体现"城市生产，城市消纳"精神。一些发达国家有配套的城市废纸再生基地。

废纸经过碎解—净化—筛选—浓缩等几个阶段才能制成纸浆。一般用水力破碎机碎解废纸，再经疏解机将小纸片疏解分散，然后进入净化、筛选及浓缩工序。废纸脱墨常使用化学药品，还要用洗涤法或浮选法洗除纸浆中的油墨粒子。利用废纸的关键是解决废纸脱墨问题。

2. 废纸的其他利用

（1）废报纸制作铅笔杆

我国的科技人员将铅笔芯与废报纸层层缠绕，加入偶联剂进行热合成型，让笔芯和废纸牢固地粘结在一起，再在最外边加上一层商标纸包装，便成了纸杆铅笔。其外观和使用方法与木杆铅笔差不多完全一样。而售价只有后者的1/4，特别适合小学生使用。这种纸杆铅笔既方便又便宜，笔杆废纸还可回收，节省木材，符合环保要求，一举多得。

（2）废纸制成小容量的纸瓶

瑞士的化工企业充分利用废纸做包装容器，他们的做法是，首先将废纸放入水中浸泡，再进行打浆，把水解后的纸浆注入模具使之成型。送进干燥箱内放置数小时，脱模后即为包装纸瓶。可以用来盛装粉状固体或黏性强的半固体。若盛装液体（如洗发水、淋浴液），则纸瓶的内表面须涂布一层防水剂或塑料膜。

（3）废纸制造新型建筑材料

美国一家纸业公司把废纸粉碎，加入高分子树脂和玻璃纤维，然后将其压制成不同大小、厚薄和规格的板材。经测试，这种纸粉、树脂、玻璃纤维"三合体"的板材，其抗压强度为每平方厘米1.4 kg，并且能耐100℃的高温，具备防水、防蛀、防火等功能，是一种十分理想的新型材料。实验表明，一间38 ㎡的房间只需用200kg纸质建筑板材。

（4）废纸模压制复合材料

印度中央建筑研究院的科技人员，利用废纸、棉纱头、椰子纤维和沥青等作为原料，模压出新型建筑材料沥青瓦楞板。用这种沥青瓦楞板盖房屋具有质轻、成本低、抗水性好、不易燃烧的优点。

（5）废纸压制胶合硬纸板，

前捷克斯洛伐克的科技人员，在温度为80℃的条件下，采用五层废纸和合成树脂，共同压制成一种胶合硬纸板，其抗压强度比普通纸板高2倍以上。用这种胶合硬纸板制成的包装箱，能使用钉子和螺丝钉，并能安装轴承滚轮，其牢固性几乎与用胶合板制成的包装箱一样。

（6）废纸加工成日用品等

法国、奥地利等国，人们常把难于处理的废纸通过破碎、磨制、加入粘结剂和各种填料后再成型，生产肥皂盒、鞋盒、隔音纸板、装饰用纸等。

（7）废纸制作小型家具

新加坡人利用旧报纸、旧书刊等废纸卷成圆形细长棍，外裹一层塑胶纸制做实用美观的家具部件，手工编织地毯、坐垫、提包、猫窝、门帘，甚至茶几、躺椅等家庭用具。

（8）废纸培育平菇

英国科技人员用废纸培育平菇，获得了较高的经济效益。具体方法是：将废纸处理成碎片，用水浸泡 3 天后，除去其中的印染物和灰尘，再把小纸片打散；然后，将废纸同切好的"马樱丹"按 1：2 比例混拌，装入消毒后的木制浅盆内，并向盆内供给水和额外的纤维素纸浆；在接种菌种后，用塑料膜将木盆盖起来，放入 25℃的培养室内，经过 34 天菌丝发育，便可揭除盖膜，移到室温 20℃的采收室；再经 20d 的生长，即可采菇。一般可连续采收 4 个月，每盆每次可采平菇 1.5 kg。

（9）废纸用作牲畜栏内铺垫物

以前牲畜栏内的铺垫物大多数是用干草、锯末。现在，美国和西欧已经纷纷采用废纸替代。英国的养牛场、养猪场和养鸡场，用废纸屑作栏内铺垫物后，证明效果良好。在肉用鸡栏内，从育雏到宰杀前一直铺垫废纸屑，每只鸡体重平均可增加 7.9%。每饲养 1 000 只肉用鸡，仅需铺垫废纸屑 192 kg。与传统的铺垫物干草、锯末相比，废纸屑比较卫生，不像锯末那样有单宁类的杂物，也没有像稻草中常见杀虫剂的残留物。所以没有致病源，有利于饲养牲畜的健康。同时，废纸屑内水汽含量低，隔热性能比其他材料好，尤其适合雏鸡和新生幼崽的生长发育。

（10）废纸改善土壤结构

在美国的亚拉巴马州，为了改善牧场土壤的性质，有人采用碎废纸屑加鸡屎和泥土（其三者比例为 40%、10% 和 50%）混合，经过 90 个小时之后，坚硬的土地就变得松软起来。不仅适合生产牧草，使牧草生长旺盛，而且可种植大豆、棉花和蔬菜等多种作物，且产量颇高；同时对牧场的土地不会产生任何副作用。

（11）废纸加工成牛羊饲料

澳大利亚和美、英等国，都开发出将废纸加工成牛羊饲料的好方法。澳大利亚科学家则将废纸粉碎后，掺入适量的亚麻油和蜂蜜，制成颗粒饲料喂牛羊，可使牛羊长得膘肥体壮。美国伊利大学动物营养学家拉里伯格的方法是将旧报纸切碎，加入水和2%的盐酸，然后煮沸2h，使其在高温和酸的作用下，纤维素发生分解断裂，再添加进饲料中喂牛羊，添加的比例为20%~40%。英国的养牛场和养羊场，把废纸稍加处理后，切成细长条或揉成小纸团，再添加少量的营养物质，在绿色灯光的照射下造成"一片绿色"即可用来喂牛羊，牛羊吃后可比吃普通饲料增加体重30%。

（12）废纸生产酚醛树脂

日本王子造纸公司研究成功了生产酚醛树脂的新技术。将废纸溶于苯酚中，使苯酚与低分子量的纤维素和半纤维素相结合，故制成的酚醛树脂强度比用苯酚和乙醛为原料所制成的产品强度高，热变形温度比以往的酚醛树脂高10℃，这种酚醛树脂的成本低，进一步加工可以作为酚醛清漆的原料，广泛用于涂刷木器、铁器和农具等。

（13）废纸回收甲烷

加拿大和瑞典的专家，将废纸打成浆，再向浆液中添加能分解有机物的厌氧微生物的水溶液；然后，移入反应炉，炉中废纸浆液里的纤维素、甲醇和碳水化合物等转化为甲烷；再用酶将其余抽出物除掉，即可得到燃料甲烷。

（14）废纸生产葡萄糖

日本马斯生物开发研究所开发出了利用废纸生产葡萄糖的新技术（专利）。这项技术的关键点是用高浓度的磷酸来分解纤维素纤维（其基环单体就是葡萄糖）。研究人员首先将切碎的废纸放入磷酸溶液内，进行纤维素纤维的分解。接着，再添加生物酶进行加水分解。然后，用活性炭或离子交换树脂进行过滤，生产出结晶葡萄糖。该公司已利用旧报纸生产出了结晶葡萄糖。经日本食品分析中心采用色谱分析，新技术生产的葡萄糖纯度高达97.4%，与用玉米和马铃薯生产的葡萄糖几乎没有区别。

六、废旧玻璃的资源化利用

废旧玻璃的主要来源是各种玻璃制品，包括啤酒瓶、白酒瓶、葡萄酒瓶、罐头瓶、饮料瓶等玻璃包装物，占城市垃圾总量的2%左右。我国废旧玻璃的回收行为没有政府的引导和约束，零散、无序、不规范。回收利用率低，大量的废旧玻璃弃之不用，既浪费资源、污染环境，又给人们的生产和生活造成了伤害和不便。

欧美等发达国家在20世纪70年代，就认识到废旧玻璃回收利用的重要性，把废旧玻璃当作一种重要的原料回收利用。在这些国家，人们把废旧玻璃的瓶盖和瓶子分开，瓶子放在无人看守的自动旋转输送机上，然后在自动打印机上打印出收据，顾客凭收据到商店换取价款，也可凭此换取商品。

目前，我国回收的废旧玻璃主要利用途径是送至小平拉玻璃厂，以其作原料，主要生产平板玻璃，以及一些玻璃瓶罐器皿。通常，小平拉玻璃厂生产的玻璃质量低劣，难以达到质量要求。

综合国内外情况，废旧玻璃还可以用于制作下列产品：泡沫玻璃、玻璃马赛克、槽形玻璃、微晶玻璃装饰板、玻璃沥青、玻璃棉制品、烧结型饰面材料、黏土砖和混凝土等。

七、废电池的回收与利用

随着科技水平的提高和经济的发展，使日常工作和生活中人们所使用的电池数量及种类不断增加，相应对电池的需求量也在不断增加，废旧电池污染及其处理已成为目前社会最为关注的环保焦点之一。目前，全球的电池产量每年递增近 20%。我国是世界电池生产和消费大国。据有关资料统计，1980 年我国电池生产量跃居世界第一。1998 年电池生产量达 140 亿节，1999 年，电池生产量 150 亿节，占全球电池产量的 1/3 品种有 250 个之多。

目前，我国市场上每年大约销售 60 亿节电池。面对如此大量的电池生产和消费、回收处理并使之无害化、资源化、减量化的工作却远远没有跟上。由此给人们带来现实的和潜在的污染危害，既浪费了宝贵的资源又影响了经济的可持续发展。

人们通常所说的干电池包括锌锰干电池、碱性锌锰干电池、氧化银电池、水银电池和锂电池。上述电池中，除锂电池外，都或多或少地使用汞，而取代汞又相当困难。如果回收处理工作跟不上，随便乱抛乱丢的大量废旧电池就会成为现代社会尤其是都市中影响生态和环境不可忽视的隐形污染。

1. 废旧电池资源及无害化的意义

废旧电池的危害特点有：生产多少，最终废弃多少；集中生产，分散污染；短时使用，长期污染。废旧电池进入环境后，电池中的有害物质缓慢地消解，进入土壤和水体，溶出的有害物质随食物链进入人体和动物体内，对人体带来一系列的致畸、致癌、致突变，还能引发人体的其他方面的疾病。废旧电池中的重金属是可以利用的资源，为此必须对废旧电池进行资源化和无害化处理。但是目前废旧电池的资源化和无害化处理技术及相应的管理工作没能跟上，致使废旧电池进入生活垃圾及其他不合适的处置，对环境构成严重污染。许多不合格产品运往国外回收处理，造成我国资源总量的流失。

目前，废旧电池的主要流向是进入城镇生活垃圾。生活垃圾的主要回收处理方式为填埋、焚烧、堆肥。在堆肥过程中混入废电池，由于重金属含量高，将会严重影响堆肥产品的质量；混入焚烧过程中，重金属通常挥发在飞灰中浓集，会污染土壤和大气环境，底灰中富集大量重金属，产生难处理的灰渣。填埋是现今生活垃圾处理最常用的方法，但就我国填埋场情况而言，水准较低，许多垃圾处于简单堆放状态，废电池中的重金属可能通过渗滤作用污染水体或土壤。由此可见，废电池随生活垃圾共同处理、处置存在着潜在的环境污染。另外，由于公众对废电池的正确合理回收处理方式缺乏了解，出现了不正确行为，增加了废电池管理的难度。因此，加强对废旧电池回收处理是我们义不容辞的责任。

2. 国际上废旧电池回收处理现状

消费者废弃和生产企业报废的废旧电池，以汞来区分可分为：含汞与不含汞电池。以重金属区分可分为：Ni-Cd、Ni-Mn、AgO、Zn-C、Zn- 空气锂电池及锂离子电池。含汞电池经前处理后，需进行无害化和安全处置，不含汞与含重金属电池经预处理后进行资源回收。

第五节　农业废物及城市污泥的综合利用

农业废物是指在整个农业生产过程中被丢弃的有机类物质，主要包括：农林生产过程中产生的植物类残余废物；禽畜和水产养殖过程中产生的动物类残余废物；农业加工过程中产生的加工类残余废物和村镇生活垃圾等。我国是一个农业大国，随着农业的发展，农副产品的数量也不断增加。但多数作为农家燃料、禽畜饲料、田间堆肥等发挥初级用途，仅少量用于造纸、草编等深加工，造成了资源的极大浪费。而且大量农业废物若不加以合理利用，还可能成为一种巨大的污染源，危害环境和人类健康。因此，积极探索农业废弃物的工业化利用途径有着巨大的现实意义。

一、农业废物现状及特点

我国是一个农业大国。改革开放以来，我国农业生产持续快速发展，农业废弃物的产生量也不断增加。我国的种植业正在向高效与集约化方向转变，养殖业正向规模化、城郊化转变。我国已成为世界上农业废弃物产出量最大的国家，其中农作物秸秆年产量达 7 亿吨，可供青贮的茎叶等鲜料约 10 亿吨，锯末、刨花等林业废弃物 1.6 万吨。随着工农业生产的迅速发展和人口的增加，这些废弃物以每年约 5%~10% 的速度递增。

世界上主要的农作物之一是稻谷，而稻谷中稻壳的重量约占 25%，每年可提供 1 亿吨。种植面积少的花生，全世界每年的产量约 1000 万吨，其中花生壳的质量约占 45%。一般来说，尽管这些作物中的废弃物数量不均，但有理由断定，任何干的农产品中 25% 的物质是废弃物。

我国肉类、禽蛋、奶类等主要畜禽产品产量近 30 年以 10% 左右的速率增长，2008 年我国肉类总产量已达 7 278.7 万吨，禽蛋 2 702.2 万吨，奶类 3 781.5 万吨，绵羊毛 36.8 万吨。而人均肉、蛋奶占有量分别达到 54.9 kg、20.4 kg 和 28.5 kg，分别比 1980 年增加 41.8 kg、17.85 kg 和 27.1 kg，人均肉类占有量已经超过世界平均水平，禽蛋占有量达到发达国家的平均水平。

从资源角度看，农业废弃物本身就是物质和能量的载体，是一种特殊形态的农业资源，是农业生产和农村居民生活中不可避免的一种非产品产出。

二、农业废物的成分

农作物秸秆是作物籽实收获后的残留物。秸秆的主要成分以纤维素、半纤维素为主，其次为木质素、蛋白质、氨基酸、树脂等，这些物质都能作为资源利用。由于农村作物品种和产地的不同，农业废物的物理性质、理化性质和工艺技术特性存在着很大差异。

另外，随着畜禽养殖业的发展，畜禽粪便产生量也逐年增加，粪便中可被利用的资源被减少。

三、农业废物的综合利用

农业废物的综合处理利用，指以农业废物为起点，以解决资源短缺、优化环境、实现废弃资源有效利用为目标，实现农业废物多重循环、多层次利用，从而提高农业生态系统综合效益的一种利用方式。

作为一种特殊的可再生能源，农业废物含有丰富的营养物质和可利用的化学成分，如糖类、粗蛋白质、脂肪、无氮浸出物、木质素、醇类、醛、酮和有机酸等，具有作为肥料、饲料、生活燃料及工农业生产原料利用的价值。根据其理化特性，通过一定的加工手段，有目的地对其进行资源化利用，可以满足人们对资源和能源两方面的需求。例如，将废物中的生物质组分作为能源开发利用，能有效缓解我国的能源短缺局面；利用废物中丰富的营养成分作肥料、饲料和食品添加剂等，既可减少环境污染，改善环境质量，又可降低农业生产成本，提高经济效益；利用废物的物理特性，能生产质轻、绝热、吸声的功能材料和建筑材料等；利用废物的化学特性，可以提取有机和无机化合物，生产化工原料和化工制品等。不仅如此，运用农业生态工程和循环经济原理，从可持续发展的角度研究农业废物的处理与利用问题，并通过合适的废物资源化利用技术，可以将种植业、养殖业和与农业相关的其他行业连成一个有机整体，这样不仅可以提高资源利用率、变废为宝，节约自然资源，解决饲料、肥料、能源问题，增加农副产品的附加价值，而且能减轻环境污染治理的压力，全面消除农业废物的环境污染，保护农村的生态环境。

1. 作物固体废物的来源与分类

光合作用是地球上生命赖以存在的基础。地球上的植物、藻类和光合细菌，通过光合作用，把太阳能转变为以碳水化合物形式贮存起来的生物质化学能。正是植物的这种光合作用所产生的生物质，几乎为人类提供了全部食物与能源。生物质是以化学方式贮存的太阳能，也是以可再生形式储存在生物圈中的碳。这些固化在作物中碳的一部分可以被人们所利用，这就是大多以种子、根茎等形式存在的食品，而未被利用的部分则成了废弃物。作物固体废物是作物生产过程中产生的固体废弃物，它主要指作物的根、茎、叶中不易或不可利用的部分。为方便起见，我们常把它们统称为"作物秸秆"或"秸秆"。秸秆作为极其特殊的一种"废弃"资源，具有产量巨大，分布广泛而不均匀、利用规模小而分散、利用技术传统而低效等特点。

我国农作物秸秆的品种很多、分布很广、数量巨大，仅主要作物秸秆就有近20种，年产生总量接近6亿吨。但是全国秸秆的产量分布并不均匀，有的省份产量很大，如山东、四川、河南、江苏等；有的省份产量则较少，如西藏、海南、青海等。

2. 秸秆的成分和特性

作物秸秆主要由植物细胞壁组成，它含有大量的粗纤维和无氮浸出物，此外，也含有粗蛋白、粗脂肪、灰分和少量其他的成分。植物细胞壁包含的纤维素和半纤维素较容易被生物降解，木质素除本身难以分解外，在植物细胞壁中，还常与纤维素、半纤维素、碳水化合物等成分混杂在一起，阻碍纤维素分解菌的作用，使秸秆难以被生物所分解利用。如何使作物秸秆中的木质纤维素得到有效地分解是作物秸秆处理和利用的关键。

3. 秸秆的利用现状

作物秸秆的利用有很多途径。直接燃烧作物秸秆是人们长久以来获取生活能源的一种重要手段。高效燃烧技术和热解气化技术的应用能大大提高秸秆的直接燃烧效率，而厌氧发酵制取沼气技术则兼顾了秸秆的综合利用。秸秆还田发挥了秸秆的有机质功能和肥料功能，是利用秸秆的主要方法之一，在我国得到了重视和推广。仅1993年，我国秸秆粉碎还田的面积就达到490万 h ㎡。秸秆饲料化利用一般有微生物处理和饲料化加工两类，具体的加工方法有多种。目前，全国的秸秆饲料化加工处理量每年1000多万吨。秸秆作为重要的生产原料也广泛地应用于造纸行业、编织行业和食用菌生产等。近年，又兴起了秸秆制炭技术。用秸秆制成纸质地膜，透气性好，经过一段时间腐蚀后，还可以作为有机肥料，免除了塑料地膜对土壤的污染。

总之，秸秆利用的方式多种多样，但是，目前已利用的数量还只是秸秆总量的一部分，而且利用技术和利用效率还很低。我国目前秸秆的利用率约为33%，其中经过技术处理的仅占2.6%左右，其余大部分秸秆因无法处置，常在田间焚烧掉或随处堆放。秸秆到处堆积乱放，对农村的环境卫生造成了不利的影响；同时，秸秆在田间焚烧，还会造成严重的大气污染，并且直接影响高速公路、航空运输的安全；还会引发火灾，导致生命、财产的损失。

但另一方面，秸秆又是可利用的资源，并且具有可再生性。秸秆拥有植物生长所需要的一切营养成分，是良好的饲料资源；同时，它的有机物含量较高，又能作为作物的有机肥料和土壤有机质的来源；此外，它还可以用作其他行业的原料。秸秆资源的开发利用对实现有机农业的发展，实现传统农业向有机农业的转变，实现农业的可持续发展，以及减轻环境污染有重要的意义。

4. 秸秆处理与利用技术

秸秆的利用方法很多，但主要可以归纳为秸秆还田、秸秆饲料化、秸秆燃烧化和作为工业生产原料等四个方面。

（1）秸秆还田利用

秸秆中含有丰富的有机质和氮磷、钾、钙、镁、硫等肥料养分，是可以利用的有机肥料资源。秸秆还田是指将农作物秸秆施入土壤、增加土壤肥力的措施。从宏观上来说，"秸秆还田"是"以草养田"、"以草压草"，是达到用地养地相结合、培养地力的有效途径。从微观上说，"秸秆还田"能提高土壤有机质含量；改善土壤理化状况，增加通透性；保存和固定土壤氮素，避免养分流失，实现氮磷、钾和各种微量元素的循环；促进土壤微生物活动，加速土地养分循环。

用秸秆覆盖，还可以保温、保湿，有利于农作物的安全生长。秸秆还田与土壤肥力、环境保护、农田生态环境平衡等密切相关，已成为可持续农业和生态农业的重要内容，具有十分重要的意义。

秸秆还田一般采用人工铡碎法和机械粉碎法两种。人工法是将秸秆铡碎后与水土混合，堆沤发酵、腐熟。然后均匀地施于土壤中。机械法是在田间直接粉碎秸秆还田。在人工摘穗或机械摘穗的同时，用配套的粉碎机切碎秸秆，撒铺于地表，然后再用旋耕耙耙耕两遍，再次切碎茎秆，并把它翻入土壤中。常用的秸秆还田设备包括水田稻草旋耕埋草机、粉碎还田机、灭茬机等。机械还田法工作效率高、质量好，适于大面积推广使用。

秸秆作为有机物还田的利用方法有3种：秸秆直接还田、间接还田（高温堆肥）和利用生化快速腐熟技术制造优质有机肥。

（2）秸秆饲料化利用

我国每年农作物秸秆产量达7亿吨之多，但长期以来并未得到合理地开发与利用。目前除一多半秸秆直接还田或焚烧后还田，另一部分作为生活能源被烧掉外，作为饲料的不足10%。

未经处理的秸秆消化率和能量利用率较低，主要是因为秸秆中的木质素与糖类结合在一起，瘤胃中的微生物和酶很难分解这样的糖类；此外，由于秸秆中的蛋白质含量低和其他必要营养物质的缺乏，导致秸秆饲料不能被动物高效地吸收利用。提高秸秆饲料价值的实质，就是在以秸秆为日粮基础成分的情况下，尽可能地减少秸秆饲料化的限制因素，为动物的消化吸收创造适宜的条件，通过添加其他特殊物质来提高秸秆饲料的营养价值。

在实践中，秸秆饲料的加工调制方法一般可分为物理处理、化学处理和生物处理。如切断、粉碎等物理方法虽简单易行，容易推广，但一般情况下不能增加饲料的营养价值。化学处理法虽可以提高秸秆的采食量和体外消化率，但也容易造成化学物质的过量，且使用范围狭窄、推广费用较高。生物处理法可以提高秸秆的营养价值，但技术要求较高，处理不好，容易造成腐烂变质。

第六节　污泥的综合利用

污泥泛指由水处理与废水处理中所产生的固液混合物，其固体含量一般在0.25%~12%之间。污水污泥的成分很复杂，它是由多种微生物形成的菌胶团及其吸附的有机物和无机物组成的集合体，除含有大量的水分外，还含有有用资源，如污泥中含有大量的 N、P、K 等植物营养元素，也含有对植物生长有利的微量元素，如 B、Mo、Zn、Mn 等；污泥中含有的有机质和腐殖质对土壤的改良也有很大的帮助；污泥中含有的蛋白质、脂肪、维生素等是有价值的动物饲料成分；污泥中的有机物还含有大量的能量。但也含有难降解的有机物、重金属和盐类以及少量的病原微生物和寄生虫卵等对环境不利的因素。未经处理的污泥，不仅会对环境造成新的污染，而且会浪费环境中的有用资源。

一、污泥的来源与分类

1.污泥的来源

污泥来源于以下几个方面：

（1）城市污水处理厂产生的污泥；

（2）城市给水厂产生的污泥；

（3）城市排水沟产生的污泥；

（4）城市水体疏浚污泥；

（5）城市建设工地泥浆。

2.污泥的分类

污泥的种类很多，按来源可分为给水污泥、生活污水污泥和工业废水污泥。

按分离过程可分为沉淀污泥（包括初沉污泥、混凝沉淀污泥、化学沉淀污泥）、生物处理污泥（包括腐殖污泥、剩余活性污泥）。

按污泥成分及性质可分为有机污泥、无机污泥、亲水性污泥、疏水性污泥。

按不同处理阶段可分为再生污泥、浓缩污泥、消化污泥、脱水干化污泥、干燥污泥、污泥焚烧灰等。

二、污泥的性质

正确把握污泥的性质是科学合理地处理、处置及利用污泥的先决条件，污泥性质取决于污水水质、处理工艺和工业废水密度等多种因素。一般来说，污泥具有以下性质：

1.有机物含量高（一般为固体量的60%~80%），容易腐烂发臭，颗粒较细，密度较小，含水率高且不易脱水，是呈胶状结构的亲水性物质。

2.污泥中含有植物营养素、蛋白质、脂肪及腐殖质等，营养素主要包括氮、磷（如 P_2O_5 ）、钾（如 K_2O ）。

3.污泥的碳氮质量比（C/N）较为适宜，对消化有利。污泥中的有机物是消化处理的对象，其中一部分是容易被或能被消化分解的，分解产物主要是水、甲烷和二氧化碳；另一部分是不易或不能被消化分解的，如纤维素、乙烯类、橡胶制品及其他人工合成的有机物等。

4.污泥具有燃烧价值，污泥的主要成分是有机物，可以燃烧。

5. 由于城市污水中混有医院排水及某些工业废水（如屠宰场废水），所以污泥中常含有大量的细菌和寄生虫卵。

6. 由于工业污水进入城市污水处理系统，污泥中含有多种重金属离子。所以在污泥各种水溶性重金属中，Cd、Cu、Pb 浓度较高，酸溶性中，Cd 浓度最高，其浓度顺序为 Cd>Cu>Pb>Hg。

结　语

综上所述，环境工程的发展和可持续发展之间存在着密切的联系，我们国家在发展经济的过程中，应该重视生态环境的建设和保护，生态环境的质量水平和人们的生产生活是密切相关的，在今后发展的过程中，每个人以及相关的部门和政府都应该承担起应该承担的责任，共同努力，促进生态环境的建设和发展。

随着经济发展的速度变得越来越快，人们的生活质量和生活水平获得了显著地提升，人们对生态环境的要求也变得越来越高。与此同时，经济的发展离不开城市化的进程和发展，在城市化发展的过程中，人们对生态环境的破坏变得越来越严重，生态环境的发展和每个人息息相关，只有良好的生态环境才能够保障人们的生活是健康稳定的。国家在发展经济的过程中，对环境的重视程度也变得越来越高，在发展的过程中，提出了很多有利于生态发展的政策，其中，可持续发展政策就是一项重要的举措。

伴随着社会主义经济的发展，城市化发展程度也越来越高，人们的物质生活水平不断提升的同时，对环境质量的要求也变得越来越高，人们在发展经济的过程中，生态环境也遭受到严重的破坏。想要更好地对生态环境作出保护，国家颁布和实施了一系列的政策，其中，可持续发展就是重要的举措之一，通过利用先进的高科技技术水平，加大环境保护的力度。可持续发展政策在我国经济发展的过程中取得了显著的进步，受到社会各界广泛的关注，这一政策的实行有利于环境工程的发展，一定程度上促进了整个国家的经济发展，为社会主义建设打下了坚实的基础。

参考文献

[1] 邹志鹏 . 关于环境工程中城市污水处理的思考 [J]. 皮革制作与环保科技，2021，2（22）：110-111+114.

[2] 庄绪伟 . 环境监测在大气污染治理中的重要性及措施 [J]. 资源节约与环保，2021（11）：53-55.DOI：10.16317/j.cnki.12-1377/x.2021.11.017.

[3] 戴镇辉 . 环境工程建设与生态环境关系的研究 [J]. 能源与节能，2021（11）：87-88+164.DOI：10.16643/j.cnki.14-1360/td.2021.11.034.

[4] 徐俊杰 . 关于环境工程中的垃圾处理利用的探究 [J]. 皮革制作与环保科技，2021，2（20）：98-99.

[5] 陈松琦，孟祥荫 . 基于大数据思维的环境工程发展趋势分析 [J]. 智能城市，2021，7（19）：114-115.DOI：10.19301/j.cnki.zncs.2021.19.055.

[6] 陈健强 ."双碳"目标下的"清洁生产与可持续发展概论"双语实践教学改革 [J]. 化工时刊，2021，35（09）：36-37.DOI：10.16597/j.cnki.issn.1002-154x.2021.09.011.

[7] 赵鹏，李栋祥 . 基于"以学生为中心"教育理念的高校学生工作实践研究——以山东理工大学资源与环境工程学院为例 [J]. 黑龙江科学，2021，12（17）：141-143.

[8] 胡明杰 . 环境工程中大气污染的危害与治理分析 [J]. 资源节约与环保，2021（07）：22-23.DOI：10.16317/j.cnki.12-1377/x.2021.07.014.

[9] 肖翔 . 环境工程建设在生态城市中的应用 [J]. 中国高新科技，2021（14）：131-132.DOI：10.13535/j.cnki.10-1507/n.2021.14.59.

[10] 周伟 . 城市污水处理在环境工程中的优化建议 [J]. 船舶职业教育，2021，9（04）：69-71.DOI：10.16850/j.cnki.21-1590/g4.2021.04.020.

[11] 黄霞，王志伟，王小（亻毛）. 理论 - 材料 - 技术 - 工艺全链条创新，不断推进膜法水处理技术的可持续发展——《环境工程》"膜法水处理技术：研究、应用与挑战"专刊序言 [J]. 环境工程，2021，39（07）：3-4.

[12] 刘鸣，陈茂憶 . 城市污水处理在环境工程中的优化建议 [J]. 人民黄河，2021，43（S1）：92-93.

[13] 武艳晶 . 环境工程中大气污染的处理对策分析 [J]. 住宅与房地产，2021（15）：

247-248.

[14]《植物工厂植物光质生理及其调控》学术专著出版 [J]. 农业工程技术，2021，41（13）：36.

[15]《植物工厂植物光质生理及其调控》学术专著出版 [J]. 农业工程技术，2021，41（07）：68.

[16] 黄洪. 生态环境工程对农业可持续发展的影响 [J]. 南方农机，2021，52（02）：83-84.

[17] 孟瑾鹤. 环境影响评价与环境工程设计研究 [J]. 住宅与房地产，2020（36）：48+53.

[18] 李元江. 环境工程施工现状及其优化对策 [C]//2020 年 12 月建筑科技与管理学术交流会论文集，2020：32-33.DOI：10.26914/c.cnkihy.2020.045255.

[19] 李凯，陶金. 环境工程中的污水处理问题分析 [J]. 中国石油和化工标准与质量，2020，40（20）：122-124.

[20] 环境与发展征稿启事 [J]. 环境与发展，2020，32（10）：257.

[21] 李泽椿，许红梅，王月冬著. 中国工程院重大咨询项目淮河流域环境与发展问题研究淮河流域气候与可持续发展 [M]. 北京：中国水利水电出版社 .2017.

[22] 蔡健平，刘建华，刘新灵等编著. 材料延寿与可持续发展材料环境适应性工程 [M]. 北京：化学工业出版社 .2014.

[23] 胡勇有，马放，朱旭峰主编. 环境工程领域专业硕士培养基地的建设与可持续发展第六届全国环境工程领域工程硕士教育培养研讨会论文集 [M]. 北京：清华大学出版社 .2011.

[24] 钱正英主编；潘家铮（卷）主编. 西北地区水资源配置生态环境建设和可持续发展战略研究重大工程卷西北地区水资源重大工程布局研究 [M]. 北京：科学出版社 .2004.

[25] 伊恩·威廉森，斯蒂格·埃尼马克，祖德·华莱士，阿巴斯·拉贾比法尔德. 土地管理与可持续发展 [M]. 北京：中国地图出版社 .2018.

[26] 杨晓占主编；冯文林，冉秀芝副主编. 新能源与可持续发展概论 [M]. 重庆：重庆大学出版社 .2019.

[27] 威利斯·詹金斯著. 可持续发展的精神第 1 卷 [M]. 上海：上海交通大学出版社 .2017.

[28] 高大文，梁红主编. 环境工程学 [M]. 哈尔滨：哈尔滨工业大学出版社 .2017.

[29] 周岱，包艳，韩兆龙著 . 工程可持续发展理论与应用 [M]. 上海：上海交通大学出版社 .2016.

[30] 饶品华，李永峰，那冬晨，王文斗主编；刘瑞娜主审 . 可持续发展导论 [M]. 哈尔滨：哈尔滨工业大学出版社 .2015.